Sven Kubin

Strom zum Anfassen

Elektrotechnik für die Eventbranche

Bibliografische Information der Deutschen Bibliothek: Die Deutsche Bibliothek verzeichnet diese Publikation in der Deutschen Nationalbibliografie; detaillierte bibliografische Daten sind im Internet über http://dnb.ddb.de abrufbar.
Die Deutsche Bibliothek stellt auf Anfrage einen Titeldatensatz für diese Publikation zur Verfügung.

1. Auflage 2010
ISBN 3-938862-18-1 (978-3-938862-18-6)

xEMP EXTRA ENTERTAINMENT MEDIA PUBLISHING
ist eine gemeinschaftliche Herausgeberschaft von CAB Dienstleistungen e.K., Berlin und 4events Direktkommunikation H. Scherer, Hannover

Titelgestaltung & Art Direction: adfacts, Stefanie Knauer
Satz: Freund und Feind, Dominique Mayer
Sprachliche Durchsicht: Nicole Hotopp
Inhaltliche Durchsicht: Felipe Gerhard
Lektorat: klare-sprache, Volker Maria Neumann, Kristian Naglo
Grafiken: Sigrid Münzberg, Christian A. Buschhoff
Abbildungen: Sven Kubin, Benedikt Jorek, Seiten 212, 214, 215 und 217 mit freundlicher Genehmigung der ABB STOTZ - KONTAKT GmbH, Heidelberg
Redaktionelle Betreuung: Harald Scherer, Christian A. Buschhoff

Printed in Germany

Inhaltsverzeichnis

5 Auswählen, Errichten und Betreiben elektrischer Anlagen der Veranstaltungstechnik

6 Grundlagen der Energieversorgung

7 Sicherheitsstromversorgung und Notbeleuchtung

Vorwort

Die Elektrotechnik ist ein bedeutender Baustein in der Eventbranche, kaum eine Veranstaltung kann auf Licht- und Tonanlagen, umfangreiche Videotechnik und die damit zusammenhängende aufwändige Energieversorgung verzichten. Die Grundlagen und die theoretischen Aspekte kommen auf der Anwenderseite oftmals zu kurz – in der Ausbildung wird die Elektrotechnik vielfach als „Horrorfach" empfunden.

Unserem Autor und Kollegen Sven Kubin ist es ein großes Anliegen, seine langjährige Berufspraxis und seine Tätigkeit als Dozent in der Aus- und Weiterbildung in einem Lehr- und Anwendungsbuch zusammenzufassen. Strom zum Anfassen schlägt die Brücke zwischen der notwendigen Grundlagendarstellung und der „spannenden" Anwendung in der Veranstaltungstechnik. Die wesentlichen Aspekte für die Berufspraxis werden besprochen und verständlich erklärt. Auf unnötigen Ballast wird bewusst verzichtet, der Schwerpunkt liegt auf der Handhabung des Lehr- und Praxisbuchs im Unterricht und der Verwendung als Nachschlagewerk im Tagesgeschäft der Eventtechnikbranche.

Sven Kubin dankt dem Redaktionsteam von xEMP für die Unterstützung bei der Umsetzung dieser Publikation. Wir wünschen Ihnen viel Freude und Erfolg bei der Arbeit mit diesem Buch.

Hamburg / Hannover / Berlin im Juni 2010

Sven Kubin, Christian A. Buschhoff und Harald Scherer

Dieses Buch ist Prof. Dr.-Ing. Jochen Kubin (1935 – 1997) gewidmet.

Kapitel 1

Grundlagen der Mathematik

1.1 Einleitung

Dieses Kapitel soll und kann kein Mathematik-Lehrbuch ersetzen. Es ist dazu gedacht, das (vorhandene) Schulwissen wieder ins Gedächtnis zu rufen.
Ich gehe auf alle Arten der Mathematik ein, die eine Fachkraft bzw. Elektrofachkraft für Veranstaltungstechnik kennen sollte und deren Anwendung durchaus zum Handwerkszeug gehören.

Da die Mathematik an sich nicht gerade zu den Lieblingsthemen vieler Menschen gehört (was ich persönlich nicht verstehen kann), versuche ich – soweit möglich – auf theoretische Hintergründe und mathematische Beweisführung zu verzichten und das ganze Thema so praxisnah wie möglich darzustellen.

1.2 Aufbau des Zahlenbereiches

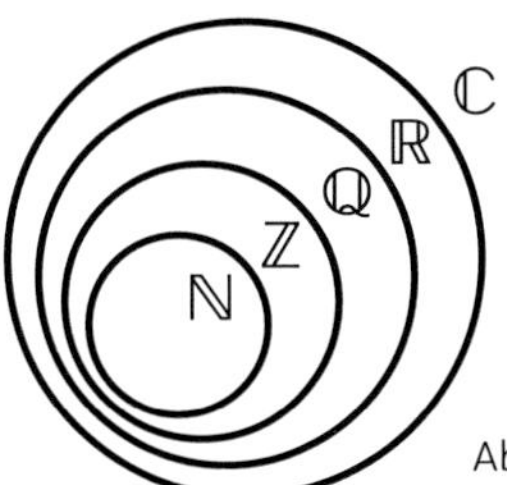

Abb. 1: Aufbau des Zahlenbereichs

1.2.1 Natürliche Zahlen (ℕ)

Unter der Menge der Natürlichen Zahlen versteht man die Menge aller ganzen positiven Zahlen einschließlich der 0.

$\mathbb{N} = \{0, 1, 2, 3, 4, ...\}$ (früher als $\mathbb{N}_0$ bezeichnet)

$\mathbb{N}^* = \{1, 2, 3, 4, ...\}$ (früher als $\mathbb{N}$ bezeichnet)

In ℕ stößt man leider schnell an die Grenzen des Definitionsbereiches: z. B. gibt es für die Gleichung $7 + x = 3$ keine Lösung, da die Zahl (-4) nicht existiert.

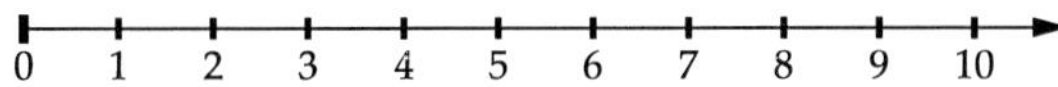

Abb. 2: Zahlenstrahl Natürliche Zahlen

1.2.2 Ganze Zahlen (ℤ)

Die Menge der Ganzen Zahlen ist die Menge aller ganzen positiven und negativen Zahlen und hilft uns demnach aus dem o. a. Dilemma.

$\mathbb{Z} = \{..., -4, -3, -2, -1, 0, 1, 2, 3, 4, ...\} = \{0, \pm 1, \pm 2, \pm 3, ...\}$

Nun können wir zwar sämtliche Differenzen bilden, doch schon taucht das nächste Problem auf:

Die Gleichung $4 \cdot x = 3$ ist nicht lösbar, weil nun die Zahl 3 : 4 = 0,75 nicht existiert.

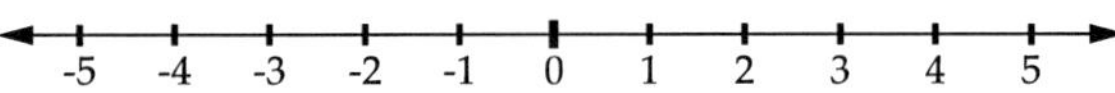

Abb. 3: Zahlenstrahl Ganze Zahlen

1.2.3 Rationale Zahlen ($\mathbb{Q}$)

Damit man also auch uneingeschränkt dividieren kann, benötigen wir einen neuen Zahlenbereich, der die Ganzen Zahlen enthält und darüber hinaus sämtliche Teilungsmöglichkeiten zulässt, mit Ausnahme der Division durch 0.

$$\mathbb{Q} = \left\{ \frac{a}{b} \mid a,\ b \in \mathbb{Z} \wedge b \neq 0 \right\}$$

Diese neue Menge ist die Menge der Rationalen und gebrochenen Zahlen, der Bruchzahlen oder auch der Brüche.

Stellt man nun alle uns bisher bekannten Zahlen in Form eines Zahlenstrahles dar, so liegen diese Zahlen recht dicht beieinander. Dennoch erfüllen sie den Strahl noch nicht vollständig, denn es gibt Zahlen, die sich nicht durch einen Bruch darstellen lassen, nämlich Irrationale Zahlen. Zu diesen Zahlen zählen z.B. die seit Jahrhunderten (!) bekannten Zahlen $\sqrt{2}$, e oder π.
Auf einen Beweis wird hier verzichtet.

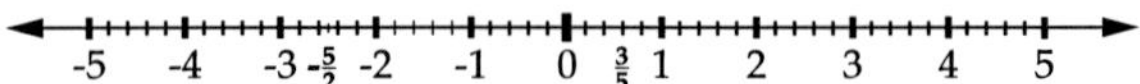

Abb. 4: Zahlenstrahl Rationale Zahlen

1.2.4 Reelle Zahlen ($\mathbb{R}$)

Damit sind wir bei den Reellen Zahlen angelangt. Die Menge der Reellen Zahlen ist die Gesamtheit der Zahlen, die durch alle Punkte der Zahlengeraden dargestellt wird; d.h. zwischen zwei beliebigen Zahlen gibt es stets unendlich viele weitere Zahlen. Soweit nicht anders angegeben, bewegen wir uns überwiegend in diesem Bereich. Irrationale Zahlen werden bei Rechnungen sinnvoll auf- bzw. abgerundet, z.B. $\sqrt{2} = 1{,}414$; $\pi = 3{,}14$. Üblicherweise schreibt man diese Zahlen nicht als Dezimalzahlen, sondern benutzt das entsprechende Symbol ($\sqrt{2}$, π, e).
Nun stellt man nur noch eine Einschränkung fest: Die Gleichung $x^2 + 1 = 0$ kann nicht gelöst werden, da man aus negativen Zahlen keine Wurzeln ziehen kann.

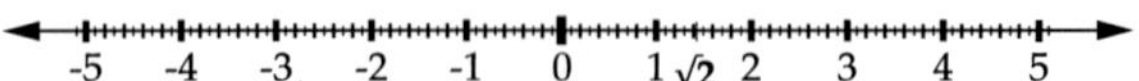

Abb. 5: Zahlenstrahl Reelle Zahlen

1.2.5 Komplexe Zahlen ($\mathbb{C}$)

Um dieses Dilemma, das wahrscheinlich letzte der Mathematik, zu beheben, wurden die Komplexen Zahlen erfunden.
Für den geneigten Mathematiker verweise ich auf entsprechende Literatur ...

1.3 Rechnen und Algebra

1.3.1 Grundrechenarten

Addition

$a + b = c$ — a und b werden als Summanden bezeichnet, c als Summe

Subtraktion

$a - b = c$ — a nennt man Minuend, b Subtrahend, c bezeichnet die Differenz

Multiplikation

$a \cdot b = c$ — a und b sind Faktoren, c das Produkt

Multipliziert man Buchstaben mit Buchstaben oder Zahlen, so kann man die Faktoren ohne Rechenzeichen aufeinander folgen lassen: $a \cdot b = ab$; $4 \cdot b = 4b$

Division

$a : b = c$ — a ist der Dividend, b der Divisor, c bezeichnet den Quotienten

1.3.2 Grundbegriffe der Algebra

Variable

Variablen (Platzhalter) sind Buchstaben oder andere Zeichen, an deren Stelle Zahlen aus einer gegebenen Menge, der Grundmenge, gesetzt werden.

Beispiele: a, b, z, μ, λ

Term

Ein Term über einer Grundmenge ist ein Ausdruck, der aus Zahlen, Variablen und Rechenzeichen gebildet ist. Achtung! Die Division durch Null ist nicht erlaubt!

Beispiele: 5; $6x - 9$; $a + 3$; $(a + b)^2$

Gleichung / Ungleichung

Werden zwei Terme t_1 und t_2 durch ein Gleichheitszeichen (=) oder Ungleichheitszeichen (<, >, ≤, ≥, ≠) verbunden, so entsteht eine Gleichung bzw. Ungleichung.

Beispiele:

Gleichungen	Ungleichungen
$3x + 12 = 10x - 5$	$3x + 2 \leq 10x - 5$
$3(x + 1) = 3x + 3$	$x^2 \neq 49$

Lösungsmenge

Die Lösungsmenge (Erfüllungsmenge) einer Gleichung oder Ungleichung ist die Teilmenge der Grundmenge, die genau aus den Elementen besteht, welche – anstelle der Variablen gesetzt – die Aussageform zu einer wahren Aussage machen, also die Gleichung bzw. Ungleichung erfüllen. Ist die Lösungsmenge eine leere Menge, so sagt man, die Gleichung bzw. Ungleichung hat keine Lösung.

Beispiele:

$5(x-1)(x-2) = 0 \quad x \in \mathbb{N} \quad L = \{1;\ 2\}$

$x + 1 \leq x \quad x \in \mathbb{R} \quad L = \{\ \}$

Äquivalenz von Gleichungen (Umformungen)

Gleichungen (Ungleichungen) nennt man äquivalent, wenn ihre Lösungsmengen übereinstimmen. Die Umformung einer Gleichung (Ungleichung) ist meistens eine Äquivalenzumformung (⇔).

Beispiel:

$$\begin{aligned} 2(x+1) &= 12 \quad |\div 2 \\ x+1 &= 6 \quad |-1 \\ x &= 5 \\ L &= \{5\} \end{aligned}$$

Vorzeichenregeln

Viele Fehler beim Umgang mit ganzen Zahlen haben ihre Ursache in den Vorzeichen. Vorzeichen (+ und –) und Rechenzeichen (+, – ,· ,:) müssen unterschieden werden. Die Vorzeichen werden üblicherweise zusammen mit den Zahlen in Klammern gesetzt.

$$(-3) + (-5) = (-8)$$

Addition

Sind beide Zahlen positiv, so braucht man nur die Beträge zu addieren.

$$(+3) + (+4) = 3 + 4 = 7$$

Sind beide Zahlen negativ, so addiert man die Zahlen und setzt ein – davor.

$$(-3) + (-4) = -(3 + 4) = (-7)$$

Haben die Zahlen unterschiedliche Vorzeichen, so sind die Beträge zu subtrahieren, wobei das Vorzeichen der Zahl mit dem größeren Betrag für das Ergebnis zu übernehmen ist.

$$(-7) + (+3) = -(7 - 3) = (-4)$$

Dieses Verfahren ist jedoch sehr aufwändig und kann durch ein praktischeres ersetzt werden, welches ich im Folgenden darstellen werde.

Subtraktion

Die Subtraktion lässt sich als Addition mit der Gegenzahl auffassen.

$$(-3) - (+4) = (-3) + (-4) = (-7)$$

In der Praxis ist es sinnvoller, zunächst eine Zusammenfassung der Vorzeichen mit den Rechenzeichen vorzunehmen.
Dabei kann man von folgenden Vorzeichenregeln ausgehen:

	Aus + (+) wird +	Aus – (+) wird –
	Aus + (–) wird –	Aus – (–) wird +
Beispiele:	$(+3) + (+4) = (+3) + 4 = 7$	$(+3) - (-5) = 3 + 5 = 8$
	$(-3) + (-4) = (-3) - 4 = (-7)$	$(+4) - (+5) = 4 - 5 = (-1)$

Bei umfangreicheren Rechnungen sind vorzugsweise das Kommutativ- bzw. das Assoziativgesetz (siehe 1.3.3) anzuwenden!

Multiplikation
Bei der Multiplikation ist es bezüglich der Vorzeichen einfacher:

- Sind beide Faktoren positiv, so ist das Produkt – entsprechend der Addition – positiv (plus mal plus ergibt plus).
- Ist eines der beiden Vorzeichen negativ, so wird das Produkt negativ (plus mal minus ergibt minus – minus mal plus ergibt minus).
- Sind beide Faktoren negativ, so ist das Produkt wieder positiv (minus mal minus ergibt plus).

Beispiele:	$(+3)(+6) = 18$	$(-3)(+6) = (-18)$
	$(+3)(-6) = (-18)$	$(-3)(-6) = 18$

Sind mehr als zwei Faktoren vorhanden, so zählt man die Minuszeichen ab: Bei ungerader Anzahl der Minuszeichen ist das Produkt negativ, bei gerader Anzahl positiv.

Division
Die Regeln für die Division orientieren sich an den Vorzeichenregeln der Multiplikation:

	+ geteilt durch + ergibt +	– geteilt durch + ergibt –
	+ geteilt durch – ergibt –	– geteilt durch – ergibt +

Beispiele:	$(+18) : (+6) = +(18 : 6) = 3$	$(-81) : (+9) = -(81 : 9) = -9$
	$(+25) : (-5) = -(25 : 5) = -5$	$(-32) : (-8) = +(32 : 8) = 4$

1.3.3 Grundgesetze

Kommutativgesetz (Vertauschung)
$a + b = b + a \quad | \quad a \cdot b = b \cdot a$

Assoziativgesetz (Verbindung)
$(a + b) + c = a + (b + c) \quad | \quad (a \cdot b) \cdot c = a \cdot (b \cdot c)$

Distributivgesetz (Verteilung)
$a \cdot (b + c) = a \cdot b + a \cdot c$

1.3.4 Bruchrechnen

Reziproke Zahlen (Kehrwert)

Den Kehrwert eines Bruches erhält man, indem man Zähler und Nenner vertauscht. Die Multiplikation eines Bruches mit seinem eigenen Kehrwert ergibt immer 1.

Beispiele: $\frac{a}{b} \cdot \frac{b}{a} = 1$ $\quad n \cdot \frac{1}{n} = 1$

Erweitern

Man erweitert Brüche, indem man sowohl den Nenner als auch den Zähler mit der gleichen Zahl multipliziert. Das Erweitern verändert nicht den Wert des Bruches!

Beispiel: $\frac{a}{b} = \frac{a \cdot z}{b \cdot z}$

Kürzen

Man kürzt Brüche, indem man sowohl den Zähler, als auch den Nenner durch die gleiche Zahl dividiert. Das Kürzen verändert nicht den Wert des Bruches!

Beispiel: $\frac{a}{b} = \frac{a \div z}{b \div z}$

Addition

Direkt addieren kann man nur Brüche mit gleichem Nenner. Will man Brüche mit unterschiedlichen Nennern addieren, so bildet man einen Hauptnenner durch Erweitern mit dem Nenner des jeweils anderen Bruches.

Beispiele: $\frac{a}{b} + \frac{c}{d} = \frac{ad + bc}{bd}$ $\quad \frac{a}{b} + \frac{c}{b} = \frac{a + c}{b}$

Subtraktion

Direkt subtrahieren kann man nur Brüche mit gleichem Nenner. Will man Brüche mit unterschiedlichen Nennern subtrahieren, so bildet man einen Hauptnenner durch Erweitern mit dem Nenner des jeweils anderen Bruches.

Beispiel: $\frac{a}{b} - \frac{c}{d} = \frac{ad - bc}{bd}$ $\quad \frac{a}{b} - \frac{c}{b} = \frac{a - c}{b}$

Multiplikation

Brüche werden multipliziert, indem man jeweils die Nenner und die Zähler miteinander multipliziert.

Beispiel: $$\frac{a}{b} \cdot \frac{c}{d} = \frac{a \cdot c}{b \cdot d}$$

Division

Die Division von Brüchen ist die Multiplikation des ersten Bruches mit dem Kehrwert des Zweiten.

Beispiel: $$\frac{a}{b} \div \frac{c}{d} = \frac{a \cdot d}{b \cdot c}$$

Ein Spezialfall ist der sogenannte Doppel-Bruch. Hier empfiehlt es sich, den Term so umzustellen, dass sich ein einfacher Bruch ergibt.

$$\frac{a \cdot b}{\frac{c}{d}} = \frac{a \cdot b}{1} \div \frac{c}{d} = \frac{a \cdot b}{1} \cdot \frac{d}{c} = \frac{a \cdot b \cdot d}{c}$$

Achtung: Sind im Zähler nicht nur Produkte, sondern auch Summen, müssen natürlich zusätzlich die entsprechenden Regeln bzgl. Kürzen und Erweitern beim Umformen beachtet werden!

Teilbarkeitsregeln

Eine Zahl ist teilbar durch

2, wenn die letzte Ziffer eine gerade Zahl ist.
3, wenn die Quersumme durch 3 teilbar ist.
4, wenn die Zahl, die aus den letzten beiden Ziffern gebildet wird, durch 4 teilbar ist.
5, wenn die letzte Ziffer eine 0 oder eine 5 ist.
6, wenn sie durch 2 und 3 teilbar ist.
8, wenn die aus den letzten drei Ziffern gebildete Zahl durch 8 teilbar ist oder aus Nullen besteht.
9, wenn die Quersumme durch 9 teilbar ist.
10, wenn die letzte Ziffer eine 0 ist.
12, wenn sie durch 4 und 3 teilbar ist.
25, wenn die aus den letzten beiden Ziffern gebildete Zahl eine durch 25 teilbare Zahl ist oder aus Nullen besteht.
125, wenn die aus den letzten drei Ziffern gebildete Zahl durch 125 teilbar ist oder aus Nullen besteht.

1.3.5 Potenzen

Für Produkte mit gleichen Faktoren hat man eine verkürzte Schreibweise eingeführt:

$x \cdot x \cdot x \cdot x = x^4$ (gelesen: x hoch vier)
Terme von der Form x^n mit $n \in \mathbb{N}$ heißen Potenzen.
x heißt Basis, n heißt Exponent.

Potenzschreibweise

Man bedient sich der Potenzschreibweise, wenn man besonders große oder kleine Zahlen übersichtlich darstellen möchte oder auch, um Vorsätze von technischen Maßeinheiten aufzulösen. Die Zahlen werden als Produkt aus Zehnerpotenz und einer Grundzahl geschrieben.

Beispiele:

$0{,}0000068 = 6{,}8 \cdot 10^{-6}$

$4.550.000.000 = 4{,}55 \cdot 10^{9}$

$15\,\mu F = 15 \cdot 10^{-6} F = 0{,}000015 F$

Eine weitere Vereinfachung besteht darin, dass für physikalische Größen einige Zehnerpotenzen durch Buchstaben ersetzt werden (können):

Vorsatz	Zeichen	Potenz	Faktor
Exa	E	10^{18}	1.000.000.000.000.000.000
Peta	P	10^{15}	1.000.000.000.000.000
Tera	T	10^{12}	1.000.000.000.000
Giga	G	10^{9}	1.000.000.000
Mega	M	10^{6}	1.000.000
Kilo	k	10^{3}	1.000
Dezi	d	10^{-1}	0,1
Zenti	c	10^{-2}	0,01
Milli	m	10^{-3}	0,001
Mikro	μ	10^{-6}	0,000001
Nano	n	10^{-9}	0,000000001
Piko	p	10^{-12}	0,000000000001
Femto	f	10^{-15}	0,000000000000001
Atto	a	10^{-18}	0,000000000000000001

Tab. 1: Tabelle Potenzschreibweise

Addition/Subtraktion

Potenzen können nur dann addiert bzw. subtrahiert werden, wenn sie sowohl in der Basis als auch im Exponenten übereinstimmen!
Dann addiert bzw. subtrahiert man die Koeffizienten und behält die Basis und den Exponenten bei.

Beispiele: $x^4 + 2x^2 - 3x^4 + 5x^4 = 3x^4 + 2x^2$

$5^3 + 2^2 - 4^2 = 5 \cdot 5 \cdot 5 + 2 \cdot 2 - 4 \cdot 4 = 125 + 4 - 16 = 113$

Multiplikation

a) Potenzen mit gleicher Basis werden multipliziert, indem man die Basis beibehält und die Exponenten addiert.

Beispiele: $a^m \cdot a^n = a^{m+n}$ $\quad 4^2 \cdot 4^3 = 4^{2+3} = 4^5$

b) Potenzen mit gleichem Exponenten werden multipliziert, indem man die Basen multipliziert und den Exponenten beibehält.

Beispiele: $a^n \cdot b^n = (a \cdot b)^n$ $\quad 4^2 \cdot 3^2 = (4 \cdot 3)^2 = 12^2$

Division

a) Potenzen mit gleicher Basis werden dividiert, indem man die Basis beibehält und die Exponenten subtrahiert.

Beispiele: $a^m \div a^n = \frac{a^m}{a^n} = a^{m-n}$ $\quad 5^4 \div 5^2 = \frac{5^4}{5^2} = \frac{5 \cdot 5 \cdot 5 \cdot 5}{5 \cdot 5} = 5^2$

b) Potenzen mit gleichem Exponenten werden dividiert, indem man die Basen dividiert und den Exponenten beibehält.

Beispiele: $a^n \div b^n = \frac{a^n}{b^n} = \left(\frac{a}{b}\right)^n$ $\quad 5^4 \div 3^4 = \frac{5^4}{3^4} = \left(\frac{5}{3}\right)^4$

Potenzieren

Eine Potenz wird potenziert, indem man die Exponenten multipliziert.

Beispiele: $(a^m)^n = a^{mn} = (a^n)^m$ $\quad (3^3)^2 = 3^{3 \cdot 2} = (3^2)^3 = 3^6$

Fallunterscheidungen / Sonderfälle

a) Ist die Basis der Potenz positiv, so ist das Ergebnis auch stets positiv.
b) Ist die Basis negativ, so muss man unterscheiden:
   · ist der Exponent gerade, so ist das Ergebnis positiv,
   · ist der Exponent ungerade, so ist das Ergebnis negativ.
c) Ist die Basis der Potenz 0, so ist das Ergebnis auch stets 0 ($0^n = 0$).
d) Ist der Exponent 0, so ist das Ergebnis immer 1 ($a^0 = 1$).
e) Ist der Exponent negativ, so ergibt sich folgendes: $a^{-n} = \frac{1}{a^n}$
f) Besteht der Exponent aus einem Bruch, so kann man ihn folgendermaßen darstellen: $a^{\frac{m}{n}} = \sqrt[n]{a^m}$

Und damit ist mir übergangslos der Einstieg in das nächste Kapitel geglückt ...

1.3.6 Wurzeln

Dem vorherigen Abschnitt zufolge kann man das Wurzelziehen (Radizieren) als eine Umkehrung des Potenzierens auffassen. Da die Herleitung des Wurzelbegriffes den Rahmen dieses Buches sprengen würde, werde ich nur auf die Rechenregeln mit Wurzeln und auf einige praxisrelevante Themen eingehen.

$$\sqrt[n]{a}$$

Die Zahl a, aus der die Wurzel gezogen wird, heißt Radikand, n heißt Wurzelexponent.
Zu beachten ist, dass der Radikand nicht negativ sein darf ($a \geq 0$) und $n \neq \mathbb{N}$ ist!

Das Ergebnis einer Wurzel ändert sich nicht, wenn man den Exponenten des Radikanden und den Wurzelexponenten mit demselben Faktor multipliziert (erweitert).

Beispiel: $\sqrt[n]{a^m} = \sqrt[kn]{a^{km}}$

Addition/ Subtraktion

Es können nur Wurzeln addiert bzw. subtrahiert werden, die im Wurzelexponenten und im Radikanden übereinstimmen.

Beispiel: $x \cdot \sqrt[n]{a} + y \cdot \sqrt[n]{a} = (x + y)\sqrt[n]{a}$

Multiplikation

Man kann nur Wurzeln mit gleichem Wurzelexponenten multiplizieren. Dazu behält man den Wurzelexponenten bei und multipliziert die Radikanden.

Beispiel: $\sqrt[n]{a} \cdot \sqrt[n]{b} = \sqrt[n]{a \cdot b}$

Division

Man kann nur Wurzeln mit gleichem Wurzelexponenten dividieren. Dazu behält man den Wurzelexponenten bei und dividiert die Radikanden.

Beispiel: $\sqrt[n]{a} \div \sqrt[n]{b} = \frac{\sqrt[n]{a}}{\sqrt[n]{b}} = \sqrt[n]{\frac{a}{b}}$

Potenzieren

Man potenziert Wurzeln, indem man den Wurzelexponenten beibehält und den Radikanden potenziert.

Beispiel: $\left(\sqrt[n]{a}\right)^m = \sqrt[n]{a^m}$

Wurzelziehen

Durch Multiplizieren der Wurzelexponenten und Beibehalten des Radikanden erhält man die „Wurzel aus einer Wurzel".

Beispiel: $\sqrt[m]{\sqrt[n]{a}} = \sqrt[mn]{a} = \sqrt[n]{\sqrt[m]{a}}$

Quadratwurzeln

Die Wurzel mit dem Wurzelexponenten zwei nennt man Quadratwurzel. Dies hat seinen Ursprung im antiken Griechenland, wo Sokrates herausfand, dass die Diagonale in einem Quadrat mit der Seitenlänge 1 ihrerseits die Seite eines Quadrates mit genau dem doppelten Flächeninhalt (2) ist. Ich beschränke mich hier auf den geometrischen Ansatz:

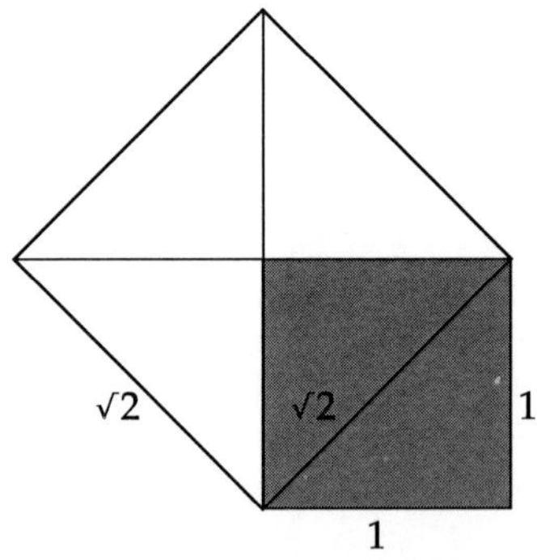

Abb. 6: Darstellung Quadratwurzel

Bei der Quadratwurzel verzichtet man häufig auf den Wurzelexponenten:

Beispiel: $\sqrt[2]{a} = \sqrt{a}$

1.3.7 Logarithmen

Einleitung

Zur Erfindung der Logarithmen sagte Laplace: „Die Erfindung der Logarithmen kürzt monatelang währende Berechnungen bis auf einige Tage ab und verdoppelt dadurch sozusagen das Leben (des Rechnenden)!“
Auch Gauß war von den Logarithmen sichtlich beeindruckt: „Es liegt eine Art von Poesie im Berechnen von Logarithmentafeln“.

Im Folgenden geht es im Wesentlichen um den Umgang mit Logarithmen.

Der gängigste Logarithmus ist der Logarithmus mit der Basis Zehn (10er Logarithmus oder dekadischer Logarithmus). Hier schreibt man auch einfach nur log oder lg. Auch trifft man häufig auf den natürlichen Logarithmus mit der Basis e (das ist die Eulersche Zahl, eine irrationale Zahl mit dem Wert $e = 2{,}718281828459$ ...); die Schreibweise hierfür ist *ln*.

Wir benutzen den Logarithmus beispielsweise zum Darstellen von extrem großen Wertebereichen (z. B. Schalldruckpegel, Frequenzgänge).

Definition

Für ein beliebiges Zahlenpaar b und x mit $b > 1$ existiert genau ein Exponent k, für den die Potenz b^k den Wert x hat. Diesen Exponenten nennt man den Logarithmus zur Basis b und die Zahl x heißt Numerus.

Man sagt: k ist der b-Logarithmus von x.

$$k = \log_b x \quad \Leftrightarrow \quad b^k = x \text{ mit } a,\ b>0 \text{ und } b \neq 1$$

1. Logarithmengesetz

Der Logarithmus eines Produkts ist gleich der Summe der Logarithmen der Faktoren.

$$\log_b (n_1 \cdot n_2) = \log_b n_1 + \log_b n_2$$

2. Logarithmengesetz

Der Logarithmus eines Quotienten ist gleich der Differenz aus dem Logarithmus des Dividenden und dem des Divisors.

$$\log_b \frac{n_1}{n_2} = \log_b n_1 - \log_b n_2$$

3. Logarithmengesetz
Der Logarithmus einer Potenz ist gleich dem mit dem Potenzexponenten multiplizierten Logarithmus der Potenzbasis.

$$\log_b\left(n^r\right) = r \cdot \log_b n$$

4. Logarithmengesetz
Der Logarithmus einer Wurzel ist gleich dem durch den Wurzelexponenten geteilten Logarithmus des Radikanden.

$$\log_b \sqrt[r]{n} = \frac{\log_b n}{r}$$

Dezibel-Tabelle

Die wohl populärste Logarithmenrechnung in der Veranstaltungstechnik ist die Dezibelrechnung:

Spannungsverhältnis		Leistungsverhältnis		dB
1 :	1,4	1 :	2	3
1 :	2,0	1 :	4	6
1 :	4,0	1 :	16	12
1 :	8,0	1 :	64	18
1 :	10,0	1 :	100	20
1 :	20,0	1 :	400	26
1 :	50,0	1 :	2.500	34
1 :	100,0	1 :	10.000	40
1 :	200,0	1 :	40.000	46
1 :	500,0	1 :	250.000	54
1 :	1.000,0	1 :	1.000.000	60
1 :	10.000,0	1 :	100.000.000	80

Tab. 2: Dezibel-Tabelle

1.3.8 Prozentrechnen

Auf sehr vielen Gebieten des täglichen Lebens stößt man auf den Begriff Prozent. Mit diesem Begriff wird ein Vergleich beschrieben, bei dem der Ausgangswert, auch Grundwert (*G*) genannt, als Bezugszahl gleich 100 gesetzt wird.
Die zu vergleichenden Werte, die Prozentwerte (*P*), werden dann auf 100 bezogen. Dieser Bruch erhält den Namen Prozent und das Zeichen %. Die Zahl, welche angibt, wie viel Prozent einer Menge berechnet wurden bzw. zu berechnen sind, heißt Prozentsatz (*p*) oder Prozentzahl.

$$\frac{\text{Prozentsatz}}{100} = \frac{\text{Prozentwert}}{\text{Grundwert}} \qquad P = \frac{G \cdot p}{100} \qquad G = \frac{P \cdot 100}{p} \qquad p\% = \frac{P}{G} \cdot 100\%$$

Beispiel: Wie viel sind 3% von 230V?

$$P = \frac{G \cdot p}{100} = \frac{230\text{V} \cdot 3\%}{100} = 6{,}9\text{V}$$

1.3.9 Funktionen und ihre Darstellung

Einführung

Im täglichen Leben und natürlich in allen naturwissenschaftlichen und technischen Bereichen haben wir es laufend mit Funktionen zu tun. Mit einer Funktion kann man Zusammenhänge und Abhängigkeiten übersichtlich beschreiben und oft sogar durch eine Funktionsgleichung quantitativ erfassen.

Beispiele:
- die Entwicklung des Dollar-Preises für den Euro
- der Bremsweg eines Autos in Abhängigkeit von der Geschwindigkeit
- der Spannungsfall in einer Leitung in Abhängigkeit von der Länge

Wenn jedem vorgegebenen Wert (z.B. Zeit, Spannung, Temperatur) genau ein (davon) abhängiger Wert zugeordnet werden kann, spricht man von einer Funktion. Die sich aus dieser Zuordnung ergebenden Wertepaare werden üblicherweise in einer Wertetabelle aufgestellt und/oder in einem Koordinatensystem graphisch dargestellt.

Diese Darstellung bezeichnet man als Graph der Funktion [$g(f)$].
Am gebräuchlichsten ist das Kartesische Koordinatensystem, bei dem die beiden Koordinatenachsen senkrecht aufeinander stehen.
Der vorgegebene Wert, die unabhängige Variable, allgemein auch als x-Wert bezeichnet, wird auf der waagerechten Achse, der Abszissenachse angetragen.
Der daraus resultierende Wert, die abhängige Variable, allgemein als y-Wert oder auch Funktionswert von x [$f(x)$] bezeichnet, wird auf der senkrechten Achse, der Ordinatenachse, abgelesen.
Das Koordinatensystem ist in vier Quadranten aufgeteilt, die wie folgt verteilt sind:

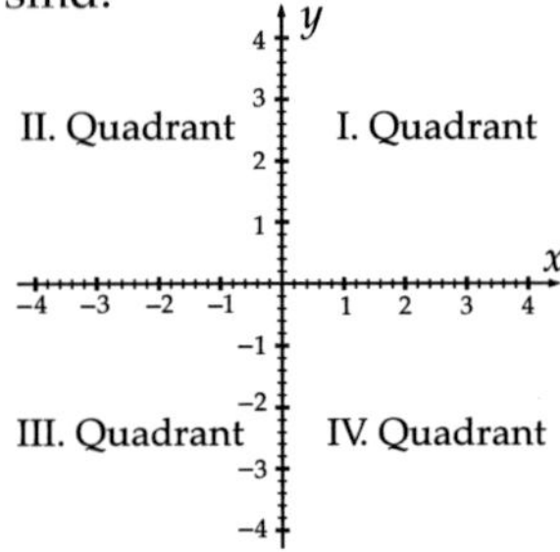

Abb. 7: Karthesisches Koordinatensystem

Jeder Punkt dieses Koordinatensystems lässt sich nun durch das Nennen von Zahlenpaaren in der Form P (x ; y) eindeutig beschreiben. So können wir z. B. unsere Zahlenpaare aus der Wertetabelle ganz leicht in graphischer Form darstellen. Dies ist jedoch äußerst mühsam und zeitaufwändig.

Um Funktionen mathematisch zu beschreiben bedient man sich der Funktionsgleichung. Diese hat normalerweise die Form $y = A(x)$ oder $f(x) = A(x)$, wobei $A(x)$ ein beliebiger Term ist, der außer der Variablen x nur Zahlen bzw. Elemente des zugrunde liegenden Zahlenbereiches enthält.

Beispiele:

$$y = 3x - 4$$
$$f(x) = 3x^2$$
$$f(x) = 2x + 4$$
$$y = \sin(x)$$

Eine Funktion mit der Funktionsgleichung $y = mx + b$ bezeichnet man als lineare Funktion, der Graph einer linearen Funktion ist eine Gerade.
Die Konstante b bezeichnet hierbei den Y-Achsenabschnitt, d. h. den Funktionswert $f(0)$.
Die Konstante m wird als Steigung bezeichnet, da die Gerade mit zunehmendem m steiler nach oben zeigt.
Eine Funktion, deren Term sich in der Form $f(x) = ax^2 + c$ schreiben lässt, heißt quadratische Funktion, ihr Graph ist eine Parabel.

Lineare Funktion

Nehmen wir ein Beispiel aus der Elektrotechnik, um eine lineare Funktion näher zu untersuchen:

An einen Widerstand R = 1600 Ω legen wir eine Spannung an, die wir variieren können, und messen den Strom in Abhängigkeit von der eingestellten Spannung.

Es ergeben sich folgende Wertepaare:

U in V	1	2	3	4	5	6	7	8	9	10
I in mA	0,63	1,25	1,88	2,5	3,13	3,75	4,38	5,0	5,63	6,25

Tab. 3: Wertetabelle Lineare Funktion

Dadurch, dass man die Spannung natürlich auch kontinuierlich erhöhen kann, erhält man so für jede beliebige Spannung eine dazugehörige Stromstärke.
Um aus einer gegebenen Wertetabelle eine Funktionsgleichung zu erstellen, muss man die mathematische Beziehung der beiden Variablen ermitteln.

Für unser Beispiel bedeutet dies also:

- Je höher die angelegte Spannung, desto höher der Strom.
- Eine Spannungsverdopplung ergibt auch einen doppelt so hohen Strom, also ist es eine lineare Funktion der Form $f(x) = mx + b$.
- Liegt keine Spannung an (U = 0V), so fließt natürlich auch kein Strom, das bedeutet: U = 0 V und I = 0 A. Setzt man dies in unsere Gleichung ein, so erkennt man, dass auch $b = 0$ sein muss: $0 = m \cdot 0 + b \rightarrow b = 0$. Somit können wir unsere gesuchte Gleichung schon insofern vereinfachen, dass die Konstante b entfällt.
- Die gesuchte Gleichung hat die Form $y = mx$.

Nun liegt nur noch der Wert für m im Dunkeln ...

Wir nehmen uns einfach ein beliebiges Wertepaar aus unserer Tabelle und setzen in die bisher ermittelte Gleichung ein:

Beispiel: U = 6 V, I = 3,75 mA = 0,00375 A → 0,00375 A = $m \cdot$ 6 V

So lässt sich m errechnen zu

$$m = 0{,}00375\ \text{A} : 6\ \text{V} = 0{,}000625\ \text{A/V}$$

Zur Überprüfung bilden wir noch zwei Quotienten aus anderen Wertepaaren:

$$U = 4\text{ V};\quad I = 2{,}5\text{ mA}\quad m = 0{,}000625\text{ A/V}$$
$$U = 10\text{V};\quad I = 6{,}25\text{ mA}\quad m = 0{,}000625\text{ A/V}$$

Der geneigte Elektrotechniker erkennt nun sofort den Zusammenhang:
Es handelt sich bei unserer Funktionsgleichung um nichts anderes als das Ohmsche Gesetz. Die Konstante m ist in diesem Fall der Kehrwert des Widerstandes R unseres Stromkreises, da $I = U / R = U \cdot 1/R$.

Unsere vollständige Funktionsgleichung lautet also:

$$f(x) = 0{,}000625\text{ A/V} \cdot x$$

mit diesem dazugehörigen Graphen:

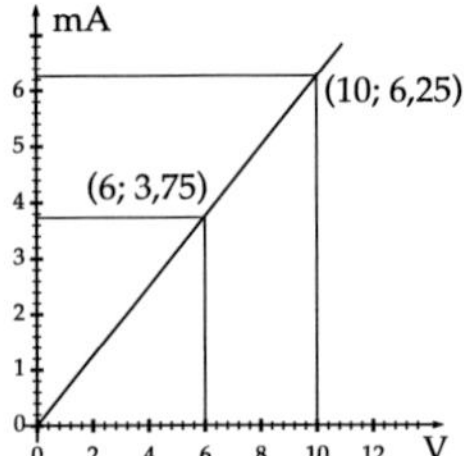

Abb. 8: Graphische Darstellung Gerade a)

Wir erhalten eine Gerade als Graph der Funktion. Alle vorher ermittelten Punkte bzw. Wertepaare liegen auf dieser Geraden. Wie bereits erwähnt, gibt das *b* (in unserem Fall *b* = 0) den Schnittpunkt der Geraden mit der Y-Achse an.
In unserem Fall ist das der Ursprung des Koordinatensystems.

Oft ist nicht eine Wertetabelle, sondern schon die Funktionsgleichung gegeben. Bei einer gegebenen Funktionsgleichung rechnet man sich (mindestens) zwei beliebige (aber sinnvolle) Wertepaare aus, zeichnet diese in das Koordinatenkreuz ein und erhält durch Verbinden dieser beiden Punkte die entsprechende Gerade.

Beispiel:

$$Y = 2x - 3$$
$$f(0) = 2 \cdot 0 - 3 = 0 - 3 = -3$$
$$f(6) = 2 \cdot 6 - 3 = 12 - 3 = 9$$

Unser Graph sieht demnach folgendermaßen aus:

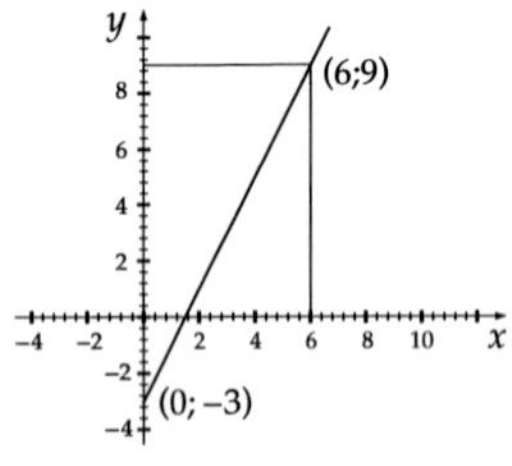

Abb. 9: Graphische Darstellung Gerade b)

Quadratische Funktion

Gegeben sei nun folgende Wertetabelle, ebenfalls ermittelt aus unserem Stromkreis. Jetzt ist jedoch die vom Widerstand umgesetzte Leistung in Abhängigkeit von der Spannung aufgeführt:

U in V	1	2	3	4	5	6	7	8	9	10
P in mW	0,6	2,5	5,6	10,0	15,6	22,5	30,6	40,0	50,6	62,5

Tab. 4: Wertetabelle Quadratische Funktion

Wir stellen fest:

- Je höher die angelegte Spannung, desto höher die Leistung.
- Eine Spannungsverdopplung ergibt eine vierfache (!!!) Leistung, also ist es keine lineare Funktion! Die Gleichung für lineare Funktionen gilt also nicht.

Vermutung: Es handelt sich um eine quadratische Funktion der Form $f(x) = ax^2 + c$.

Wenn keine Spannung anliegt (U = 0V), so nimmt der Widerstand auch keine Leistung auf, das bedeutet: U = 0V und P = 0W.
Setzt man dies in die eben aufgestellte Gleichung ein, so erkennt man, dass $c = 0$ sein muss: $0 = a \cdot 0 + c \quad c = 0$

Was ist nun mit dem Koeffizienten a?
Wir nehmen uns wieder ein beliebiges Wertepaar aus unserer Tabelle und setzen ein:
$U = 4V, P = 0{,}01W \quad 0{,}01W = a \cdot (4V)^2 = a \cdot 16V^2 \quad a = 0{,}01W / 16V^2 = 0{,}000625W / V^2$

Auch hier erkennt man, dass es sich wiederum um den Kehrwert unseres Widerstandes handelt. Zur Überprüfung bilden wir noch zwei Quotienten aus anderen Wertepaaren:
$U = 1V; \; P = 0{,}625mW \quad a = 0{,}000625A / V \quad U = 8V; \; P = 40{,}0mW \quad a = 0{,}000625A / V$

Unsere Funktionsgleichung lautet also:
$f(x) = 0{,}000625A / V \cdot x^2$ und ergibt in der graphischen Darstellung einen Parabelast:

Aufgrund der Krümmung des Graphen ist eine Parabel schwieriger zu zeichnen. Es empfiehlt sich, mehrere Punkte auszurechnen, diese einzuzeichnen und dann schwungvoll miteinander zu verbinden.

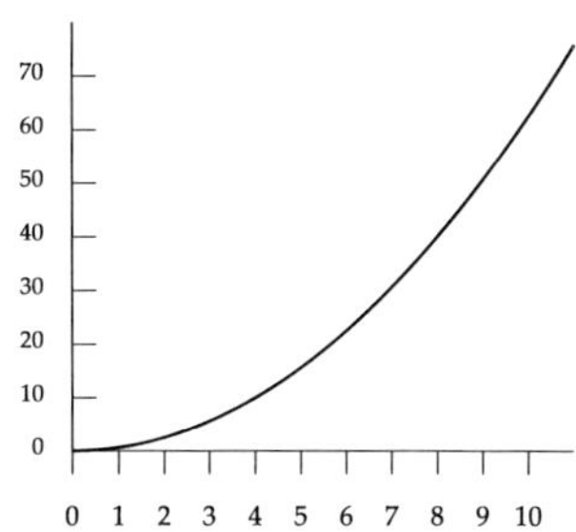

Abb. 10: Graphische Darstellung Parabelast

1.3.10 Lineare Gleichungssysteme (LGS)

Einleitung

Es gibt (leider) auch technische oder mathematische Problemstellungen, bei denen man auf Gleichungen mit zwei (oder mehreren) Unbekannten trifft.
Als Regel gilt, dass man pro Unbekannter eine Gleichung benötigt.
Hat man nun z. B. zwei unabhängige Gleichungen mit jeweils zwei Unbekannten aufgestellt, kann man dieses lineare Gleichungssystem mit Hilfe der in diesem Kapitel dargestellten Lösungsverfahren berechnen. Zum besseren Verständnis benutzen wir wieder ein Beispiel aus der Elektrotechnik:
Es soll der Innenwiderstand R_i einer Spannungsquelle sowie die Leerlaufspannung U_0, welche aus konstruktionstechnischen Gründen nicht messbar ist, ermittelt werden.

Allerdings stehen zwei verschiedene Belastungsfälle mit den folgenden Daten zur Verfügung:

$U_1 = 9{,}3\text{V} \qquad I_1 = 0{,}72\text{A} \qquad U_2 = 8{,}9\text{V} \qquad I_2 = 1{,}25\text{A}$

Man kommt auf die folgenden Gleichungen:

$$\text{I} \;\; U_0 = U_{Ri1} + U_1 \qquad\qquad \text{II} \;\; U_0 = U_{Ri2} + U_2$$

Der Spannungsfall über dem Innenwiderstand (U_{Ri1} bzw. U_{Ri2}) lässt sich auch darstellen als:

$$U_{Ri1} = I_1 \cdot R_i \qquad \text{bzw.} \qquad U_{Ri2} = I_2 \cdot R_i$$

Dies kann in die oben aufgestellten Gleichungen eingesetzt werden, so dass sich folgendes Gleichungssystem ergibt:

$$\text{I} \;\; U_0 = I_1 \cdot R_i + U_1 \qquad\qquad \text{II} \;\; U_0 = I_2 \cdot R_i + U_2$$

Welches der nun folgenden Verfahren Anwendung findet, ist von den Ausgangsgleichungen abhängig. Meistens bietet sich schon aufgrund der vorhandenen Gleichungen das Gleichsetzungsverfahren oder das Einsetzungsverfahren an.

Lösungsverfahren

Gleichsetzungsverfahren:

Das Gleichsetzungsverfahren beruht auf der Tatsache, dass eine Variable in einer Berechnung natürlich immer denselben unbekannten Wert darstellt. In unserem Beispiel ist U_0 zwar nicht bekannt, aber natürlich immer, bzw. in beiden Gleichungen, gleich groß.
Wenn $U_0 = U_0$, dann ist natürlich auch die andere Seite der ersten Gleichung gleich der anderen Seite der zweiten Gleichung. Man kann die beiden Terme gleichsetzen und damit die eine unbekannte Variable eliminieren:

$$I_1 \cdot R_i + U_1 \quad = \quad I_2 \cdot R_i + U_2$$

Nun muss man die neu entstandene Gleichung nur noch so umformen, dass die Unbekannte auf einer Seite der Gleichung allein steht:

$$\begin{aligned}
I_1 \cdot R_i + U_1 &= I_2 \cdot R_i + U_2 && \left| -U_1 \right. \\
I_1 \cdot R_i &= I_2 \cdot R_i + U_2 - U_1 && \left| -\left(I_2 \cdot R_i\right) \right. \\
I_1 \cdot R_i - I_2 \cdot R_i &= U_2 - U_1 && \\
\left(I_1 - I_2\right) \cdot R_i &= U_2 - U_1 && \left| :\left(I_1 - I_2\right) \right. \\
R_i &= \frac{U_2 - U_1}{I_1 - I_2} &&
\end{aligned}$$

Nun können wir die gegebenen Daten einsetzen und R_i berechnen:

$$R_i = \frac{U_2 - U_1}{I_1 - I_2} = \frac{8{,}9\text{V} - 9{,}3\text{V}}{0{,}72\text{A} - 1{,}25\text{A}} = \frac{-0{,}4\text{V}}{-0{,}53\text{A}} = 0{,}755\,\Omega$$

Den ermittelten Widerstandswert kann man nun in eine oder beide der Ausgangsgleichungen einsetzen und dann (wenn gewünscht) den noch unbekannten Wert von U_0 berechnen.

$$\begin{aligned}
\text{I} \qquad U_0 &= I_1 \cdot R_i + U_1 = 0{,}72\text{A} \cdot 0{,}755\,\Omega + 9{,}3\text{V} \\
&= 0{,}54\text{V} + 9{,}3\text{V} = 9{,}84\text{V} \\
\text{II} \qquad U_0 &= I_2 \cdot R_i + U_2 = 1{,}25\text{A} \cdot 0{,}755\,\Omega + 8{,}9\text{V} \\
&= 0{,}94\text{V} + 8{,}9\text{V} = 9{,}84\text{V}
\end{aligned}$$

Einsetzungsverfahren:

Beim Einsetzungsverfahren wird die eine der beiden Gleichungen nach einer Variablen aufgelöst und anschließend in die andere eingesetzt:

$$\begin{array}{ll} \text{I} & U_0 = I_1 \cdot R_i + U_1 \\ \text{II} & U_0 = I_2 \cdot R_i + U_2 \end{array}$$

Wir nehmen uns Gleichung II und lösen diese nach R_i auf:

$$\begin{array}{llll} \text{II} & U_0 & = I_2 \cdot R_i + U_2 & |-U_2 \\ & U_0 - U_2 & = I_2 \cdot R_i & |\div I_2 \\ & \frac{U_0 - U_2}{I_2} & = R_i & \end{array}$$

Einsetzen in I ergibt:

$$U_0 = I_1 \cdot \frac{U_0 - U_2}{I_2} + U_1$$

Das Umformen nach U_0 ergibt dann:

$$\begin{array}{lll} U_0 & = I_1 \cdot \frac{U_0 - U_2}{I_2} + U_1 & |\cdot I_2 \\ U_0 I_2 & = I_1 \cdot (U_0 - U_2) + U_1 I_2 & \\ U_0 I_2 & = I_1 U_0 - I_1 U_2 + U_1 I_2 & |-I_1 U_0 \\ U_0 I_2 - I_1 U_0 & = -I_1 U_2 + U_1 I_2 & \\ U_0 (I_2 - I_1) & = U_1 I_2 - U_2 I_1 & |\div (I_2 - I_1) \\ U_0 & = \frac{U_1 I_2 - U_2 I_1}{(I_2 - I_1)} & \end{array}$$

Damit lässt sich U_0 ausrechnen:

$$U_0 = \frac{9{,}3\text{V} \cdot 1{,}25\text{A} - 8{,}9\text{V} \cdot 0{,}72\text{A}}{1{,}25\text{A} - 0{,}72\text{A}} = \frac{5{,}217\text{VA}}{0{,}53\text{A}} = 9{,}84\text{V}$$

Mit diesem Wert geht man erneut in die Ausgangsgleichungen und berechnet R_i.

Additionsverfahren:
Beim Additionsverfahren formt man die Ausgangsgleichungen so um, dass man durch Addition bzw. Subtraktion der beiden Gleichungen eine der beiden Variablen eliminieren kann. In unserem Beispiel ist keine weitere Umformung erforderlich, wir können sofort die zweite Gleichung von der ersten subtrahieren:

$$\begin{array}{lrl} \text{I} & U_0 & = I_1 \cdot R_i + U_1 \\ -\text{II} & -U_0 & = -\left(I_2 \cdot R_i + U_2\right) \\ =\text{III} & U_0 - U_0 & = I_1 \cdot R_i + U_1 - \left(I_2 \cdot R_i + U_2\right) \\ & 0 & = I_1 \cdot R_i + U_1 - I_2 \cdot R_i - U_2 \end{array}$$

Umformen ergibt: $R_i = \dfrac{U_2 - U_1}{I_1 - I_2}$

Daraus kann man nun R_i berechnen und anschließend durch Einsetzen in eine der Ausgangsgleichungen U_0 ermitteln.

Bemerkung:
Bei aufwändigeren Berechnungen wird man meistens mehrere Verfahren anwenden – wie und in welcher Reihenfolge bleibt dem Anwender überlassen.

Genauso lassen sich natürlich auch Gleichungssysteme mit mehreren Unbekannten berechnen. Wichtig ist nur, dass entsprechend viele unabhängige Gleichungen vorliegen.
Durch sinnvolles Umformen der vorliegenden Gleichungen und Gleichsetzen, Einsetzen oder Addieren lässt sich so eine Variablen nach der anderen eliminieren, bis nur noch eine übrig bleibt, die sich dann berechnen lässt. Durch die Umkehrung der vorausgegangenen Umformungen kann man dann eine Unbekannte nach der anderen bestimmen.

1.3.11 Quadratische Gleichungen

Tritt eine Gleichungsvariable in einer Gleichung in der 2. Potenz auf, so nennt man diese Gleichung quadratische Gleichung. Im einfachsten Fall ist etwa $a^2 = 16$ eine quadratische Gleichung. Hier liegt die Lösung allerdings auf der Hand, man erkennt sofort die beiden Möglichkeiten $a_1 = 4$ und $a_2 = (-4)$.
Es können bei quadratischen Gleichungen also für eine Variable zwei Lösungen auftreten!

Schwieriger wird es bei der folgenden quadratischen Gleichung:

$$2x^2 - 9x + 4 = x - 8$$

Hier ist eine Lösung für x nicht sofort ablesbar. Für solche Fälle hat man eine Lösungsformel entwickelt. Zunächst muss jedoch die vorliegende Gleichung in die sogenannte Normalform der quadratischen Gleichung überführt werden.

Diese sieht folgendermaßen aus: $x^2 + px + q = 0$

Dazu müssen wir unsere Ausgangsgleichung zunächst auf die folgende Form bringen:

$$\begin{aligned}
2x^2 - 9x + 4 &= x - 8 &&|+8 \\
2x^2 - 9x + 4 + 8 &= x &&|-x \\
2x^2 - 9x + 12 - x &= 0 \\
2x^2 - 10x + 12 &= 0 &&|\div 2 \\
x^2 - 5x + 6 &= 0
\end{aligned}$$

Die Normalform unserer Gleichung lautet: $x^2 - 5x + 6 = 0$

Nun werden die Koeffizienten in die Lösungsformel eingesetzt.

Die Lösungsformel für quadratische Gleichungen, die in der Form

$x^2 + px + q = 0$ vorliegen, lautet:

$$x_{1,2} = -\frac{p}{2} \pm \sqrt{\left(\frac{p}{2}\right)^2 - q}$$

Setzt man nun die Koeffizienten aus unserem Beispiel ($p = (-5)$, $q = 6$) ein, so erhält man:

$$x_{1,2} = -\frac{-5}{2} \pm \sqrt{\left(\frac{-5}{2}\right)^2 - 6} = \frac{5}{2} \pm \sqrt{\frac{25}{4} - 6} = \frac{5}{2} \pm \sqrt{\frac{25}{4} - \frac{24}{4}} = \frac{5}{2} \pm \sqrt{\frac{1}{4}} = \frac{5}{2} \pm \frac{1}{2}$$

und damit $\quad x_1 = \frac{5}{2} + \frac{1}{2} = \frac{6}{2} = 3 \quad$ und $\quad x_2 = \frac{5}{2} - \frac{1}{2} = \frac{4}{2} = 2$

Zur Probe kann man den Satz von *Vieta (Vietascher Wurzelsatz)* benutzen. Er besagt, dass bei quadratischen Gleichungen der Form $x^2 + px + q = 0$

folgendes gilt: $\quad x_1 + x_2 = (-p) \qquad x_1 \cdot x_2 = q$

Die Variablen x_1 bzw. x_2 stehen in diesem Fall für die beiden aus der quadratischen Gleichung berechneten Lösungen.

Bei unserem Beispiel ergibt sich nach dem Vietaschen Wurzelsatz:

$x_1 + x_2 = 3 + 2 = 5$ und das ist unser $(-p)$.

$x_1 \cdot x_2 = 3 \cdot 2 = 6$ und das ist unser q.

1.3.12 Binomische Formeln

Zum Abschluss des Abschnitts „Rechnen und Algebra“ möchte ich noch an die drei Binomischen Formeln erinnern, die ich als eine besonders wichtige Sonderform der Multiplikation von Summen bezeichnen möchte. Durch die Anwendung dieser Formeln kann sowohl das Quadrat einer Summe angegeben als auch eine Summe in Faktoren zerlegt werden.

1. $(a+b)^2 = a^2 + 2ab + b^2$
2. $(a-b)^2 = a^2 - 2ab + b^2$
3. $(a+b)(a-b) = a^2 - b^2$

1.4 Geometrie in der Ebene

1.4.1 Winkel

Definition

Zwei Strahlen (*a*; *b*), die von einem Punkt P ausgehen, können durch eine Drehung übereinander gelegt werden. Durch diese Drehung wird der Winkel zwischen *a* und *b* [Schreibweise: $\angle\ (a, b)$] bestimmt.
Als Orientierung gilt der Drehsinn dieser Bewegung.
Der mathematisch positive Drehsinn ist derjenige entgegen dem Uhrzeigersinn. Mathematisch besteht also ein Unterschied zwischen dem Winkel $\angle\ (a, b)$ und dem Winkel $\angle\ (b, a)$, und zwar im Vorzeichen.
Der Schnittpunkt P der beiden Strahlen, die man Schenkel des Winkels nennt, heißt Scheitelpunkt.
Die Winkelgröße kann man auf mehrere Arten angeben. Ich werde hier nur die beiden üblichen Arten darstellen.

Gradmaß

Wird ein Kreis durch Radien in 360 gleiche Teile zerlegt, so beträgt der Abstand zwischen zwei benachbarten Radien 1 Grad (1°).
Demnach ist der Winkel eines Viertelkreises (Rechter Winkel) 90°, der eines Halbkreises 180°.
Der 60. Teil eines Grades heißt Minute (Zeichen ′), der 60. Teil einer Gradminute Sekunde (Zeichen ″).

Bogenmaß

Im Kreis ist die Länge des Kreisbogens proportional zu dem entsprechenden Winkel im Mittelpunkt (Zentriwinkel). Stellen wir uns nun einen Kreis mit dem Radius $r = 1$ vor. Diesen Kreis nennt man Einheitskreis. Der Umfang des Einheitskreises ist:

$$U = 2 \cdot \pi \cdot 1 = 2\pi$$

Dabei ist die Kreiszahl $\pi = 3{,}14159$. Demnach entspricht einem Winkel von 90° (Viertelkreis) eine Bogenlänge von $b = \frac{1}{4} \cdot 2 \cdot \pi = \frac{1}{2} \cdot \pi$ und einem Winkel von 180° eine Bogenlänge von $b = \pi$. Somit ist also das Verhältnis zwischen Bogenlänge und Radius nur vom Winkel abhängig. Dieses Verhältnis b/r wird als Bogenmaß des Winkels bezeichnet. Dem dimensionslosen Quotienten wird die Maßeinheit Radiant (Zeichen: rad) zugeordnet.

Umrechnung Gradmaß – Bogenmaß

Die Umrechnung vom Gradmaß ins Bogenmaß oder umgekehrt ist nun nichts anderes als eine Verhältnisrechnung (Dreisatz):

$$\frac{\text{Winkel in Grad}}{360°} = \frac{\text{Winkel im Bogenmaß}}{2\pi}$$

Nebenwinkel

Nebenwinkel betragen zusammen immer 180°:
$\alpha + \beta = 180°$

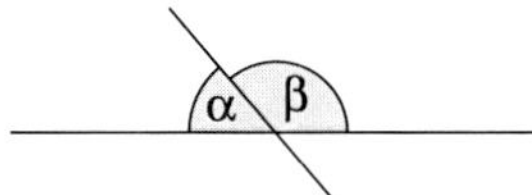

Abb. 11: Nebenwinkel

Scheitelwinkel

Scheitelwinkel sind immer gleich groß:
$\alpha = \alpha'$

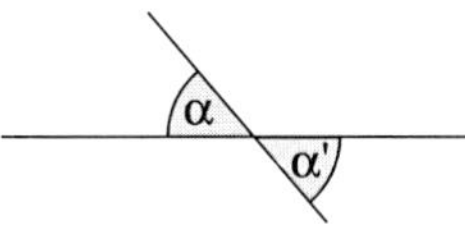

Abb. 12: Scheitelwinkel

Stufenwinkel

Stufenwinkel an geschnittenen Parallelen sind immer gleich groß:
$\lambda = \lambda'$

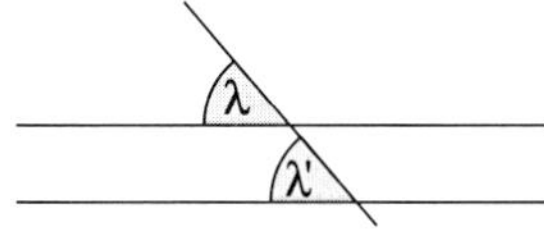

Abb. 13: Stufenwinkel

Wechselwinkel

Wechselwinkel an geschnittenen Parallelen sind immer gleich groß:
$\gamma = \gamma'$

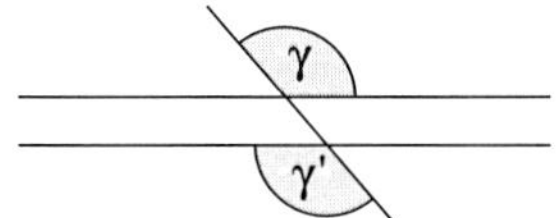

Abb. 14: Wechselwinkel

Winkelsummen

Im Dreieck ist die Summe der Innenwinkel immer 180°.
Im Viereck ist die Summe der Innenwinkel immer 360°.

1.4.2 Dreieck

Allgemeines

Die Eckpunkte eines Dreiecks werden üblicherweise mit Großbuchstaben (A, B, C) bezeichnet, die Seiten mit Kleinbuchstaben (a, b, c). Hierbei liegen die gleichnamigen Seiten immer der entsprechenden Ecke gegenüber.
Der Schwerpunkt eines Dreiecks ist der Punkt S, in dem sich die drei Seitenhalbierenden schneiden. Die Seitenhalbierende teilt eine Seite in zwei gleich große Teile und endet in der gegenüberliegenden Spitze.
Die Höhe einer Seite dagegen steht auf dieser senkrecht und endet ebenfalls in der gegenüberliegenden Spitze.

Die Fläche eines beliebigen Dreiecks lässt sich

mit $A = \frac{1}{2} \cdot a \cdot h_a = \frac{1}{2} \cdot b \cdot h_b = \frac{1}{2} \cdot c \cdot h_c$ berechnen.

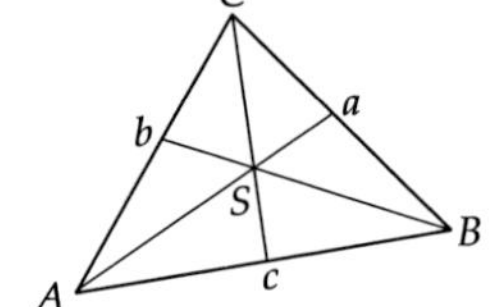

Abb. 15: Allgemeines Dreieck

Gleichschenkliges Dreieck

Ein gleichschenkliges Dreieck ist ein Dreieck, in dem zwei Schenkel gleich lang sind ($a = b$). Demnach sind auch die beiden Winkel gleich groß ($\alpha = \beta$).

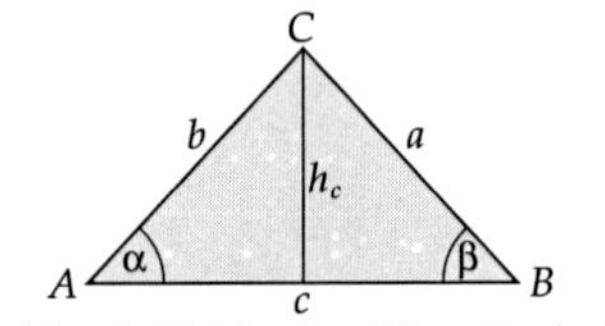

Abb. 16: Gleichschenkliges Dreieck

Die Fläche A des gleichschenkligen Dreiecks beträgt: $A = \frac{1}{2} \cdot c \cdot h_c$

Die Länge der Höhe auf der Seite c (hc) lässt sich ermitteln aus $h_c = \sqrt{a^2 - \left(\frac{c}{2}\right)^2}$

Gleichseitiges Dreieck

Bei einem gleichseitigen Dreieck sind alle drei Seiten gleich lang ($a = b = c$). Dann sind natürlich auch alle Winkel gleich groß ($\alpha = \beta = \lambda = 60°$).

Für die Fläche gilt: $A = \frac{a^2}{4} \cdot \sqrt{3}$

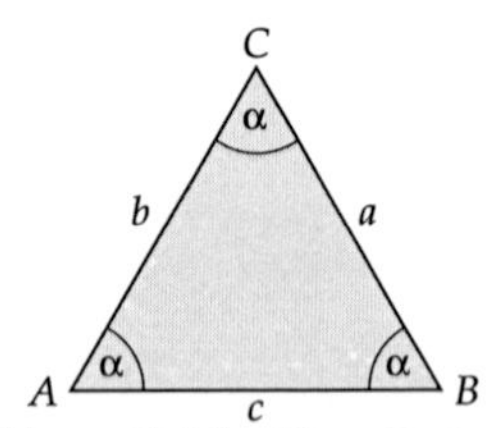

Abb. 17: Gleichseitiges Dreieck

Auch die Höhen sind alle gleich lang. Hier gilt: $h = \frac{a}{2} \cdot \sqrt{3}$

Rechtwinkliges Dreieck

Ein rechtwinkliges Dreieck hat einen rechten Winkel an der Ecke C. Die Seite *c*, die dem rechten Winkel gegenüberliegt, ist immer die längste der drei Seiten. Sie heißt Hypotenuse.

In einem rechtwinkligen Dreieck gilt der Satz des Pythagoras.

Pythagoras fand heraus, dass der Flächeninhalt des Quadrates über der Hypotenuse gleich der Summe der Flächen der Quadrate über den Katheten ist.

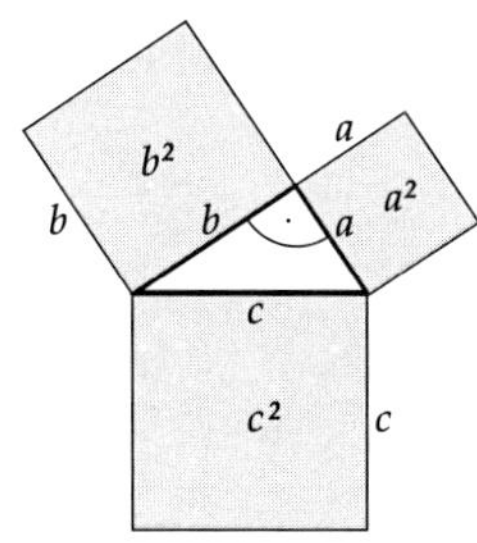

Abb. 18: Graphische Darstellung vom Satz des Pythagoras

Satz des Pythagoras: $a^2 + b^2 = c^2$

Die Fläche des Dreiecks ergibt sich zu:

$$A = \frac{1}{2} a \cdot b = \frac{1}{2} c \cdot h_c$$

Außerdem gibt es zwei weitere wichtige Flächensätze am rechtwinkligen Dreieck.

Die Höhe über c teilt eben diese Seite c in die beiden Abschnitte p und q, wobei p immer die Projektion von a auf c und q die Projektion von b auf c ist.

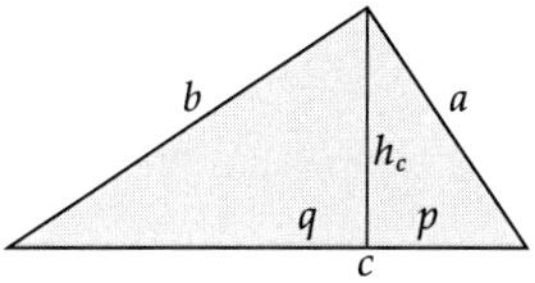

Abb. 19: Flächensätze am Rechtwinkligen Dreieck

Es gilt der Höhensatz: $h_c^2 = p \cdot q$

sowie der Kathetensatz (auch Satz des *Euklid*):

$$a^2 = c \cdot p \quad \text{und} \quad b^2 = c \cdot q$$

1.4.3 Viereck

Quadrat

Das Quadrat hat vier gleich lange Seiten (a) sowie vier rechte Winkel. Die Diagonalen (d) stehen senkrecht aufeinander und sind ebenfalls gleich lang.

Länge der Diagonalen: $d = a\sqrt{2}$
Umfang: $U = 4 \cdot a$
Fläche: $A = a^2$

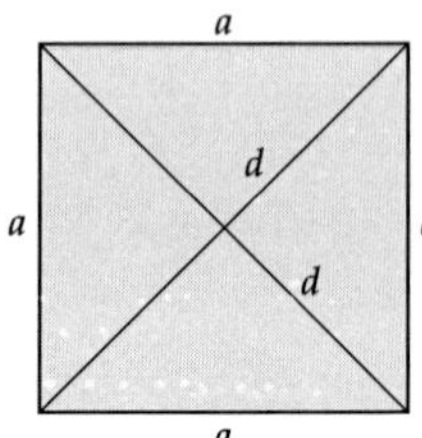

Abb. 20: Quadrat

Rechteck

Beim Rechteck sind die jeweils gegenüberliegenden Seiten sowie die Diagonalen gleich lang. Es hat auch vier rechte Winkel.

Länge der Diagonalen: $d = \sqrt{a^2 + b^2}$
Umfang: $U = 2\,(a + b)$
Fläche: $A = a \cdot b$

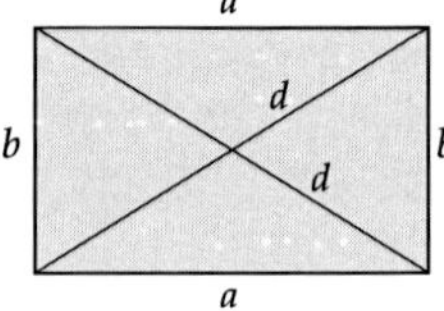

Abb. 21: Rechteck

Parallelogramm

Auch beim Parallelogramm sind die jeweils gegenüberliegenden Seiten gleich lang. Die Diagonalen sind unterschiedlich lang und halbieren sich gegenseitig.

Umfang: $U = 2\,(a + b)$
Fläche: $A = a \cdot h_a = b \cdot h_b$

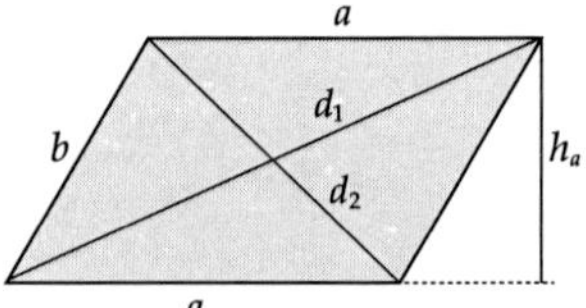

Abb. 22: Paralllelogramm

Trapez

Ein Trapez besteht aus zwei parallelen Grundseiten ($a \,||\, c$). Die anderen Seiten stehen in keinem festen Verhältnis zueinander oder zu den Grundseiten.

Mittellinie: $m = ½\,(a + c)$
Umfang: $U = a + b + c + d$
Fläche: $A = m \cdot h$

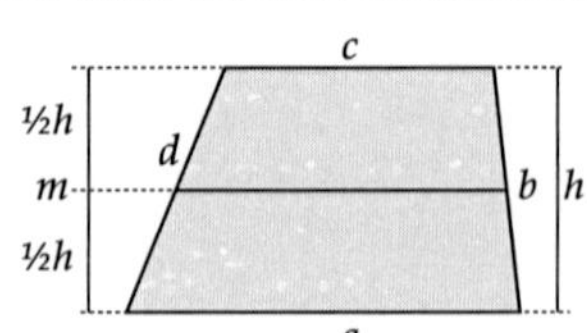

Abb. 23: Trapez

1.4.4 Kreis

Der Kreis wird schon durch Angabe von nur einer Zahl, dem Radius, eindeutig bestimmt. Der Durchmesser eines Kreises ist der doppelte Radius ($d = 2r$).

Umfang: $U = 2 \cdot \pi \cdot r = \pi \cdot d$
Fläche: $A = \pi \cdot r^2 = \frac{1}{4} \cdot \pi \cdot d^2$

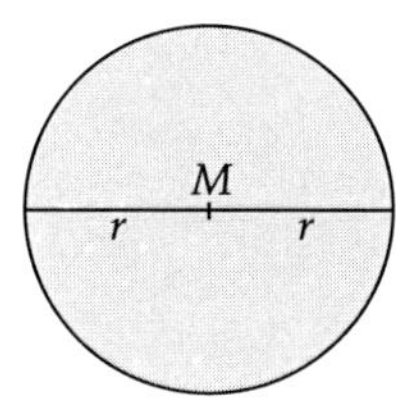

Abb. 24: Kreis

1.5 Trigonometrie

1.5.1 Einleitung

Ich führe die trigonometrischen Funktionen (auch Kreisfunktionen genannt) anhand von Beispielen ein und werde auf die Herleitung nicht weiter eingehen. Die trigonometrischen Funktionen können sowohl am Einheitskreis als auch am rechtwinkligen Dreieck definiert werden.
Benutzen wir als gemeinsames Beispiel für alle folgenden Funktionen eine schiefe Ebene, z.B. eine Straße, welche auf 100m gleichmäßig um 5m ansteigt.

1.5.2 Sinus

Das Verhältnis der Höhenzunahme (*h*) zum zurückgelegten Weg (*s*), z.B. der Wert 5:100 bzw. 5/100, ist ein Maß für die Steilheit der Straße und damit auch ein Maß für die Größe des Winkels α, den die Straße und die Horizontalebene miteinander bilden. Dieses Verhältnis, allgemein h/s, ist eine Funktion der Winkelgröße α und wird als Sinus von α (sin α) bezeichnet.

$$\sin\alpha = \frac{h}{s}$$

1.5.3 Kosinus

Stellen wir uns nun unsere geneigte Strecke (*s*) auf einer Landkarte vor. Man sieht nur den Grundriss der Strecke, die Projektion (*e*) auf die Horizontalebene. Aufgrund der Steigung wissen wir aber, dass die eigentliche Länge der Strecke länger ist als dargestellt. Auch dieses Verhältnis, allgemein e/s, ist ein Maß für unseren Winkel α und wird als Kosinus von α (cos α) bezeichnet.

$$\cos\alpha = \frac{e}{s}$$

1.5.4 Tangens

Die Steigung unserer Straße schließlich, also das Verhältnis des Höhenunterschiedes (*h*) zur Horizontalentfernung (*e*), wird als Tangens von α (tan α) bezeichnet.

$$\tan\alpha = \frac{h}{e}$$

Diese Angabe ist uns auch als Prozentwert bei Steigungen bzw. Gefällen bekannt. Demnach bedeutet die Angabe 8%: 8m Höhenunterschied auf 100m Kartenentfernung.

1.5.5 Kotangens, Sekans, Kosekans

Da zwischen unseren drei Strecken immer sechs Verhältnisse möglich sind, lassen sich zwischen ihnen (*s*, *e*, *h*) und dem Winkel drei weitere Beziehungen als Winkelfunktionen definieren. Allerdings werden diese nur selten verwendet – der Sekans und Kosekans z. B. in der Astronomie oder in der Nautik.

Der Kotangens von α (cot α) ist der Kehrwert des Tangens: $\cot\alpha = \frac{e}{h}$

Der Kosekans von α (cosec α) ist der Kehrwert des Sinus: $\operatorname{cosec}\alpha = \frac{s}{h}$

Der Sekans von α (sec α) ist der Kehrwert des Kosinus: $\sec\alpha = \frac{s}{e}$

1.5.6 Definition am rechtwinkligen Dreieck

Verallgemeinert man nun unser Beispiel, kommt man zu den geläufigen Definitionen am rechtwinkligen Dreieck.

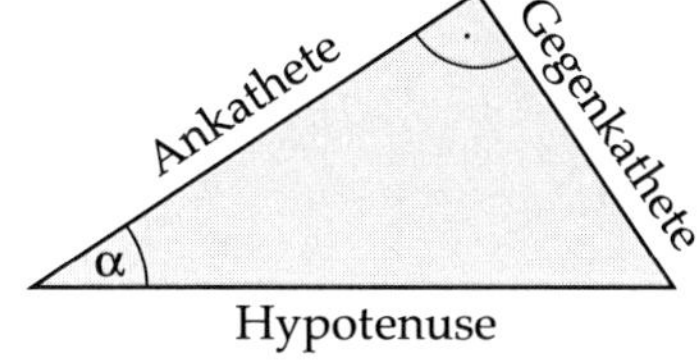

Abb. 25: Trigonometrie am rechtwinkligen Dreieck

$$\cos\alpha = \frac{\text{Ankathete}}{\text{Hypotenuse}} \qquad \tan\alpha = \frac{\text{Gegenkathete}}{\text{Ankathete}} \qquad \sin\alpha = \frac{\text{Gegenkathete}}{\text{Hypotenuse}}$$

$$\cot\alpha = \frac{\text{Ankathete}}{\text{Gegenkathete}} \qquad \operatorname{cosec}\alpha = \frac{\text{Hypotenuse}}{\text{Gegenkathete}} \qquad \sec\alpha = \frac{\text{Hypotenuse}}{\text{Ankathete}}$$

Bisher haben wir die trigonometrischen Funktionen lediglich an Dreiecken definiert, also nur für spitze Winkel mit 0° ≤ α ≤ 90°. Um nun diese Funktionen auch für beliebige Winkel zu erklären, muss man die Definition am Einheitskreis heranziehen.

1.5.7 Definition am Einheitskreis

Es liegt ein Kreis mit dem Radius $r = 1$ im kartesischen Koordinatensystem. Ein Winkel φ durchläuft alle vier Quadranten, ausgehend von der x-Achse im mathematisch-positiven Drehsinn, also entgegen dem Uhrzeigersinn.
Die Größe von φ kann wahlweise in Grad oder Bogenmaß gemessen werden. Ich beschränke mich hier der Übersicht halber auf die Darstellung im ersten Quadranten, bei den anderen verhält es sich analog, der einzige Unterschied besteht im Vorzeichen.

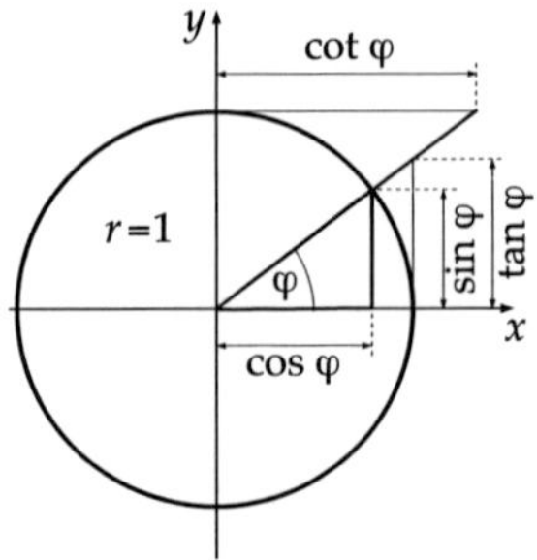

Abb. 26: Trigonometrie am Einheitskreis

Für die Vorzeichen in den unterschiedlichen Quadranten gilt die folgende Tabelle.

	I. Quadrant	II. Quadrant	III. Quadrant	IV. Quadrant
sin φ	+	+	–	–
cos φ	+	–	–	+
tan φ	+	–	+	–
cot φ	+	–	+	–

Tab. 5: Tabelle Vorzeichen der trigonometrischen Funktionen

1.5.8 Besondere Werte

Für einige Winkel existieren besondere Werte. Diese sind in der folgenden Übersicht zusammengefasst:

	0° – 0	30° – π/6	45° – π/4	60° – π/3	90° – π/2
sin	0	½	½√2	½√3	1
cos	1	½√3	½√2	½	0
tan	0	⅓√3	1	√3	–
cot	–	√3	1	⅓√3	0

Tab. 6: Tabelle besondere Werte der Trigonometrischen Funktionen

Als „Eselsbrücke" kann man sich für die Werte von sin x merken:

$\frac{1}{2}\sqrt{0}$ $\frac{1}{2}\sqrt{1}$ $\frac{1}{2}\sqrt{2}$ $\frac{1}{2}\sqrt{3}$ $\frac{1}{2}\sqrt{4}$

1.5.9 Beziehungen zwischen den Kreisfunktionen

Nachfolgend sind nur einige Beziehungen aufgeführt. Weitere Umformungen finden sich in Formelsammlungen ...

$\cos\alpha = \sin(90° - \alpha)$ $\sin\alpha = \cos(90° - \alpha)$ $\tan\alpha = \cot(90° - \alpha)$

$\cos^2\alpha + \sin^2\alpha = 1$ $\cot\alpha = \frac{1}{\tan\alpha}$ $\tan\alpha = \frac{\sin\alpha}{\cos\alpha}$

1.5.10 Sinussatz

Der Sinussatz ermöglicht uns die Berechnung von Seitenlängen und Winkeln in allen beliebigen Dreiecken. Der Sinussatz besagt, dass das Verhältnis von einem Winkel und der dazu gegenüberliegenden Seite in jedem Dreieck konstant ist, dass es nämlich genau die Länge des Durchmessers des Umkreises beträgt. Auf einen Beweis verzichte ich auch an dieser Stelle.

$$\frac{a}{\sin\alpha} = \frac{b}{\sin\beta} = \frac{c}{\sin\gamma}$$

1.5.11 Kosinussatz

Auch der Kosinussatz gilt in jedem beliebigen Dreieck.

$a^2 = b^2 + c^2 - 2 \cdot b \cdot c \cdot \cos\alpha$ $b^2 = a^2 + c^2 - 2 \cdot a \cdot c \cdot \cos\beta$ $c^2 = a^2 + b^2 - 2 \cdot a \cdot b \cdot \cos\gamma$

1.5.12 Die Graphen der Kreisfunktionen

Stellt man die jeweiligen trigonometrischen Funktionen graphisch dar, so sieht man, dass es sich um periodische Funktionen handelt. Als Beispiel sind die Graphen von $f(x) = \sin x$ und $g(x) = \cos x$ abgebildet. Der einzige Unterschied zwischen beiden Graphen ist eine Verschiebung in x-Richtung.

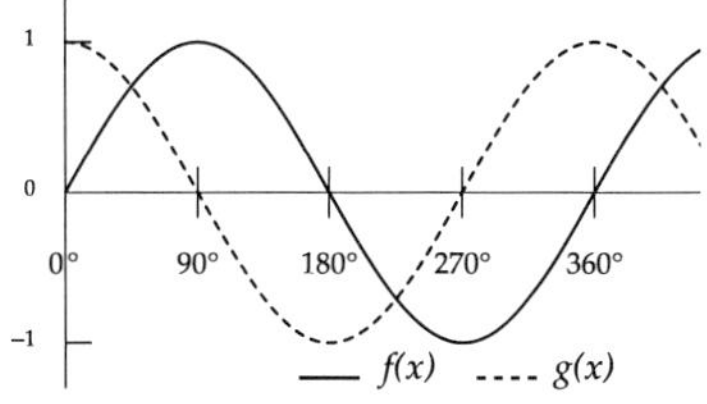

Abb. 27: Graphische Darstellung Sinus/ Kosinus

Im Gegensatz hierzu hat die Tangensfunktion ein eher ungewöhnliches Schaubild: $f(x) = \tan x$

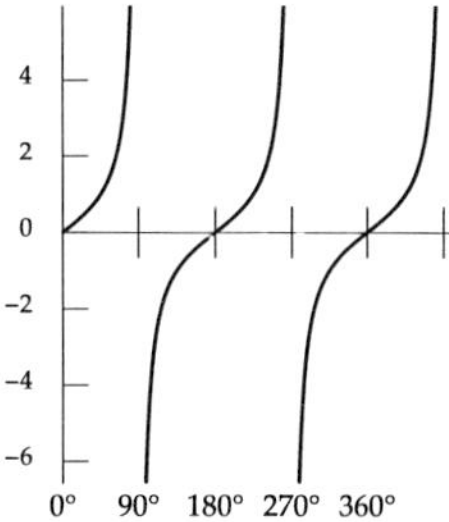

Abb. 28: Graphische Darstellung Tangens

1.6 Vektorrechnung

1.6.1 Einleitung

Auch in diesem Abschnitt werde ich nicht streng mathematisch vorgehen. Vielmehr werde ich die für uns wichtigen Themen vorstellen und die Umgehensweise erläutern, also die Addition und Subtraktion von Vektoren in einer Ebene sowie deren Zerlegung.
Wie uns allen bekannt ist, gibt es in der Mathematik und auch in der Physik bzw. Technik Begriffe und Größen, die sich durch eine reelle Zahl charakterisieren lassen, sogenannte skalare Größen, oder kurz: Skalare (z.B. Zeit, Volumen, Arbeit). Ebenfalls ist uns bekannt, dass es auch solche gibt, die durch einen bestimmten Betrag und eine zusätzliche Richtung beschrieben werden. Diese werden Vektorgrößen oder Vektoren genannt (z.B. Kraft, Strom, Geschwindigkeit). Letztere werden sehr treffend durch Pfeile symbolisiert.
Ich möchte hier zeigen, wie man mit diesen Pfeilen graphisch rechnen kann.

1.6.2 Definition

Um einen Vektor von einem Skalar zu unterscheiden, stellt man sie als Buchstaben mit einem Pfeil darüber dar $\left(\vec{F}\right)$.

Vektoren werden durch zwei Merkmale eindeutig festgelegt:

1. Die Länge des Vektors wird „Betrag" des Vektors genannt. Der Betrag eines Vektors ist immer eine positive Zahl und wird durch zwei senkrechte Striche rechts und links des betreffenden Symbols angedeutet. Häufig verzichtet man auch einfach auf das Pfeil-Ornament, wenn man den Betrag meint.

Abb. 29: Vektor

2. Die Richtung des Vektors wird angegeben, indem man von einer Ausgangsposition die Drehung des Pfeils in Grad angibt. Wichtig ist hier vor allem, dass die Winkel zwischen unterschiedlichen Vektoren nicht verändert werden.
   Man kann auch einen Anfangspunkt und einen Endpunkt angeben, z.B. im Koordinatensystem

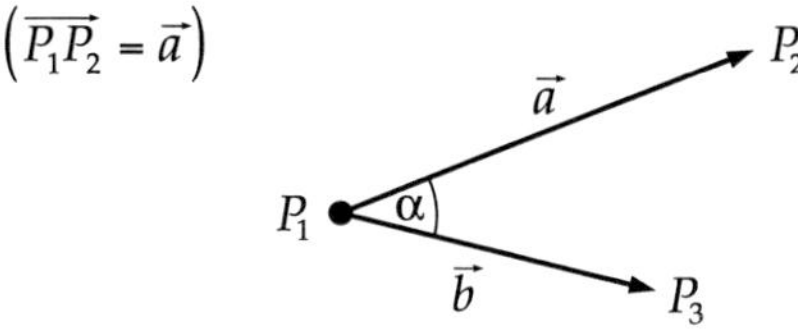

Abb. 30: Winkel zwischen zwei Vektoren

1.6.3 Addition

Zwei Vektoren werden addiert, indem man den Anfangspunkt des einen an den Endpunkt des anderen parallel verschiebt, um dann den Anfangspunkt des ersten Vektors mit dem Endpunkt des zweiten zu verbinden. Die Addition von Vektoren ist kommutativ, d.h. es ist egal, in welcher Reihenfolge man die Vektoren aneinander legt. Es ergibt sich ein Dreieck bzw. ein Parallelogramm, welches in der Mechanik auch als Kräfteparallelogramm bezeichnet wird. Auf diese Weise können wir natürlich beliebig viele Vektoren in einem Zug addieren. Wichtig ist dabei die Beibehaltung der Winkel zwischen den Ausgangsvektoren.

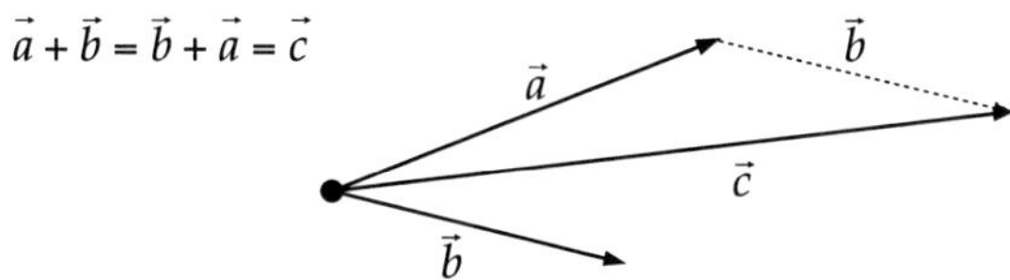

Abb. 31: Addition von Vektoren

1.6.4 Subtraktion

Da es keine negativen Vektoren geben kann, macht man sich bei der Subtraktion zunutze, dass es genau einen Vektor $\vec{b}$ geben muss, der bei der Addition mit einem Vektor $\vec{a}$ auf den Ausgangspunkt zurückführt, also $\vec{a} + \vec{b} = 0$. Dieser Vektor $\vec{b}$ wird dann als $\overrightarrow{-a}$ bezeichnet. Man erhält diesen Vektor $\overrightarrow{-a}$ aus $\vec{a}$ indem man einfach Ausgangs- und Endpunkt vertauscht.
Der Vektor $\overrightarrow{-a}$ ist demnach ein Vektor von gleicher Länge wie $\vec{a}$, jedoch von entgegengesetzter Richtung.

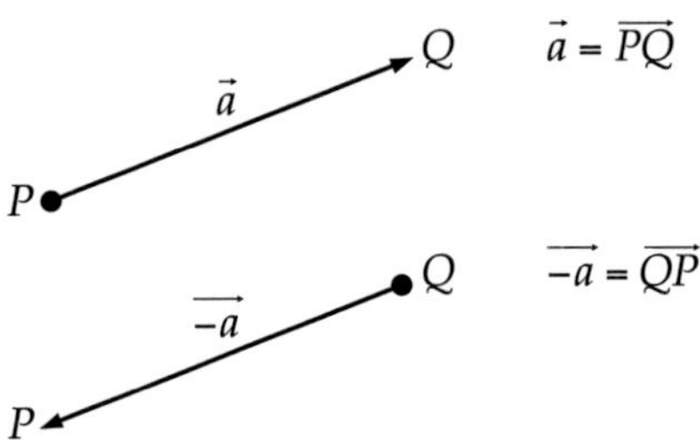

Abb. 32: Darstellung negativer Vektoren

Folglich ist es also sinnvoll zu sagen:
Die Differenz $\vec{a} - \vec{b}$ zweier Vektoren $\vec{a}$ und $\vec{b}$ ist die Summe aus $\vec{a}$ und $\overrightarrow{-b}$, d.h. $\vec{a} - \vec{b} = \vec{a} + \overrightarrow{-b}$.

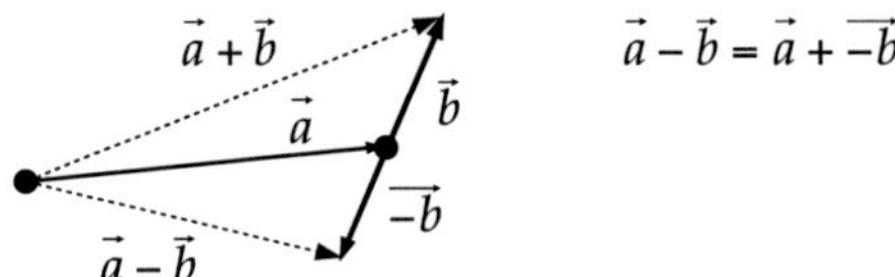

Abb. 33: Addition und Subtraktion von zwei Vektoren

1.6.5 Zerlegung von Vektoren

Natürlich kann man einen gegebenen Vektor in zwei (oder mehr) beliebige andere Vektoren zerlegen. Hier bedient man sich wiederum des Kräfteparallelogramms. Diesmal ist die Diagonale gegeben und wir suchen die Größen der Seiten. Eine solche Zerlegung wird immer dann benötigt, wenn eine vorhandene Kraft auf zwei Teilkräfte verteilt werden soll. Das klassische Beispiel hierfür ist die Hängelampe, die an zwei Seilen aufgehängt wird.

Möchte man nun die Kräfte erfahren, die auf die Aufhängungen wirken, zerlegt man die Gewichtskraft der Lampe $\overrightarrow{F_L}$ in die beiden Teilkräfte $\overrightarrow{S_1}$ und $\overrightarrow{S_2}$, indem man über die Parallelverschiebung der Wirkungslinien dieser Kräfte das Kräfteparallelogramm konstruiert.

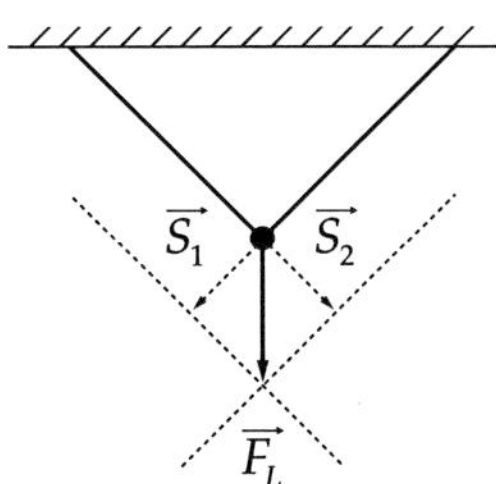

Abb. 34: Zerlegung von Vektoren an rechtwinkligen Dreiecken

Da sich das doch sehr theoretisch anhört, gebe ich hierzu ein Beispiel zum besseren Verständnis:

Die Winkel zwischen den Seilen und der Decke seien gleich groß und jeweils 45°. Die Gewichtskraft ist mit 400 N angegeben. Wie groß ist jeweils die Kraft in den Seilen?

Lösungsansatz: Da die Winkel gleich groß sind und die Lampe also genau mittig zwischen den Befestigungspunkten hängt, teilt sich die Gewichtskraft gleichmäßig auf die beiden Seile auf. Das für uns interessante Kräftedreieck ist rechtwinklig und gleichseitig.

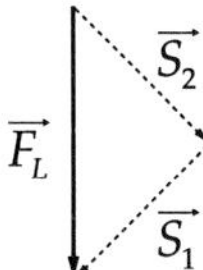

Abb. 35: Rechtwinkliges Kräftedreieck

Da es sich um ein rechtwinkliges Dreieck handelt, wenden wir den Satz des Pythagoras an und betrachten die Beträge der drei Vektoren:

$F_L^2 = S_1^2 + S_2^2$ mit $S_1 = S_2 = S$ ergibt sich $F_L^2 = S^2 + S^2 = 2 \cdot S^2$

Und daraus folgt: $F_L = \sqrt{2 \cdot S^2}$ also $F_L = \sqrt{2} \cdot S$ und somit $S = \frac{F_L}{\sqrt{2}}$

Die Kräfte in den Seilen betragen also jeweils: $S_1 = S_2 = \frac{F_L}{\sqrt{2}} = \frac{400\text{N}}{\sqrt{2}} = 282{,}84\text{N}$

Mathematisch viel interessanter ist der folgende Fall, bei dem die Lampe asymmetrisch hängt, nämlich mit den folgenden Winkeln zwischen Decke und Seilen: $\alpha = 50°, \beta = 30°$, die Gewichtskraft der Lampe beträgt weiterhin 400 N.

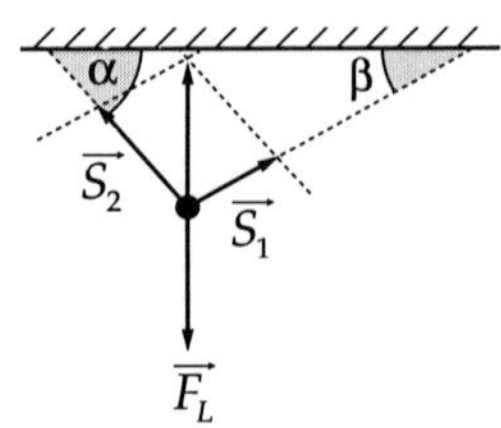

Abb. 36: Zerlegung von Vektoren an beliebigen Dreiecken

Wir erhalten entsprechend ein Kräftedreieck ohne rechten Winkel:

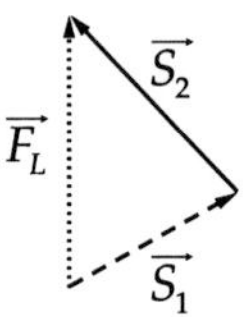

Abb. 37: beliebiges Kräftedreieck

Aus den Winkelbeziehungen (siehe 1.4.1) kann man sich die Winkel des Dreiecks ableiten:

- Der Winkel zwischen gepunktetem und gestricheltem Vektor beträgt 60°.
- Der Winkel zwischen gepunktetem und durchgezogenem Vektor beträgt 40°.
- Der Winkel zwischen gestricheltem und durchgezogenem Vektor beträgt 80°.

Jetzt kommt der Sinussatz zur Anwendung: $$\frac{F_L}{\sin 80°} = \frac{S_1}{\sin 40°} = \frac{S_2}{\sin 60°}$$

Also ergibt sich für $$S_1 = \frac{F_L \cdot \sin 40°}{\sin 80°} = 261{,}08\text{N}$$

Und für $$S_2 = \frac{F_L \cdot \sin 60°}{\sin 80°} = 351{,}75\text{N}$$

1.6.6 Multiplikation von Vektoren und Skalaren

Wird ein Vektor mit einem Skalar multipliziert, verändert sich der Betrag des Vektors und damit natürlich seine Länge. Bei Kräften ist es auch sehr anschaulich, denn logischerweise wird eine doppelt so große Kraft durch einen doppelt so langen Pfeil repräsentiert.

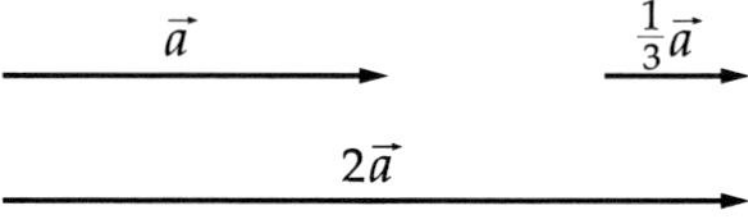

Abb. 38: Skalarmultiplikation von Vektoren

Hinweis:

Vektoren können in der Praxis nicht mit Vektoren multipliziert werden. Aber da der Mathematiker ein „das geht nicht" nur sehr ungern akzeptiert, hat er zwei (theoretische) Möglichkeiten erfunden, Vektoren mit Vektoren zu multiplizieren. Ich erwähne an dieser Stelle nur die beiden entsprechenden Begriffe, nämlich Skalarprodukt und Kreuzprodukt, verweise auf entsprechende Literatur und stelle fest, dass es uns nicht interessieren muss.

Kapitel 2

Grundlagen, Bauteile und Grundschaltungen

2.1 Einführung

Dieser Teil widmet sich den elektrotechnischen Grundlagen. Er soll dem Aneignen von Kenntnissen genauso dienen wie dem Vertiefen von bereits Bekanntem.

Ich erkläre kurz den Aufbau eines Stromkreises einschließlich der einzelnen Elemente und möchte die wichtigsten Formeln einführen, sowie die Bestandteile elektrischer Schaltungen auf ihre elektrischen Eigenschaften untersuchen. Auf diese Weise soll der Leser in die Problemstellungen der Elektrotechnik eingeführt werden.

Für den Praktiker kann sich dieser Teil als Nachschlagewerk auf der Baustelle vor Ort als nützlich erweisen. Außerdem findet man eine kommentierte Formelsammlung.

Elektrotechnische Vorgänge kann man nur sehr schwer (wenn überhaupt möglich) ohne mathematische Methoden erklären, so dass ich selbstverständlich darauf zurückgreifen werde. Vor allem kann und werde ich nicht auf den Umgang mit Gleichungen, Gleichungssystemen, Potenz- und Wurzelrechnung sowie mit Funktionen und ihren Darstellungen verzichten. Sämtliche mathematischen Grundlagen und Rechenoperationen setze ich hier voraus und werde sie nicht erläutern, sondern wie selbstverständlich anwenden. Bei Bedarf können diese jedoch jederzeit im Kapitel 1 dieses Buches nachgeschlagen bzw. aufgearbeitet werden.

2.2 Der elektrische Stromkreis

Generell besteht der elektrische Grundstromkreis aus (mindestens) zwei Teilen, nämlich der „Erzeugerseite" und der „Verbraucherseite", miteinander verbunden durch Leitungen und üblicherweise versehen mit einem Schalter.

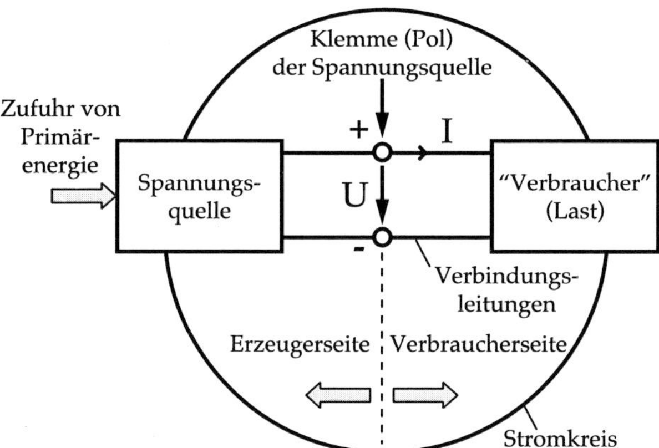

Abb. 39: Schematische Darstellung des Stromkreises

Die elektrische Energiequelle, auch als Spannungsquelle bezeichnet, findet man auf der Erzeugerseite. Technische Spannungsquellen sind z.B. Generatoren, Batterien, Akkumulatoren oder Solarzellen. In Spannungsquellen wird die entsprechende Ausgangsenergie in elektrische Energie umgewandelt, welche als elektrische Spannung bezeichnet wird. Typische Ausgangsenergieformen sind beispielsweise die chemische Energie in Batterien oder die mechanische in Generatoren.

In den elektrischen Verbrauchern wird die Energie wiederum in eine andere Energieform umgewandelt, wie z.B. in Bewegungsenergie in Motoren oder in Wärme- bzw. Lichtenergie in Glühlampen.

Alle elektrischen Schaltungen lassen sich auf einen solchen Grundstromkreis zurückführen. Selbst die kompliziertesten elektrischen Schaltungen kann man in einzelne Grundstromkreise zerlegen, um die gegenseitige Beeinflussung zu erkennen.

Die Vorgänge in einem elektrischen Stromkreis erfolgen nicht zufällig, sondern unterliegen relativ strengen Regeln, die deshalb auch Stromkreis-Gesetze genannt werden. Dies ist nicht zuletzt der Grund dafür, dass wir uns hier intensiv um eben diese Zusammenhänge bemühen und versuchen werden, sie mit Hilfe der Mathematik zu beschreiben und zu erklären.

2.3 Elektrische Grundgrößen

2.3.1 Die elektrische Spannung

Die jeweilige Ausgangsenergieform trennt positive und negative Elementarladungen voneinander, so dass zwei Pole entstehen:
An einem Pol herrscht Elektronenmangel, er ist elektrisch positiv. An dem anderen Pol ist ein Überfluss an Elektronen vorhanden, dieser ist elektrisch negativ.
Die so zerlegten Ladungen haben allerdings das natürliche Bestreben, ihren ursprünglichen neutralen Zustand wiederherzustellen. Dieses Ausgleichsbestreben nennt man elektrische Spannung oder auch Potenzialdifferenz. Für die Benutzung elektrischer Spannungsquellen sind die Kenntnisse über die physikalischen Hintergründe und Abläufe der Ladungstrennung zunächst zweitrangig, wir werden uns zu gegebener Zeit damit beschäftigen. Generell ist die Spannung also gewissermaßen der Antrieb unseres Stromkreises, der auf die Ladungsträger (Elektronen) wirkende Antrieb – vergleichbar mit einer Pumpe, die auf der einen Seite Elektronen in den Stromkreis hineindrückt, während auf der anderen Seite Elektronen angesaugt werden.

Die elektrische Spannung ist der Unterschied in der Elektronenbesetzung zwischen zwei Punkten. Diese angehäuften Elektronen auf der einen Seite (die bildliche Vorstellung hilft ungemein) nennt man daher auch elektrische Ladung (Elektrizitätsmenge).

Die elektrische Ladung, oder auch Elektrizitätsmenge Q, ergibt sich aus der Elementarladung e eines Ladungsträgers und deren Anzahl n.

$$Q = n \cdot e$$

Die Elementarladung eines Elektrons beträgt

$$e = -1{,}602 \cdot 10^{-19}\,\mathrm{C}$$

Die Einheit der elektrischen Ladung Q ist definiert als ein Coulomb.

$$[Q] = 1\,Coulomb = 1\,\mathrm{C} = 1\,\mathrm{As}$$

Je nachdem, wie die Energieumwandlung in der Spannungsquelle erfolgt, unterscheidet man ganz grob erst einmal zwei verschiedene Spannungsarten, nämlich die Gleichspannung und die Wechselspannung.

Die elektrische Spannung wird mit dem Buchstaben *U* bezeichnet und erhält die Einheit *Volt*. Gleichspannungen und Effektivwerte von Wechselspannungen werden mit Großbuchstaben bezeichnet, während Wechselspannungen mit Kleinbuchstaben angegeben werden.

Die Definition der elektrischen Spannung lässt sich wie folgt in Worte fassen: Spannung (*U*) ist Energie (*W*) pro getrennter elektrischer Ladungsmenge (*Q*).

Kurz also: $U = \frac{W}{Q}$

Die Einheit der elektrischen Spannung *U* beträgt ein Volt.

Oder als Formel: $[U] = 1 Volt = 1 V$

In der technischen Praxis liegt der Bereich der Einheiten zwischen µV (Mikrovolt, 10^{-6} V) und MV (Megavolt, 10^{6} V).

In Schaltplänen wird eine Spannung üblicherweise durch einen Pfeil zwischen zwei Punkten gekennzeichnet. Seine Spitze ist dabei auf den Bezugspunkt gerichtet.

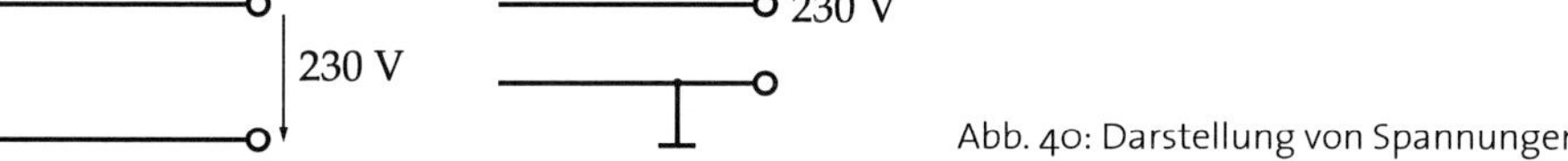

Abb. 40: Darstellung von Spannungen

Genauso häufig findet man die Angabe einer Spannung an einem Punkt (Messpunkt). Diese Angabe bezieht sich in der Regel auf das Massepotenzial (Schaltzeichen: ⊥) der Schaltung.

Sobald ein Stromkreis geschlossen wird (und zwar nur dann), d.h. die Spannungsquelle mit dem Verbraucher über eine Hin- und eine Rückleitung verbunden wird, kann man die Wirkung der Spannung – also den Stromfluss beobachten.

2.3.2 Der elektrische Strom

Der Ursache Spannung folgt also die Wirkung Strom. Die Spannungsquelle treibt die freien Elektronen des einen Pols (der mit dem Überschuss an Elektronen) in den angeschlossenen Leiter hinein. In diesem werden die hier vorhandenen freien Elektronen angeschoben und in der Leitung in Richtung des anderen Pols geschoben, von welchem sie gleichzeitig angezogen werden.
Diese Bewegung von Elektronen wird als elektrischer Strom oder elektrische Stromstärke definiert.
Der elektrische Strom wird mit *I* bezeichnet und erhält die Einheit Ampere.

Die Definition des elektrischen Stroms lässt sich wie folgt in Worte fassen:
Strom (*I*) ist die gerichtete Bewegung elektrischer Ladungen (*Q*) pro Zeiteinheit (*t*).

Kurz also: $$I = \frac{Q}{t}$$

Die Einheit der elektrischen Stromstärke I beträgt ein *Ampere*.

Oder als Formel: $$[I] = 1 Ampere = 1 A$$

In der technischen Praxis liegt der Bereich der Einheiten zwischen
nA (Nanoampere, 10^{-9} A) und kA (Kiloampere, 10^{3} A).

Je mehr Elektronen in einer Zeiteinheit bewegt werden, desto größer ist die Stromstärke. Demnach beträgt die Stromstärke $I = 1$ A, wenn in einer Sekunde $6{,}25 \cdot 10^{18}$ Elektronen bewegt werden.
In Schaltplänen wird die Stromstärke üblicherweise durch einen Pfeil parallel zu einem Leiter gekennzeichnet. Seine Richtung zeigt die technische Stromrichtung.

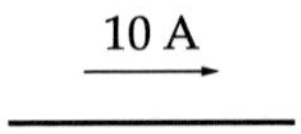

10 A

Abb. 41: Darstellung von Stromstärken

Stromrichtung

Generell ist die paradoxe Tatsache zu berücksichtigen, dass aufgrund der historischen Entwicklung die technische Stromrichtung definiert wird als die Bewegung positiver Ladungsträger vom Plus- zum Minuspol, also genau entgegengesetzt der eigentlichen Bewegungsrichtung der Elektronen vom Minus- zum Pluspol. Auch im 21. Jahrhundert hat man diesen Irrtum nicht korrigiert, so dass man bei sämtlichen Berechnungen nach wie vor davon ausgeht, der Strom fließe vom Plus- zum Minuspol, obwohl man mittlerweile weiß, dass es genau umgekehrt ist.

Es gibt also die
Technische Stromrichtung (von Plus nach Minus)

und die
Elektronenstromrichtung oder auch physikalische Stromrichtung (von Minus nach Plus).

In der Praxis – und damit natürlich auch in diesem Buch – gehen wir nach wie vor davon aus, dass der elektrische Strom vom positiven Pol der Spannungsquelle über den Verbraucher zum negativen Pol fließt.

Elektronengeschwindigkeit

Obwohl Versuche und auch der tägliche Umgang mit Elektrizität zeigen, dass der Strom extrem schnell ist, sich nämlich annähernd mit Lichtgeschwindigkeit fortbewegt, ist die Geschwindigkeit eines Elektrons dagegen deutlich geringer. Diese auf den ersten Blick widersprüchliche Behauptung lässt sich damit erklären, dass sich die strömenden Elektronen wie bei einer Kettenreaktion anstoßen und so die Energie weitergeben. Die auftretenden Energiestöße erfolgen mit Lichtgeschwindigkeit.
Um diese leichtfertig aufgestellte Behauptung zu untermauern und gleichzeitig den Umgang mit Formeln zu üben, möchte ich nun einen Weg aufzeigen, wie die Geschwindigkeit eines Elektrons berechnet werden kann:

Zunächst bestimmt man die Anzahl der frei beweglichen Ladungsmenge Q in einem Leiterstück, dies ist:

$$Q = n' \cdot e \cdot V$$

In dieser Formel steht n' für die Anzahl der freien Elektronen bezogen auf das Werkstoffvolumen V.

Das Volumen des Werkstoffs lässt sich bei einem Leiter bekanntermaßen über die Querschnittsfläche *A* und die Länge *l* berechnen:

$$Q = n' \cdot e \cdot A \cdot l$$

Dies führt dann mit $I = \frac{Q}{t}$ zu: $I = \frac{n' \cdot e \cdot A \cdot l}{t}$

Nach den Gesetzen der Dynamik gilt:

$$v = \frac{s}{t}$$

Die Strecke *s* ist hierbei die für das Elektron zu überwindende Länge des Leiters *l*, also

$$v = \frac{l}{t}$$

Setzt man in die obige Gleichung ein, erhält man:

$$I = n' \cdot e \cdot A \cdot v$$

Nun müssen wir nur noch diese Gleichung nach *v* umformen und erhalten die Geschwindigkeit des Elektrons.

$$v = \frac{I}{n' \cdot e \cdot A}$$ Elektronengeschwindigkeit in einem Leiter

Beispiel:
Die Elektronengeschwindigkeit bei einer Stromstärke *I* = 10 A in einem Kupferdraht mit einem Querschnitt von A = 1,5 mm² soll berechnet werden.

Dazu fehlt uns offensichtlich die Anzahl der freien Elektronen des Kupfers n'. Diese können wir mithilfe eines kleinen Ausflugs in die Chemie wie folgt ermitteln:

Jedes Kupferatom hat gemäß des Bohrschen Atommodells ein Elektron auf der äußersten Schale und kann somit ein Elektron zur Stromleitung zur Verfügung stellen.
Die Molare Masse von Kupfer beträgt 64 g/Mol, 1 Mol enthält $6{,}023 \cdot 10^{23}$ Atome, also stellt 1 Mol Kupfer (64 g) demnach $6{,}023 \cdot 10^{23}$ Elektronen zur Verfügung.
Die Dichte von Kupfer beträgt 8,95 mg/mm³, woraus folgt, dass 1 mm³ Kupfer 0,1398 mMol entsprechen (dies lässt sich anhand des Dreisatzes schnell nachvollziehen).

Aus der Multiplikation des Ergebnisses und der weiter oben ermittelten Elektronenanzahl pro Mol kommt man zu dem Schluss, dass 1 mm³ Kupfer $8{,}4 \cdot 10^{19}$ Elektronen zur Stromleitung beitragen kann.

Also:

$$v = \frac{10\text{A}}{8{,}4 \cdot 10^{19} \frac{\textit{Elektronen}}{\text{mm}^3} \cdot 1{,}6 \cdot 10^{-19} \frac{\text{As}}{\textit{Elektronen}} \cdot 1{,}5\text{mm}^2}$$

$$v = 0{,}496 \frac{\text{mm}}{\text{s}}$$

Das sind nicht einmal 2 m pro Stunde!

2.3.3 Wirkungen des elektrischen Stroms

Der Strom, der aufgrund einer elektrischen Spannung fließt, ist nicht zu sehen. Er lässt sich nur an seinen Wirkungen erkennen.
Man zählt fünf Wirkungen des elektrischen Stroms, von denen meistens mehrere gleichzeitig auftreten:

Wärmewirkung

In und natürlich auch um einen elektrischen Leiter (Draht) entsteht Wärme. Diese wird mit zunehmender Stromstärke größer. Wärme entsteht bekanntlich bei einem Verbrennungsvorgang oder durch Reibung. Ersteres kann mit an Sicherheit grenzender Wahrscheinlichkeit ausgeschlossen werden, da zu einem Verbrennungsvorgang Sauerstoff notwendig ist, der in einer Leitung definitiv nicht vorhanden ist. Es bleibt somit der Vorgang der Reibung, verursacht durch die Bewegung der Elektronen.
Die entstehende Wärme ist einerseits gewünscht und wird als Energieform genutzt, wie beispielsweise in Heizstrahlern, Warmwassergeräten oder Lötkolben, aber auch in Glühlampen oder Schmelzsicherungen. Andererseits ist die Wärme auch durchaus unerwünscht und führt unter Umständen zu großen Problemen, wie etwa zu (unzulässig hoher) Erwärmung von Leitungen, Steckverbindungen und Kontakten und damit natürlich auch zu Brandgefahr.

Magnetische Wirkung

Um einen stromdurchflossenen Leiter baut sich ein magnetisches Feld auf, dessen Feldlinienrichtung und Feldstärke von der Stromstärke und der Stromrichtung bestimmt werden. Umfasst man einen stromdurchflossenen Leiter mit der rechten Hand so, dass der gestreckte Daumen in die Stromrichtung zeigt, zeigen die Spitzen der anderen Finger in die Richtung der magnetischen Feldlinien. Deshalb wird diese Eselsbrücke auch „Rechte-Hand-Regel" genannt. Die Feldlinien bilden geschlossene konzentrische Kreise um den Leiter. Auf der Oberfläche des Leiters ist die magnetische Feldstärke am größten und nimmt mit der Entfernung vom Leiter stetig ab. Magnetfelder werden technisch z.B. in Motoren, Magneten, Messinstrumenten und Lautsprechern genutzt. Unerwünschte Magnetfelder führen u.a. zu Einstreuungen in andere Betriebsmittel, welche sich z.B. als Störgeräusche in Tonanlagen bemerkbar machen oder sogar zu Funktionsstörungen führen können (Stichwort: Elektromagnetische Verträglichkeit – EMV).

Chemische Wirkung

Taucht man zwei Metall-Elektroden, die an eine Gleichspannungsquelle angeschlossen sind, in eine elektrisch leitende Flüssigkeit (Elektrolyt), so kann man mit Hilfe eines Messgerätes beobachten, dass Strom durch den Elektrolyten fließt. Hierbei werden die Moleküle der Flüssigkeit in ihre Ionen aufgespalten, bei Wasser z.B. in die Grundbausteine Wasserstoff und Sauerstoff. Dieser Vorgang wird als Elektrolyse bezeichnet. Die elektrolytische Wirkung des elektrischen Stromes nutzt man zur Galvanisierung und in chemischen Spannungsquellen (Batterien, Akkumulatoren).

Lichtwirkung

Ist die Stromstärke, die durch einen Metalldraht geleitet wird, hoch genug, entsteht neben der Wärmewirkung auch eine Lichtwirkung. Diese Eigenschaft wird z.B. in Glühlampen genutzt. Hier ist die Lichtwirkung jedoch als Sekundärwirkung zu betrachten, da das Leuchten des Drahtes auf seine Hitze zurückzuführen ist. Anders verhält es sich bei Gasentladungslampen. Durch den Strom, der durch ein Gas fließt, werden Gasatome oder -moleküle angeregt. Die Elektronen des elektrischen Stroms stoßen auf die Hüllenelektronen der Gasatome oder -moleküle und übertragen dabei Energie auf dieselben. Wenn diese angeregten Gasteilchen wieder in ihren ursprünglichen Zustand zurückkehren, wird die Energie in Form von Licht ausgesandt. Ein Beispiel hierfür ist die Leuchtstofflampe oder andere in der Veranstaltungstechnik eingesetzte Gasentladungslampen (HMI, MSR, ...). Als weiteres Beispiel, welches in der letzten Zeit große Bekanntheit erlangt hat, ist die Leuchtdiode (LED) zu nennen. LEDs sind Halbleiterbauelemente, bei denen das Licht durch die Umkehrung des Fotoeffekts entsteht.

Physiologische Wirkung

Von physiologischer Wirkung spricht man dann, wenn ein Strom durch einen organischen Körper (z.B. Mensch oder Tier) fließt und dort muskuläre Reaktionen auslöst (z.B. Muskelverkrampfungen). Neben schädlichen und lebensgefährlichen Wirkungen bei zu hohen Strömen hat dieser Effekt bei richtiger Dosierung des Stroms aber auch heilende Wirkungen und wird in der Medizin eingesetzt. Ein weiteres bekanntes Anwendungsbeispiel ist der Elektroweidezaun.

2.3.4 Die Stromdichte

Unter der Stromdichte *J* versteht man das Verhältnis von der Stromstärke zur Querschnittsfläche des Leiters. Die Stromdichte ist verantwortlich für die Eigenerwärmung eines Leiters. Ich möchte dies anhand der folgenden Überlegung verdeutlichen:

Ein Leiter mit einem Querschnitt von $A_1 = 4\ mm^2$ wird von einer Stromstärke von $I = 12$ A durchflossen. Die Leitung erwärmt sich leicht aufgrund der Bewegung der Elektronen. Verringern wir nun bei gleicher Stromstärke den Leiterquerschnitt auf $A_2 = 1{,}5\ mm^2$, so bleibt die Anzahl der sich bewegenden Elektronen natürlich gleich, allerdings steht ihnen weniger Raum zur Verfügung. Die Elektronen müssen drängeln, wodurch eine größere Reibung und somit eine höhere Erwärmung des Leiters entsteht.

Noch deutlicher wird die Auswirkung der Stromdichte am Beispiel einer Glühlampe. Die Leitungen zur Lampe erwärmen sich normalerweise nicht besonders. Der extrem dünne Draht der Glühwendel erwärmt sich dagegen so stark, dass er glüht. Die Stromdichte steigt somit mit zunehmender Stromstärke und mit abnehmendem Leiterquerschnitt.

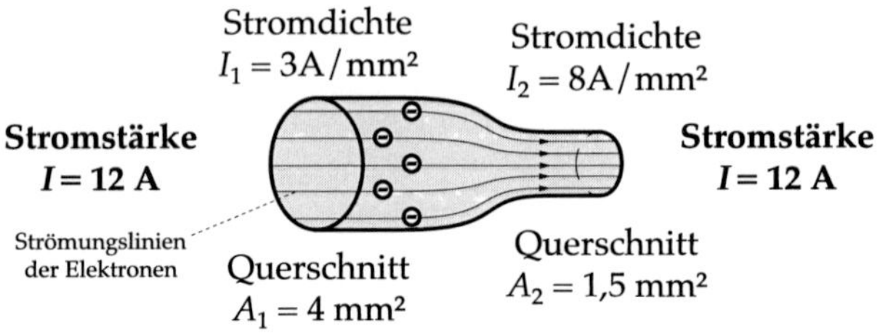

Abb. 42: Darstellung Stromdichte

Die Stromdichte *J* beschreibt das Verhältnis von der Stromstärke *I* zur Querschnittsfläche des Leiters.

Oder als Formel: $J = \frac{I}{A}$

Die Einheit ergibt sich direkt daraus:

$$[J] = \frac{A}{mm^2}$$

2.3.5 Der elektrische Widerstand

Der Elektronenfluss wird von Werkstoffen unterschiedlich stark gehemmt. Diese Erscheinung bezeichnet man als elektrischen Widerstand. Der Widerstand steht in umgekehrtem Verhältnis zur Stromstärke:
Kleiner Widerstand – großer Strom, großer Widerstand – kleiner Strom. Die Stromstärke in einem Stromkreis wird also durch den elektrischen Widerstand begrenzt. Der elektrische Widerstand wird mit *R* bezeichnet und erhält die Einheit Ohm.

Oder als Formel: $[R] = 1\text{Ohm} = 1\Omega$

In der technischen Praxis liegt der Bereich der Einheiten zwischen
m Ω (Milliohm, 10^{-3} Ω) und M Ω (Megaohm, 10^{6} Ω).

Der elektrische Widerstand *R* tritt sowohl als Bauelement (Technischer Widerstand) als auch über seine physikalische Eigenschaft der Strombegrenzung in einem Stromkreis (Wirkwiderstand) auf. Schaltzeichen Widerstand: *R* —▭—
Demnach kann man einen Widerstand entweder aus den elektrischen Eigenschaften oder aus den mechanischen Eigenschaften (Abmessungen) eines Materials bestimmen.

Dabei sind neben dem Leiterwerkstoff drei Einflussfaktoren für die Größe des elektrischen Widerstands von Bedeutung:

- die Leiterlänge l
- der Leiterquerschnitt A
- die Leitertemperatur ϑ

Da in den meisten Fällen die Temperatur eines Leiters nur von untergeordneter Bedeutung ist, wird in Berechnungen üblicherweise eine Temperatur von 20° C angenommen.

Die oben genannten drei Einflussfaktoren haben folgende Auswirkungen auf den elektrischen Widerstand:

- Je größer die Leiterlänge, desto höher der Leiterwiderstand, da die Elektronenbewegung auf dem längeren Weg stärker behindert wird.
- Je kleiner der Leiterquerschnitt, desto größer der Leiterwiderstand, da der für die Elektronen zur Verfügung stehende Platz weniger wird.
- Je höher die Leitertemperatur, desto höher der Leiterwiderstand, weil die Schwingungshöhe der Atome und damit die Behinderung des Elektronenflusses größer wird.

Spezifischer Widerstand / spezifische Leitfähigkeit

Zur besseren und schnelleren Vergleichbarkeit der Auswirkungen der Einflussfaktoren auf den Leiterwiderstand ist der spezifische Widerstand ρ (Rho) bzw. die spezifische Leitfähigkeit κ (Kappa) für Werkstoffe festgelegt worden, wobei die beiden Größen über die folgende Gleichung in Zusammenhang stehen:

$$\kappa = \frac{1}{\rho} \quad \Leftrightarrow \quad \rho = \frac{1}{\kappa}$$

Der spezifische Widerstand eines Werkstoffs bezieht sich per Definition auf eine Leiterlänge von 1m, einen Leiterquerschnitt von $1mm^2$ und eine Temperatur von 20° C. Mit Hilfe des spezifischen Widerstandes bzw. der spezifischen Leitfähigkeit kann man den Gesamtwiderstand R eines Leiters nach folgenden Gleichungen bestimmen:

$$R = \frac{\rho \cdot l}{A} \qquad R = \frac{l}{\kappa \cdot A}$$

Hier nun einige Beispiel für ρ und κ:

Werkstoff	ρ	κ
Kupfer Cu	$0{,}018 \ \frac{\Omega mm^2}{m}$	$57 \ \frac{m}{\Omega mm^2}$
Aluminium Al	$0{,}0278 \ \frac{\Omega mm^2}{m}$	$35{,}97 \ \frac{m}{\Omega mm^2}$
Silber Ag	$0{,}0167 \ \frac{\Omega mm^2}{m}$	$60 \ \frac{m}{\Omega mm^2}$
Gold Au	$0{,}022 \ \frac{\Omega mm^2}{m}$	$45 \ \frac{m}{\Omega mm^2}$
Wolfram W	$0{,}055 \ \frac{\Omega mm^2}{m}$	$18 \ \frac{m}{\Omega mm^2}$
Konstantan CuNi44	$0{,}48 \ \frac{\Omega mm^2}{m}$	$2{,}08 \ \frac{m}{\Omega mm^2}$

Tab. 7: Tabelle spezifischer Widerstand/spezifische Leitfähigkeit

Temperaturverhalten

Weicht die Temperatur des Leiters erheblich von der vorausgesetzten Temperatur von 20° C ab und soll der Widerstand unter diesen Bedingungen genau bestimmt werden, so kann die folgende Gleichung verwendet werden:

$$R = R_{20°C} \cdot (1 + \alpha \cdot \Delta\vartheta)$$

α steht hier für den Temperaturbeiwert (auch: Temperaturkoeffizient) des jeweiligen Leiterwerkstoffs und $\Delta\vartheta$ für die Temperaturdifferenz zu 20° C in Kelvin.

Dies ist der Grund dafür, dass beispielsweise in Glühlampen beim Einschalten (der Wolframdraht hat eine Temperatur von ca. 20° C) ein deutlich höherer Strom fließt als im Betrieb (der Wolframdraht hat jetzt eine Temperatur von annähernd 3000° C). Die Stromstärke beim Einschalten ist also kurzzeitig ca. 15 mal höher als im Betrieb, weil der Kaltwiderstand des Wolframdrahtes demnach nur 1/15 des Warmwiderstands beträgt. Werkstoffe, bei denen die Leitfähigkeit mit zunehmender Temperatur abnimmt, werden Kaltleiter genannt. Dazu gehören Metalle. Es gibt auch Werkstoffe, bei denen die Leitfähigkeit mit zunehmender Temperatur zunimmt, diese werden Heißleiter genannt. In diese Kategorie fällt z. B. Kohle.

Werkstoff	α
Kupfer Cu	$0{,}0039 \ \frac{1}{K}$
Aluminium Al	$0{,}0036 \ \frac{1}{K}$
Silber Ag	$0{,}004 \ \frac{1}{K}$
Gold Au	$0{,}004 \ \frac{1}{K}$
Wolfram W	$0{,}0037 \ \frac{1}{K}$
Konstantan CuNi44	$0{,}00004 \ \frac{1}{K}$
Kohle	$-\ 0{,}00045 \ \frac{1}{K}$

Tab. 8: Tabelle Temperaturbeiwerte

Als Faustregel gilt, dass metallische Leiterwerkstoffe bei 10K Temperaturerhöhung eine Widerstandserhöhung um ca. 4% erfahren.

Beispiel:

Eine Kupferleitung mit einem Querschnitt von 1,5 mm² und einer Länge von 100 m hat bei 20° C einen Widerstand von

$$R = \frac{100\,\text{m}}{57\,\frac{\text{m}}{\Omega\,\text{mm}^2} \cdot 1{,}5\,\text{mm}^2} = 1{,}19\,\Omega$$

Erwärmt sich diese Leitung z. B. durch Sonneneinstrahlung auf 60° C, so beträgt ihr Widerstand bereits

$$R = 1{,}19\,\Omega \cdot \left(1 + 0{,}0039\,\frac{1}{\text{K}} \cdot 40\text{K}\right) = 1{,}38\,\Omega$$

Ohmsches Gesetz

Möchte man den Widerstand über seine elektrische Eigenschaft (Strombegrenzung) ermitteln, so stellt man fest, dass die drei bereits besprochenen Größen Stromstärke, Spannung und elektrischer Widerstand einem gesetzesmäßigen Zusammenhang unterliegen. Georg Simon Ohm, der Entdecker dieses Zusammenhangs, hat folgende Abhängigkeiten festgestellt:

- Erhöht man die Spannung bei gleichbleibendem Widerstand, so steigt die Stromstärke im gleichen Verhältnis wie die Spannung.
- Erhöht man den Widerstand bei gleichbleibender Spannung, so nimmt die Stromstärke im gleichen Verhältnis ab, wie der Widerstand zunimmt.

Aus diesen Abhängigkeiten ergibt sich das Ohmsche Gesetz:

Die Spannung U ist gleich dem Produkt aus der Stromstärke I und dem Widerstand R.

Also: $U = R \cdot I$

Dieses Gesetz gilt für den gesamten Stromkreis, wie auch für alle Teile eines Stromkreises und ebenso für jedes einzelne Bauteil eines Stromkreises.

Demnach kann das Ohmsche Gesetz in der Form $R = \frac{U}{I}$

als Bestimmungsgleichung des elektrischen Widerstands dienen und ist gleichzeitig noch die Funktionsgleichung der Widerstandskennlinie.

Bei technischen Widerständen (Festwiderständen) ist der Graph dieser Funktion eine Gerade, die ich in der nachfolgenden Skizze anhand von zwei Beispielen (4 Ohm und 10 Ohm) dargestellt habe:

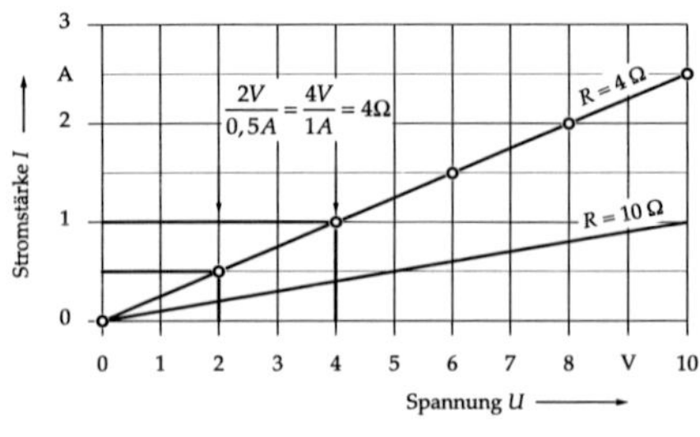

Abb. 43: Kennlinien von Widerständen

Man erkennt, dass die Steigung des Graphen ein Maß für den Widerstand darstellt und mit zunehmendem Widerstandswert geringer wird. Flache Kennlinien repräsentieren demnach große, steile Kennlinien kleine Widerstandswerte.

2.3.6 Der Leitwert

Unter dem Leitwert *G* versteht man nichts anderes als den Kehrwert des Widerstands. Zu einem großen Widerstand gehört demnach ein kleiner Leitwert und umgekehrt. Der Leitwert wird relativ selten verwendet. Wir werden später jedoch Rechnungen erleben, deren Ausführung einfacher ist, wenn man den Leitwert anstatt des Widerstands benutzt.

Mit dem Leitwert *G* wurde der Kehrwert des Widerstands definiert. $G = \frac{1}{R}$

Die Einheit des elektrischen Leitwertes *G* beträgt ein Siemens.

Oder als Formel: $[G] = \frac{1}{\Omega} = 1\,\text{Siemens} = 1\,\text{S}$

2.3.7 Kirchhoffsche Gesetze

Knotenpunktregel (1. Kirchhoffsche Regel)

An einer Stromverzweigung (Knotenpunkt) ist die Summe der zufließenden Ströme gleich der Summe der abfließenden Ströme.

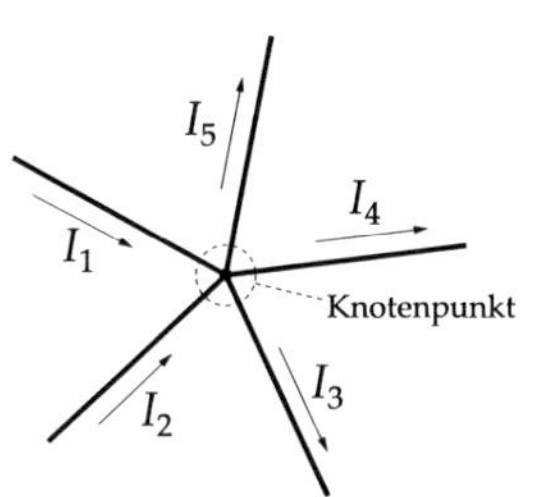

Abb. 44: Knotenpunktregel

$$\sum I = 0$$

$$\sum I_{zu} = \sum I_{ab}$$

$$I_1 + I_2 = I_3 + I_4 + I_5$$

$\sum I_{zu}$ Summe der zufließenden Ströme

$\sum I_{ab}$ Summe der abfließenden Ströme

Maschenregel (2. Kirchhoffsche Regel)

Für jede geschlossene Leiterschleife (Masche) ist die Summe der Quellenspannungen gleich der Summe der Spannungsfälle.

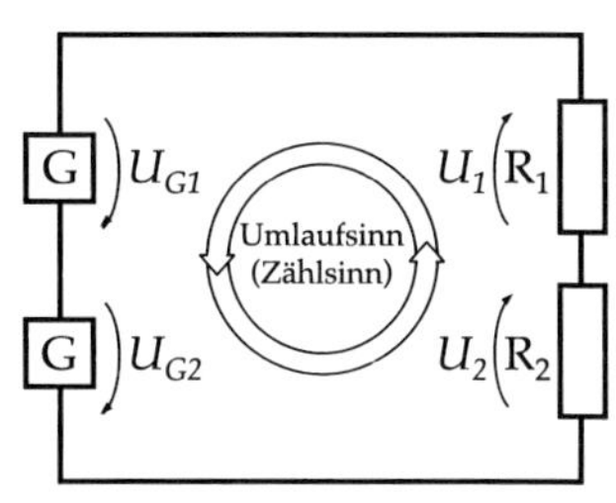

Abb. 45: Maschenregel

2.3.8 Elektrische Arbeit

Wie ich bereits bei der Einführung des Stromkreises erläutert habe, wird im Verbraucher die elektrische Energie wieder in eine andere Energie umgewandelt. Dieses Umwandeln von elektrischer Energie in eine andere Energieform wird als elektrische Arbeit bezeichnet.

Versuchen wir das ganze anhand einer Taschenlampe näher zu beleuchten:
Bei der Herstellung einer Batterie, wie wir sie in Taschenlampen verwenden, werden durch einen chemischen Vorgang (chemische Arbeit) Ladungen getrennt. Diese Potenzialdifferenz steht uns an den beiden Polen (Plus- und Minuspol) der Batterie zur Verfügung. Schließen wir jetzt den Schalter der Taschenlampe, werden durch den „Druck" der elektrischen Spannung *U* Ladungsträger (Teilchen, Elektronen) bewegt, es fließt also ein Strom *I*, und aufgrund der Bewegung der Teilchen wird in dem Glühdraht durch Reibung Wärme erzeugt.

Die erzeugte Wärmeenergie hängt von drei elektrischen Größen ab:

- von der Höhe der anliegenden Spannung *U*
- von der Höhe der Stromstärke *I*
- von der Zeitdauer *t*

Die elektrische Arbeit (Energie) wird kurz mit dem Buchstaben W bezeichnet (von engl. work).

Die Definition der elektrischen Arbeit lässt sich wie folgt in Worte fassen:
Elektrische Arbeit (*W*) ist das Produkt aus der Spannung (*U*), der Stromstärke (*I*) und der Zeit (*t*).

Kurz also: $W = U \cdot I \cdot t$

Die Einheit der elektrischen Arbeit *W* beträgt eine Wattsekunde.

Oder als Formel: $[W] = 1\text{V} \cdot 1\text{A} \cdot 1\text{s} = \text{Ws}$

In der Praxis ist (gerade im Bereich der Energietechnik) die Einheit Kilowattstunde gebräuchlich, da die Angabe in Wattsekunden schnell zu großen und unübersichtlichen Zahlen führt – 1kWh = 1 000 Wh = 3 600 000 Ws.

Wenn wir unsere Stromrechnung bezahlen, zahlen wir für die elektrische Arbeit, die wir aus dem Verteilungsnetz entnommen haben.

2.3.9 Elektrische Leistung

Wird eine bestimmte Arbeit W in einer gewissen Zeit t verrichtet, so spricht man von der Leistung. Die elektrische Leistung beschreibt die Intensität, mit der zu einem Zeitpunkt Energie erzeugt oder umgewandelt wird (Leistung = Arbeit pro Zeit). Je höher die Leistung eines elektrischen Geräts ist, desto mehr Energie (d. h. Arbeit) wird in einer Zeiteinheit umgewandelt. Deshalb werden elektrische Geräte häufig nach ihrer Leistung eingestuft und bewertet. Die elektrische Leistung wird kurz mit dem Buchstaben P bezeichnet (von engl. power).

Die Definition der elektrischen Leistung lässt sich wie folgt in Worte fassen:
Elektrische Leistung (P) ist elektrische Arbeit (W) pro Zeit (t).

Kurz also: $$P = \frac{W}{t} = \frac{U \cdot I \cdot t}{t} = U \cdot I$$

Die Einheit der elektrischen Leistung P beträgt ein Watt.
Oder als Formel: $[P] = 1\text{V} \cdot 1\text{A} = 1\text{W}$

In der technischen Praxis liegt der Bereich der Einheiten zwischen
mW (Milliwatt, 10^{-3} W) und MW (Megawatt, 10^6 W).
In der Praxis ist (gerade im Bereich der Energietechnik) die Einheit
Kilowatt 1 kW = 1000 W gebräuchlich.

Und schon haben wir einen weiteren Zusammenhang zwischen der Spannung U und der Stromstärke I gefunden: $P = U \cdot I$
Erinnern wir uns noch einmal an das Ohmsche Gesetz: $U = R \cdot I$ bzw. $I = \frac{U}{R}$

Offensichtlich können wir über die Spannung U bzw. die Stromstärke I einen Zusammenhang zwischen Leistung P und Widerstand R herstellen:

$P = U \cdot I$ mit $U = R \cdot I$ folgt

$$P = R \cdot I \cdot I$$

$$P = I^2 \cdot R$$

$P = U \cdot I$ mit $I = \frac{U}{R}$ folgt

$$P = U \cdot \frac{U}{R}$$

$$P = \frac{U^2}{R}$$

Daraus folgt:
In einem Stromkreis mit konstantem Widerstand nimmt die elektrische Leistung zu: 1. mit dem Quadrat der Stromstärke und 2. mit dem Quadrat der Spannung.

2.4 Elektrotechnische Grundschaltungen

2.4.1 Die Reihenschaltung

Unter einer Reihenschaltung von Widerständen versteht man die Zusammenschaltung mehrerer Widerstände hintereinander. Legt man eine Spannung an eine Reihenschaltung von Widerständen, so werden alle Widerstände nacheinander von demselben Strom durchflossen, da an keiner Stelle des Stromkreises Elektronen austreten können.

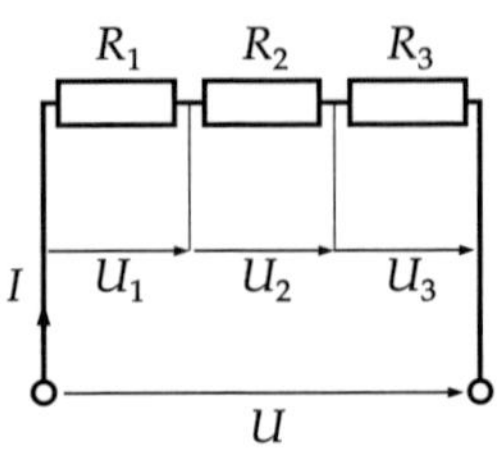

Abb. 46: Reihenschaltung von Widerständen

In einer Reihenschaltung ist die Stromstärke in jedem Widerstand gleich groß.

$$I = I_{ges} = I_1 = I_2 = I_3 = \dots$$

Da die Elektronen nacheinander alle Teilwiderstände überwinden müssen, erscheint es logisch, dass sich der resultierende Gesamtwiderstand aus der Addition der Teilwiderstände berechnen lässt.

Der Gesamtwiderstand ist gleich der Summe der Teilwiderstände.

$$R_{ges} = R_1 + R_2 + R_3 + \dots$$

Der Gesamtwiderstand wird auch als Ersatzwiderstand bezeichnet.
Wird nun das Ohmsche Gesetz für jeden einzelnen Teilwiderstand angewendet, so stellt man natürlich fest, dass bei identischem Strom die resultierende Spannung an den einzelnen Widerständen – die sogenannte Teilspannung – je größer ausfällt, desto größer der Teilwiderstand ist, da ja gilt:

$$I \cdot R = U$$

Da der Strom in einer Reihenschaltung überall konstant ist, gilt demnach ebenfalls:

$$I \cdot R_{ges} = I \cdot R_1 + I \cdot R_2 + I \cdot R_3 + \dots$$

Die Gesamtspannung ist gleich der Summe der Teilspannungen.

$$U_{ges} = U_1 + U_2 + U_3 + \dots$$

Aus diesen Erkenntnissen kann man weiterhin ableiten, dass die Teilwiderstände sich zueinander verhalten wie die entsprechenden Teilspannungen:

$$\frac{U_{ges}}{U_1} = \frac{R_{ges}}{R_1} \quad \text{oder} \quad \frac{U_1}{U_2} = \frac{R_1}{R_2} \quad \text{oder} \quad \frac{U_2}{U_3} = \frac{R_2}{R_3} \quad \text{usw.}$$

Der offensichtliche Nachteil einer Reihenschaltung ist, dass beim Ausfall oder Defekt eines Teilwiderstandes bzw. bei einer Unterbrechung der Verbindungsleitungen immer der komplette Stromkreis unterbrochen und somit wirkungslos ist.

Der Vorwiderstand

Man verwendet Vorwiderstände, um Elektrogeräte an eine Spannung anzuschließen, die höher als Ihre Bemessungsspannung ist. In Vorwiderständen wird jedoch Wärme erzeugt, so dass die Spannungsreduzierung durch Vorwiderstände nur bei Verbrauchern mit kleiner Leistung Anwendung findet.

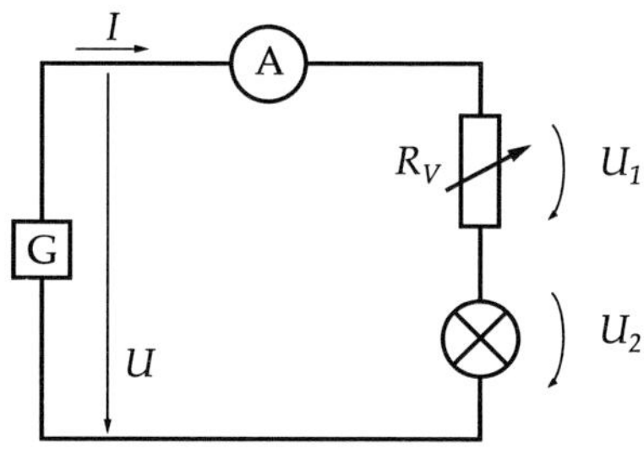

Abb. 47: Der Vorwiderstand

Beispiel:
Ein Lämpchen mit den Angaben 12 V / 0,2 A soll an eine Spannung von 16 V angeschlossen werden. Wie groß muss der Vorwiderstand gewählt werden?

Die Spannung am Vorwiderstand beträgt: $U_V = U_0 - U_{Lampe}$

Also: $U_V = 16\text{V} - 12\text{V} = 4\text{V}$

Da sich die Stromstärke natürlich nicht verändern soll, ergibt sich der Vorwiderstand zu:

$$R_V = \frac{4\text{V}}{0{,}2\text{A}} = 20\Omega$$

Spannungsfall bei Leitungen

Auch Leitungen haben natürlich einen elektrischen Widerstand, der allerdings relativ gering ist. Trotzdem ist dieser in der Energietechnik keinesfalls zu vernachlässigen, denn bekanntermaßen ist eine Leitung immer in Reihe zu einem Verbraucher geschaltet. Die angelegte Gesamtspannung verteilt sich auf drei Widerstände, nämlich auf den Widerstand der Hinleitung, den Widerstand des Verbrauchers und den Widerstand der Rückleitung. Demnach steht am Verbraucher eine geringere Spannung als die Gesamtspannung zur Verfügung. Man sagt, an der Leitung fällt eine Spannung (ab).

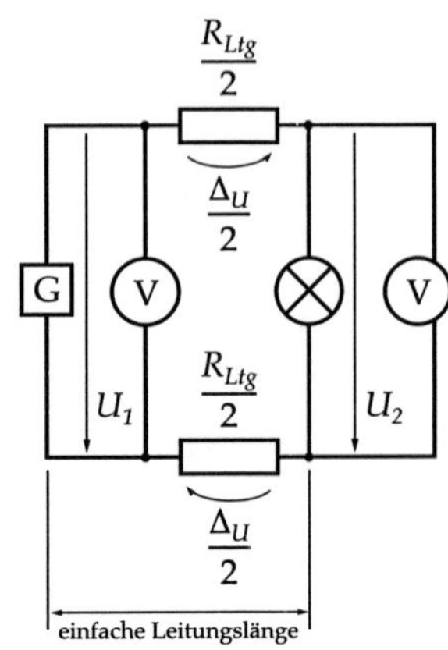

Abb. 48: Spannungsfall bei Leitungen

An jedem stromdurchflossenen Leiter fällt eine Spannung ab. Dieser so genannte Spannungsfall (früher: Spannungsabfall) wird umso größer, je größer die Stromstärke im Leiter und je größer der Leiterwiderstand ist.

Der Spannungsfall bei Leitungen verursacht eine Verlustleistung, welche sich in Form von Wärme bemerkbar macht. Man versucht deshalb, den Spannungsfall möglichst gering zu halten. Außerdem kann ein zu hoher Spannungsfall die Funktion von elektrischen Geräten beeinträchtigen oder gar verhindern. Deshalb ist der maximal zulässige Spannungsfall an Leitungen in verschiedenen Vorschriften festgelegt. (siehe Seite 262)

Beispiel:

Ein Scheinwerfer belastet eine 20 m lange Zuleitung (1,5 mm² Kupfer) mit einer Stromstärke von 8,7 A. Wie groß ist der Spannungsfall auf der Leitung?

$$R_{Ltg} = \frac{2 \cdot 20\text{m}}{57 \frac{\text{m}}{\Omega\text{mm}^2} \cdot 1{,}5\text{mm}^2} = 0{,}476\,\Omega$$

$$U_{Ltg} = I \cdot R_{Ltg} = 8{,}7\text{A} \cdot 0{,}476\,\Omega = 4{,}14\text{V}$$

2.4.2 Die Parallelschaltung

Werden mehrere Widerstände so an eine Spannungsquelle angeschlossen, dass jeder Widerstand an der Gesamtspannung liegt, spricht man von einer Parallelschaltung.

In einer Parallelschaltung ist die Spannung an allen Widerständen gleich groß.

$$U = U_{ges} = U_1 = U_2 = U_3 = \ldots$$

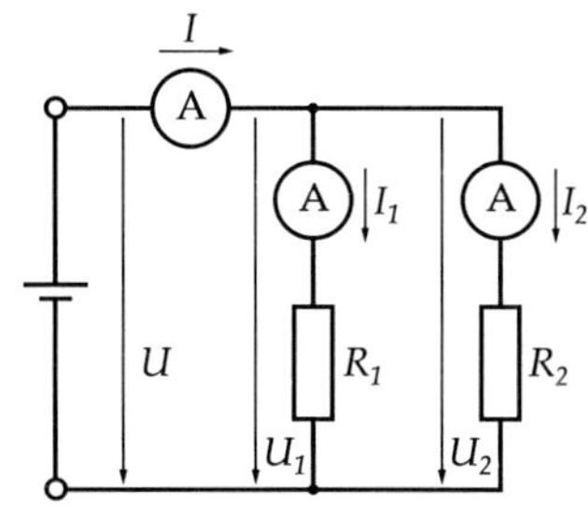

Abb. 49: Parallelschaltung von Widerständen

Da durch jeden Widerstand ein durch diesen bestimmter Strom fließt, muss der Strom in der Zuleitung (der Gesamtstrom) so groß sein wie die Addition der Teilströme.

Der Gesamtstrom ist gleich der Summe der Teilströme.

$$I_{ges} = I_1 + I_2 + I_3 + \ldots$$

Für jeden Widerstand gilt natürlich auch hier wieder das Ohmsche Gesetz, so dass sich in jedem Zweig der Parallelschaltung der Strom ermitteln lässt aus:

$$I_1 = \frac{U}{R_1} \qquad I_2 = \frac{U}{R_2} \qquad I_3 = \frac{U}{R_3} \qquad \text{usw.}$$

Je größer also ein Teilwiderstand ist, desto kleiner ist der Strom in diesem.
Für die Gesamtschaltung bedeutet dies, dass mit jedem weiteren Parallelwiderstand der Gesamtstrom steigt. Der auf die Spannungsquelle wirkende Gesamtwiderstand (Ersatzwiderstand) muss also kleiner werden.
Man kann folgende Gleichung aufstellen (Beispiel für drei Widerstände):

$$R_{ges} = \frac{U_{ges}}{I_{ges}} = \frac{U_{ges}}{I_1 + I_2 + I_3}$$

Mit den oben aufgestellten Gleichungen für die Teilströme und der Tatsache, dass die Spannung überall gleich ist, kommt man auf:

$$R_{ges} = \frac{U}{I_1 + I_2 + I_3} = \frac{U}{\frac{U}{R_1} + \frac{U}{R_2} + \frac{U}{R_3}} = \frac{U}{U\left(\frac{1}{R_1} + \frac{1}{R_2} + \frac{1}{R_3}\right)} \qquad R_{ges} = \frac{1}{\left(\frac{1}{R_1} + \frac{1}{R_2} + \frac{1}{R_3}\right)}$$

Nach dem Umstellen ergibt sich also:
Der Kehrwert des Gesamtwiderstands ist gleich der Summe der Kehrwerte der Teilwiderstände.

$$\frac{1}{R_{ges}} = \frac{1}{R_1} + \frac{1}{R_2} + \frac{1}{R_3} + \ldots$$

Und hier haben wir es nun ganz automatisch mit den Leitwerten zu tun.
Für den Fall, dass nur zwei Parallelwiderstände zu betrachten sind, kann weiter vereinfacht werden:

$$\frac{1}{R_{ges}} = \frac{1}{R_1} + \frac{1}{R_2}$$

Daraus wird mit dem gemeinsamen Hauptnenner $R_1 \cdot R_2$:

$$\frac{1}{R_{ges}} = \frac{R_1 + R_2}{R_1 \cdot R_2}$$

Und wenn man nun wieder den Kehrwert bildet, ergibt sich der Gesamtwiderstand bei der Parallelschaltung von zwei Widerständen:

$$R_{ges} = \frac{R_1 \cdot R_2}{R_1 + R_2}$$

Als Beispiel für eine Parallelschaltung kann unser Versorgungsnetz dienen. Alle üblichen Geräte für den Betrieb an der Netzspannung werden parallelgeschaltet. Je mehr Geräte angeschlossen werden, desto höher ist die Gesamtstromstärke.

2.4.3 Die gemischte Schaltung

In der Praxis kommen (leider) auch recht häufig Schaltungen vor, die aus Kombinationen von Reihenschaltungen und Parallelschaltungen bestehen. Diese Schaltungen werden als gemischte Schaltungen oder auch Gruppenschaltungen bezeichnet.

Gruppenschaltungen bestehen aus mindestens drei Widerständen. Werden dazu noch weitere Gruppenschaltungen miteinander verknüpft, spricht man auch von einem Netzwerk.

Beim Auflösen von gemischten Schaltungen geht man immer von innen nach außen vor, d.h. man fasst die kleinste Reihen- bzw. Parallelschaltung nach den jeweiligen Gesetzen zu einem Ersatzwiderstand zusammen.

Aus der nun neu entstandenen Schaltung sucht man sich wieder die engste Reihen- oder Parallelschaltung und fasst diese wiederum zu einem neuen Ersatzwiderstand zusammen. Dies wird fortgeführt, bis nur noch ein Ersatzwiderstand übrig ist. Nun kann der so vereinfacht dargestellte Stromkreis berechnet werden.

Beispiel:

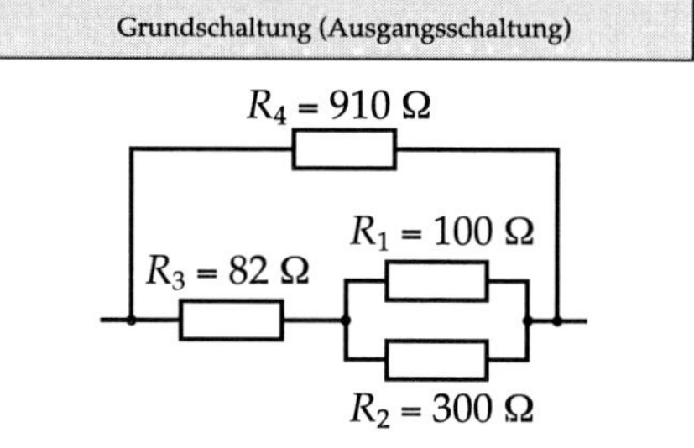

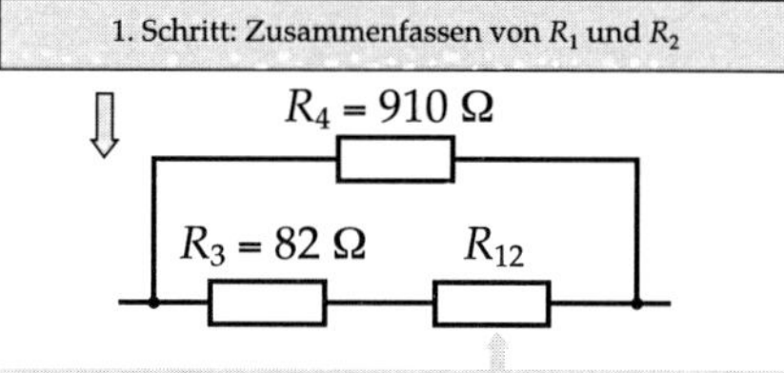

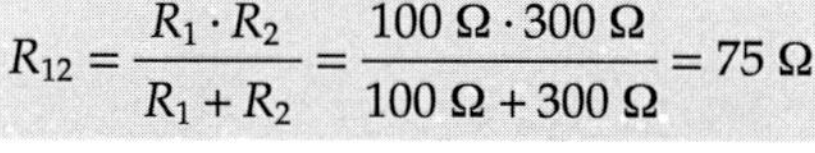

$$R_{12} = \frac{R_1 \cdot R_2}{R_1 + R_2} = \frac{100\ \Omega \cdot 300\ \Omega}{100\ \Omega + 300\ \Omega} = 75\ \Omega$$

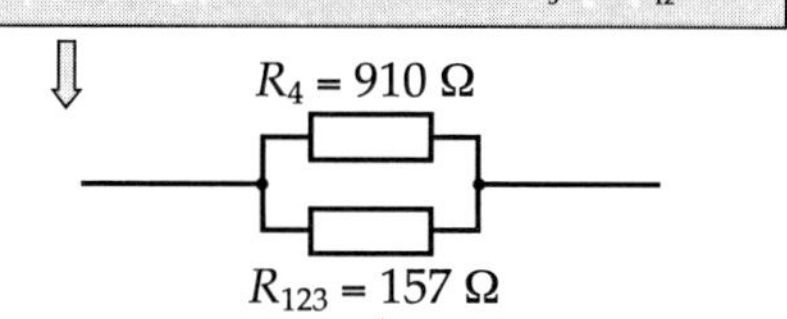

$$R_{123} = R_3 + R_{12} = 82\ \Omega + 75\ \Omega = 157\ \Omega$$

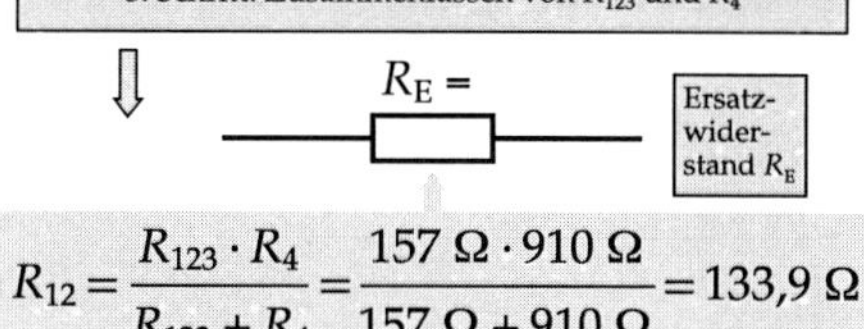

$$R_{12} = \frac{R_{123} \cdot R_4}{R_{123} + R_4} = \frac{157\ \Omega \cdot 910\ \Omega}{157\ \Omega + 910\ \Omega} = 133{,}9\ \Omega$$

Abb. 50: Gemischte Schaltung

2.4.4 Der Spannungsteiler

Unbelasteter Spannungsteiler

Elektrische und elektronische Geräte benötigen oft eine Spannung, die in Bereichen von Null bis zur Obergrenze einstellbar ist. Beispiele sind hier Drehzahl-, Lautstärke- bzw. manchmal auch Helligkeitsregelungen. Bei Schaltungen mit kleiner Leistung wird die Spannung durch die Reihenschaltung von Festwiderständen oder auch durch einstellbare Widerstände (Potenziometer – Poti) realisiert. Diese Schaltungen wenden das Prinzip der Spannungsteilung an.

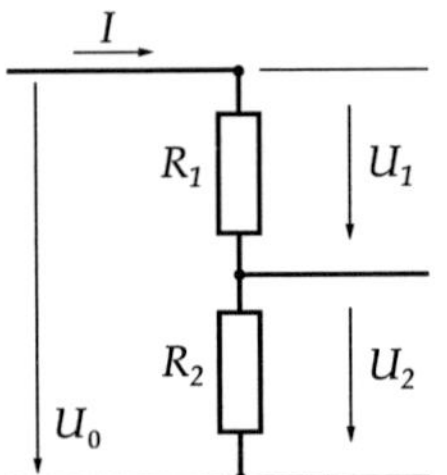

Abb. 51: unbelasteter Spannungsteiler

Für den unbelasteten Spannungsteiler gilt das lineare Verhältnis:

$$\frac{U_0}{R_1 + R_2} = \frac{U_1}{R_1} = \frac{U_2}{R_2}$$

Belasteter Spannungsteiler

Wird der eben angesprochene Spannungsteiler belastet, d.h. schließt man eine Last (also einen weiteren Widerstand) an, so stellt man fest, dass sich die linearen Verhältnisse nicht aufrecht erhalten lassen.

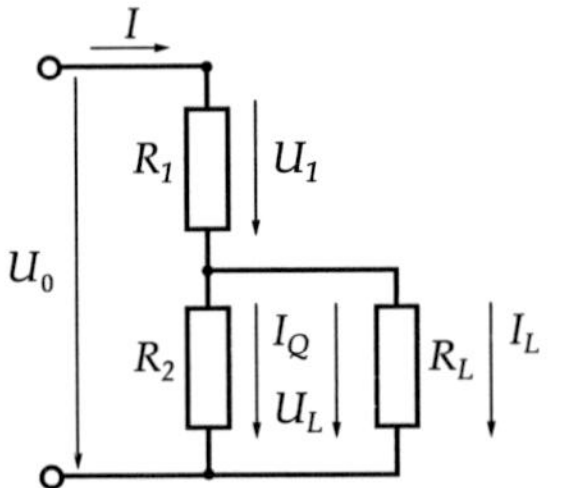

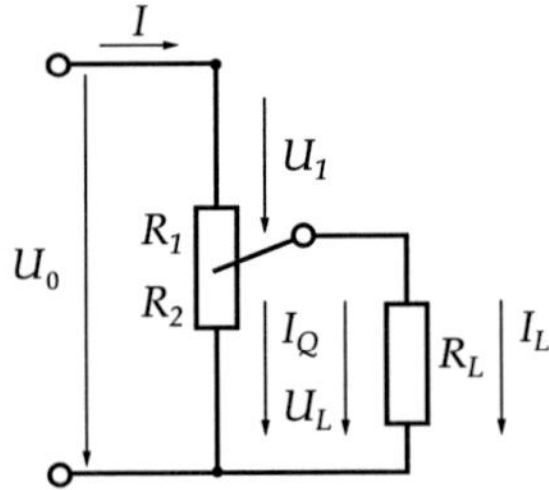

Abb. 52 a: belasteter Spannungsteiler a) Abb. 52 b: belasteter Spannungsteiler b)

Durch die Parallelschaltung von R_2 und R_L ändert sich das Widerstandsverhältnis zu R_1, und damit ändern sich natürlich auch die Teilspannungen. Um möglichst stabile Verhältnisse zu bekommen, muss demnach der Laststrom gering bzw. der Strom in R_2 (Querstrom I_q genannt) möglichst hoch sein, was wiederum zu unnötigen Wärmeverlusten führt.

Für den belasteten Spannungsteiler gilt:

$$U_2 = \frac{U_0}{\frac{R_1 \cdot (R_2 + R_L)}{R_2 + R_L} + 1}$$

Das Querstromverhältnis q lässt sich wie folgt bestimmen:

$$q = \frac{I_2}{I_L} = \frac{R_L}{R_2}$$

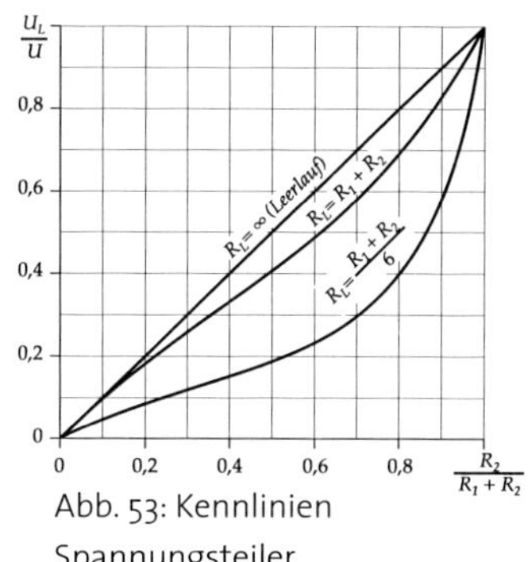

Abb. 53: Kennlinien Spannungsteiler

Brückenschaltung von Widerständen

Von einer Brückenschaltung spricht man, wenn zwei Reihenschaltungen von jeweils zwei Widerständen parallel an eine Spannungsquelle geschaltet sind. Die Gesamtspannung liegt zwischen den Punkten A und D. Der Strom I_1 durchfließt R_1 und R_2, der Strom I_2 sowohl R_3 als auch R_4.

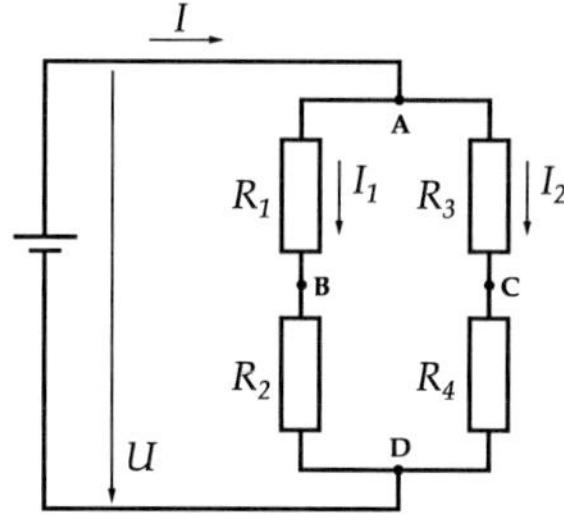

Abb. 54: Brückenschaltung von Widerständen

Es bilden sich zwischen den Punkten A und B (bzw. C) und B (bzw. C) und D vier Teilspannungen: $U_1 = I_1 \cdot R_1$ $U_2 = I_1 \cdot R_2$ $U_3 = I_2 \cdot R_3$ $U_4 = I_2 \cdot R_4$

Bei der Brückenschaltung legt man zwischen die Punkte B und C einen Strommesser. Zeigt dieser keinen Strom an, so liegt zwischen den Punkten B und C keine Potenzialdifferenz (Spannung). Man spricht von einer abgeglichenen Brückenschaltung.

Dann gelten die folgenden Verhältnismäßigkeiten:

$$\frac{U_1}{U_2} = \frac{U_3}{U_4} \quad \text{daraus folgt} \quad \frac{I_1 \cdot R_1}{I_1 \cdot R_2} = \frac{I_2 \cdot R_3}{I_2 \cdot R_4}$$

also $\frac{R_1}{R_2} = \frac{R_3}{R_4}$

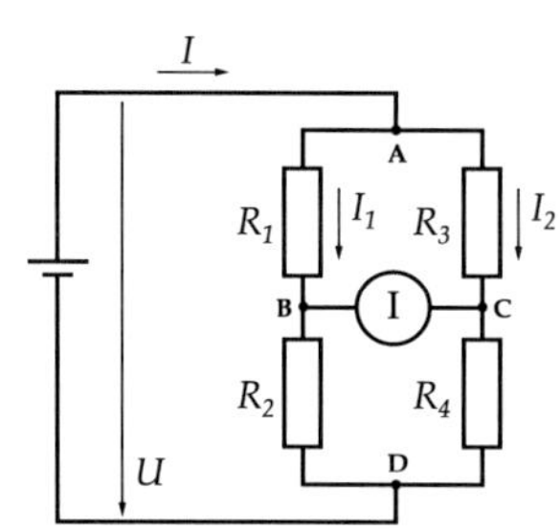

Abb. 55: abgeglichene Brückenschaltung

Nach diesem Prinzip arbeitet z.B. die Wheatstone-Brücke, mit der Widerstände gemessen werden.

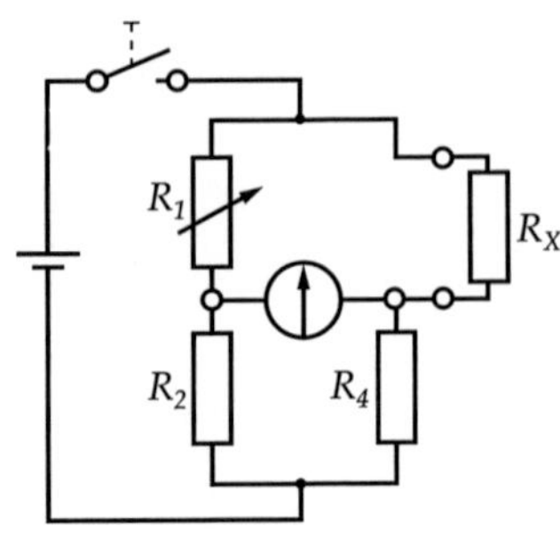

Abb. 56: Wheatstone-Brücke

Man ersetzt R_1 durch einen veränderbaren Widerstand und R_3 durch den unbekannten Widerstand. Nun wird R_1 so lange verändert, bis die Bücke angeglichen ist.

Dann ergibt sich: $$R_X = \frac{R_1 \cdot R_4}{R_2}$$

Eine andere Anwendung der Widerstands–Brückenschaltung ist z.B. die Temperaturmessung, bei der der Brückenwiderstand durch einen geeichten Messwiderstand ersetzt wird.

2.5 Die Spannungsquelle

2.5.1 Quellenspannung

In jedem Schaltelement bzw. in jeder Anordnung, in der eine Ladungstrennung erfolgt, wird eine Quellenspannung U_0 erzeugt. Deshalb nennt man dieses Element Spannungsquelle. Generell gibt es verschiedene Möglichkeiten, elektrische Ladungen zu trennen:

Reibung:
Das Berühren und Trennen von Körpern mit unterschiedlichen Oberflächen oder das Zerstäuben fester und Versprühen flüssiger Stoffe führt zu elektrostatischen Aufladungen. Technisch gesehen spielt diese so genannte Reibungselektrizität bei der Spannungserzeugung keine Rolle. Oftmals ist sie unerwünscht, da Gefahren durch Entladungen bei zündfähigen Gas-Luftgemischen entstehen, Messergebnisse verfälscht werden und sich Arbeitspunkte elektronischer Bauelemente ändern. Aber es können immerhin Spannungen von einigen kV entstehen.

Chemische Vorgänge:
Die Ladungstrennung entsteht an den Grenzflächen zwischen Metallelektroden und Elektrolyten (so bezeichnet man elektrisch leitende flüssige Stoffe) als Wechselwirkung zwischen Lösungsdruck und osmotischem Druck. Technisch werden diese Vorgänge bei den Primärelementen (galvanische Elemente, Batterien) und bei den Sekundärelementen (Akkumulatoren oder Sammler) angewendet. Letztere können erst nach dem Aufladen eine Quellenspannung bilden. Die zugeführte elektrische Energie wird in chemische Bindungsenergie umgewandelt und gespeichert. Während der Entladung wird diese wieder in elektrische Energie umgesetzt. Die Nennspannungen liegen üblicherweise zwischen 1,2 V und 2 V.

Elektromagnetische Induktion:
Die zeitliche Änderung elektromagnetischer Felder oder die Bewegung elektrischer Leiter in einem stationären elektromagnetischen Feld führen zur Ladungstrennung. Generatoren mit Nennspannungen bis 27 kV und Transformatoren der Übertragungsnetze mit Spannungen bis 500 kV sind die dominierenden elektrischen Maschinen der Leistungselektrotechnik.

Thermoelektrisches Verfahren:
Die Unterschiede der Dichte und Beweglichkeit freier Elektronen verschiedener Leiter oder Halbleiter führen bei Berühren durch Verlöten oder Verschweißen dieser Stoffe bei einem Temperaturunterschied zwischen der Berührungsstelle und den freien Enden zu einer temperaturabhängigen Quellenspannung von einigen mV pro 100 K (Seebeck-Effekt).

Lichteinwirkung:
Es werden zwei physikalische Erscheinungen unterschieden. Auf dem fotoelektrischen Effekt beruht die Fotozelle. Hier können beim Auftreffen von Licht auf Metalle der Alkaligruppe Elektronen austreten. Durch diese Form der Ladungstrennung entstehen Quellenspannungen von einigen mV. Technisch bedeutsamer ist der innere fotoelektrische Effekt, wo in Halbleiterwerkstoffen Ladungsträger freigesetzt werden. Großflächige Fotoelemente sind die Solarzellen mit vorwiegend einkristallenem Silizium als Basismaterial. Ihre Zellenspannung beträgt etwa 0,4 bis 0,6 V.

Piezoelektrischer Effekt:
Quarzkristalle werden bei Deformation unter Druck, Zug oder Torsion an den Prismenflächen elektrisch positiv und negativ aufgeladen. Technisch werden relativ große Quarz- oder Turmalinkristalle im Kristallmikrofon (mittlerweile im wohlverdienten Ruhestand), im Kristalltonabnehmer (auch eher selten geworden), in Quarzuhren und zur Druckmessung verwendet.

Hall-Effekt:
In stromdurchflossenen Leitern, die sich in einem homogenen Magnetfeld befinden, entsteht senkrecht zu den magnetischen Feldlinien und senkrecht zur Stromrichtung eine Spannungsdifferenz. Dieser Effekt wird weniger zur Spannungserzeugung als eher zur Messung der magnetischen Flussdichte genutzt.

2.5.2 Innenwiderstand

Die Spannung, die man an den beiden Polen einer Spannungsquelle messen kann, wird als Klemmenspannung U_K bezeichnet. Ist eine Spannungsquelle nicht belastet – d. h. es ist kein Verbraucher angeschlossen –, dann kann man an ihren Anschlüssen die Quellenspannung oder auch Leerlaufspannung messen. Diese Spannung wird üblicherweise mit U_0 bezeichnet.

Im Leerlauf gilt: $U_K = U_0$

Wird die Spannungsquelle belastet, also ein Verbraucher R_L angeschlossen, so fließt in dem nun entstandenen Stromkreis ein Strom I. Dabei kann man feststellen, dass die Klemmenspannung U_K sinkt. Da jedoch die Spannungsquelle nach wie vor die Quellenspannung U_0 erzeugt, muss in der Spannungsquelle ein innerer Spannungsfall U_i auftreten. Wenn aber ein (innerer) Spannungsfall infolge eines elektrischen Stroms auftritt, so muss ein Widerstand vorhanden sein. Diesen Widerstand nennt man den Innenwiderstand R_i von Spannungsquellen. Der Innenwiderstand setzt sich physikalisch aus verschiedenen Elementen zusammen. Er ist kein „sichtbarer" Widerstand, wird also nicht ablesbar, wenn man eine Spannungsquelle öffnen würde. Bei Generatoren oder Transformatoren ist der Widerstand des Drahtes, der zu einer Spule gewickelt wurde, ein großer Teil des Innenwiderstands.

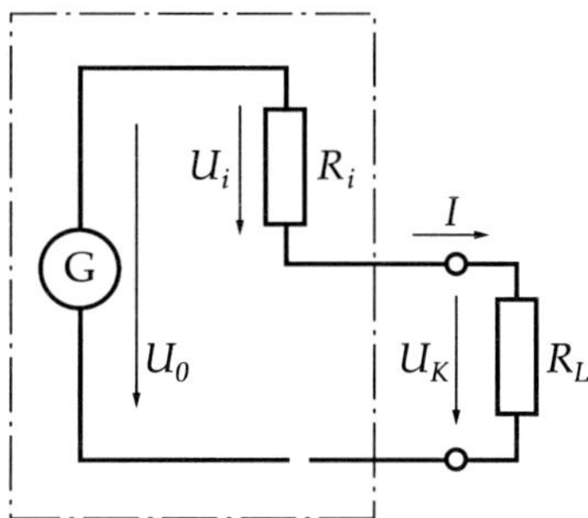

Abb. 57: Innenwiderstand von Spannungsquellen

Bei genauerer Betrachtung des Schaltplans erkennt man, dass im Belastungsfall zwei Widerstände in Reihe liegen (R_i und R_L) und durch den Strom I eine innere Teilspannung U_i vorhanden ist. Die Klemmenspannung U_K sinkt um diese Teilspannung gegenüber U_0.

Bei Belastung gilt: $U_K = U_0 - U_i$

Der Innenwiderstand lässt sich natürlich auch nach dem Ohmschen Gesetz berechnen:

$$R_i = \frac{U_i}{I}$$

Mit dem folgenden Beispiel aus der Praxis möchte ich Überlegungen zum Wert des Innenwiderstands R_i einer Spannungsquelle verdeutlichen:

Der Akku eines Kraftfahrzeugs muss während der Startphase in der Lage sein, eine Stromstärke von 120 A für den Anlasser zu liefern. Die Leerlaufspannung eines Akkus beträgt üblicherweise U_0 = 13 V. Trotz der hohen Belastung mit 120 A muss gewährleistet sein, dass die Klemmenspannung nur auf maximal 11 V zurückgeht, weil ansonsten die Leistung des Anlassers nicht ausreicht, den Motor zu starten.

Dies bedeutet, dass der Innenwiderstand nicht größer sein darf als:

$$R_i = \frac{U_i}{I} = \frac{U_0 - U_K}{I} = \frac{13\text{V} - 11\text{V}}{120\text{A}} = \frac{2\text{V}}{120\text{A}} = 0{,}0167\,\Omega$$

Die Folgen eines zu großen Innenwiderstands sind uns allen hinreichend bekannt ...

Mit zunehmender Belastung, also geringerem Widerstandswert R_L, sinkt die Klemmenspannung immer weiter. Beträgt der Widerstand R_L = 0 – das nennt man dann Kurzschlussbetrieb –, ist die Klemmenspannung U_K ebenfalls 0.

Bei Kurzschluss gilt: $I_K = \frac{U_i}{R_i} = \frac{U_0}{R_i}$

Die Kenntnis über den (maximal möglichen) Kurzschlussstrom ist besonders dann von entscheidender Bedeutung, wenn eine elektrische Anlage oder Schaltung durch eine Sicherung vor zu großem Stromfluss geschützt werden soll. Denn was hilft eine Sicherung, die bei einer Stromstärke von z.B. 100 A auslöst, wenn die Spannungsquelle aufgrund ihres Innenwiderstands nur in der Lage ist, eine maximale Stromstärke von 80 A zu liefern?
Zur Auswahl der richtigen Sicherung ist demnach u.a. die Kenntnis über die Größe des maximal möglichen Kurzschlussstroms I_K notwendig.

2.5.3 Gleichspannung

Je nachdem, auf welche Art und Weise eine Spannung erzeugt wird, können grundsätzlich zwei Arten von Quellenspannungen entstehen.

Wenn ein Pol der Spannungsquelle stets negativ und der andere stets positiv ist, spricht man von Gleichspannung. Typische Beispiele für Gleichspannungsquellen sind Batterien, Akkumulatoren und elektronische Netzgeräte.
Wie der Name bereits vermuten lässt, handelt es sich bei der Gleichspannung um eine Spannung, die eine ständig gleichbleibende Polarität und Größe hat. In einem Spannung-Zeit Diagramm, kurz *U*-*t*-Diagramm, ergibt sich somit eine Parallele zur *t*-Achse.
Gleichspannungen lassen sich demnach leicht angeben und beschreiben, da sich die Augenblickswerte (Momentanwerte) nie ändern.
Die Angabe $U = 10$ V reicht zur eindeutigen Beschreibung aus.

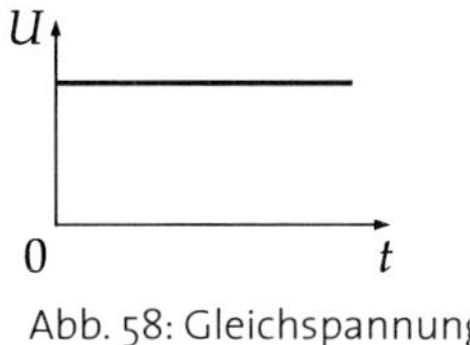

Abb. 58: Gleichspannung

2.5.4 Wechselspannung

Im Gegensatz dazu ändern Wechselspannungen fortlaufend ihre Polarität und Größe, wobei sich alle Werte im Abstand einer Periodendauer T ständig wiederholen. Der arithmetische Mittelwert einer solchen Spannung ist 0. Die für uns wichtigste periodische Wechselspannung (wenn man nicht gerade der Tonfraktion angehört) ist die 50 Hz Wechselspannung des Energieversorgungsnetzes. Bei ihr ändern sich die Spannungswerte entsprechend der mathematischen Sinusfunktion mit einer Frequenz von 50 Hz. Diese 50 Hz Wechselspannung wird durch elektromagnetische Induktion mit Generatoren in Kraftwerken erzeugt und über ein weit verzweigtes Verteilernetz den Verbrauchern zugeführt. Sinusförmige Spannungen lassen sich relativ einfach aus einer Drehbewegung erzeugen, aber dazu später mehr.

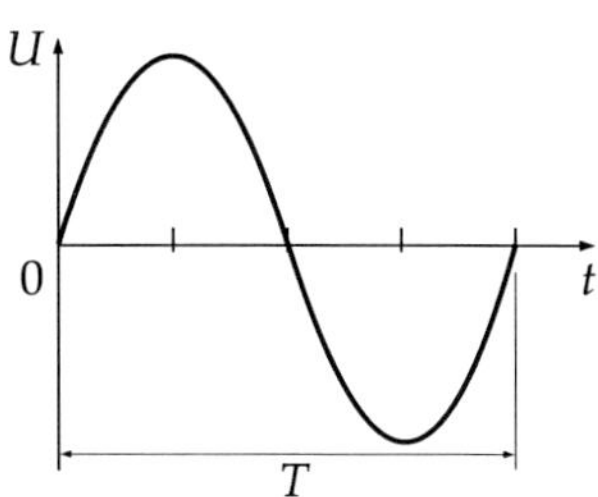

Abb. 59: Wechselspannung

Um Wechselspannungen zu beschreiben, ist die alleinige Angabe einer Spannung nicht ausreichend. Damit ist es notwendig, sich bei der Angabe und auch bei der Messung von Wechselspannungen an bestimmte Normen zu halten.

Sinusförmige Spannungen werden beschrieben durch:

die Frequenz f [Einheit: 1 Hertz] $1Hz = \frac{1}{s}$,

die Periodendauer T [Einheit: 1s],

$$f = \frac{\text{Polaritätswechsel}}{\text{Sekunde}} = \frac{\text{Schwingungszahl}}{\text{Sekunde}} \qquad T = \frac{1}{f}$$

die Amplitude (der Spitzenwert oder der Scheitelfaktor) u_s oder den doppelten Spitzenwert u_{ss},

den Momentanwert oder Augenblickswert $u(t)$ und

den Effektivwert U_{eff} oder einfach nur U.

Auch rechteckförmige Spannungen zählen zu den periodischen Wechselspannungen. Mit ihnen wird insbesondere in der Elektronik und Digitaltechnik gearbeitet. Rechteckförmige Spannungen werden meistens mit elektronischen Schaltungen erzeugt.

Darüber hinaus können Spannungen natürlich jeden beliebigen zeitlichen Verlauf haben. Insbesondere unterscheidet man spezielle periodische Spannungen wie z. B. Dreieckspannung, Sägezahnspannung und Mischformen aus den oben genannten Spannungen.

Effektivwert

Bei einer Wechselspannung schwankt der Momentanwert der Spannung ständig zwischen positivem und negativem Spitzenwert. Man kann also zu jedem Zeitpunkt einen Augenblickswert messen, der auch 0 sein kann. Die Arbeit, die eine Wechselspannung umsetzt, muss demnach kleiner sein als die Arbeit, die eine Gleichspannung in der Höhe des Spitzenwertes der Wechselspannung verrichtet. Da eine ständig wechselnde Spannung natürlich auch einen ständig wechselnden Strom zufolge hat, wurde eine Art Mittelwert eingeführt, damit man mit Wechselspannungen sinnvoll rechnen kann ohne sich um die

Momentanwerte zu kümmern. Mathematisch betrachtet bezeichnet man diesen geometrischen oder auch quadratischen Mittelwert einer Wechselspannung als Effektivwert der Wechselspannung.
Wenn eine Wechselspannung genauso effektiv ist wie eine Gleichspannung, also gleich große Arbeit verrichtet, dann ist der Effektivwert dieser Wechselspannung so hoch wie die Gleichspannung.

Der Effektivwert des Wechselstroms ist so groß wie ein Gleichstrom, der an einem Widerstand die gleiche Wärmewirkung hat.

Bei der Berechnung des Effektivwertes einer Wechselspannung oder eines Wechselstroms geht man von dem Mittelwert der geleisteten Wechselstromleistung aus.

Legt man einen Widerstand *R* an eine sinusförmige Wechselspannung *u*, so fließt ein sinusförmiger Wechselstrom *i*.
Die graphische Multiplikation zeigt, dass auch die Leistung *p* einer Sinusfunktion folgt, allerdings mit doppelter Frequenz. Weiterhin liegt die gesamte Sinuskurve der Leistung oberhalb der x-Achse.

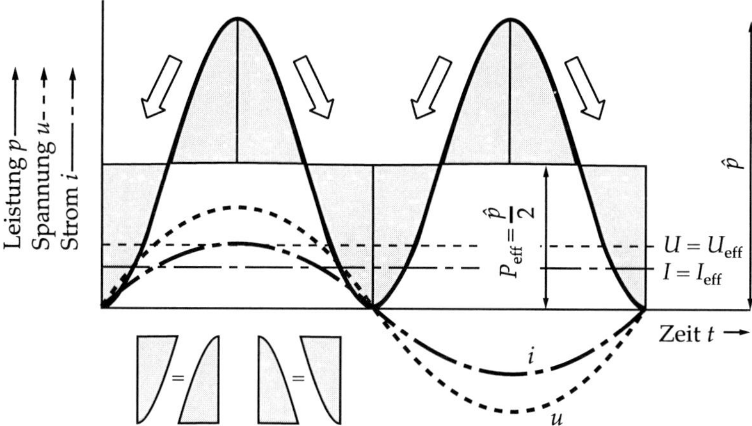

Abb. 60: Darstellung Effektivwert

Die von dieser Kurve und der x-Achse eingeschlossene Fläche ist die abgegebene elektrische Arbeit W. Flächenberechnungen im Koordinatensystem werden üblicherweise mit der Integralrechnung durchgeführt, in diesem speziellen Fall kommen wir unter Zuhilfenahme eines kleinen Tricks jedoch an der Integralrechnung vorbei:

Da die Berge und Täler einer Sinuskurve immer die gleiche Form haben, können wir die Kurve längs halbieren und die oben abgeschnittenen Berge umgekehrt in den Tälern versenken. Wir erhalten ein Rechteck, dessen Fläche bekanntermaßen leicht zu berechnen ist (Länge · Breite).

In diesem Fall gilt also: $\frac{\hat{p}}{2} \cdot t = W$, somit ist $\frac{\hat{p}}{2} = P_{eff}$

Weiterhin gilt (aus der Gleichspannungstechnik): $P = U \cdot I$,

und so folgern wir für die Wechselspannungstechnik: $P_{eff} = U_{eff} \cdot I_{eff}$

Mit $R = \frac{U_{eff}}{I_{eff}}$ also $U_{eff} = R \cdot I_{eff}$ erhält man: $P_{eff} = I^2_{eff} \cdot R$

Für unsere Momentanwertbetrachtung gilt natürlich dasselbe: $\hat{p} = \hat{\imath}^2 \cdot R$

Zusammengesetzt ergibt sich entsprechend: $\frac{\hat{\imath}^2 \cdot R}{2} = I^2_{eff} \cdot R$

Dividiert man nun beide Seiten durch R, so erhält man: $\frac{\hat{\imath}^2}{2} = I^2_{eff}$

Und daraus folgt nach dem Wurzelziehen: $I_{eff} = \sqrt{\frac{\hat{\imath}^2}{2}} = \frac{\hat{\imath}}{\sqrt{2}}$

Der Spitzenstrom î ist bei sinusförmigen Strömen
um den Faktor $\sqrt{2} = 1{,}4142$ größer als der Effektivstrom. $I_{eff} = I = \frac{\hat{\imath}}{\sqrt{2}}$

Geht man den eben beschriebenen Weg erneut, diesmal jedoch auf die Spannung bezogen, folgt daraus:

Die Spitzenspannung û ist bei sinusförmigen Spannungen
um den Faktor $\sqrt{2} = 1{,}4142$ größer als die Effektivspannung. $U_{eff} = U = \frac{\hat{u}}{\sqrt{2}}$

Die Zahl $\sqrt{2}$ nennt man den Scheitelfaktor oder auch Crestfaktor, weil sie das Verhältnis von Scheitelwert zu Effektivwert angibt.
Der Crestfaktor $\sqrt{2}$ gilt nur bei sinusförmigen Wechselspannungen. Bei anderen Kurvenformen gelten andere Scheitelfaktoren, wie z. B.

Kurvenform der Wechselspannung	Crestfaktor
Dreieck	$\sqrt{3}$
Sinus	$\sqrt{2}$
Rechteck	1

Tab. 9: Tabelle Crestfaktoren

2.6 Der Kondensator (Kapazität)

Prinzipiell besteht ein Kondensator aus zwei voneinander isolierten Leiterplatten. In der Praxis werden dafür hauptsächlich Folien aus Aluminium eingesetzt, welche durch einen Isolator, z.B. Isolierpapier, Kunststofffolie oder Luft, elektrisch voneinander getrennt sind. Es besteht zwischen ihnen keine elektrisch leitende Verbindung.

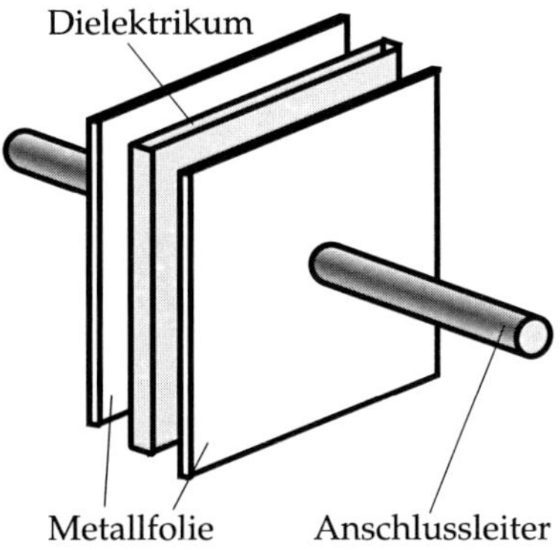

Abb. 61: Der Plattenkondensator (allgemein)

Der Kondensator wird zur Speicherung elektrischer Energie (in Form von elektrischer Spannung) eingesetzt. Um Spannung zu speichern, müssen elektrische Ladungen (Elektronen) verschoben werden. Man bezeichnet dies als Laden des Kondensators.

Schaltet man einen Kondensator in einem Gleichstromkreis, so werden von der Potenzialdifferenz der angeschlossenen Spannungsquelle die freien Elektronen der einen Metallplatte zur anderen Metallplatte verschoben. Da eine gerichtete Elektronenbewegung vorliegt, fließt ein Strom.
Die elektrische Neutralität in den Metallplatten wird aufgehoben. Auf der einen Platte überwiegen nun die positiven elektrischen Ladungen (es herrscht Elektronenmangel) und auf der anderen Platte überwiegen die negativen elektrischen Ladungen (Elektronenüberfluss). Nach einer (kurzen) Ladezeit ist die Spannung zwischen den Platten gleich der von außen angelegten Spannung. Der Stromfluss zur Ladungstrennung ist also auch zeitlich begrenzt. Ist der Kondensator vollständig geladen, so bewegen sich keine Ladungen mehr, die Stromstärke beträgt nun 0. Zwischen den Platten bilden die gegensätzlichen Ladungen ein elektrisches Feld.

Die positiven und negativen Ladungen auf den sich gegenüberstehenden Platten ziehen sich gegenseitig an. Wird der Stromkreis geöffnet bzw. der Kondensator von der Spannungsquelle getrennt, bleibt die Anziehung zwischen den Ladungen genau wie der Elektronenmangel der einen Platte bzw. der Elektronenüberfluss der anderen Platte erhalten. Damit bleibt natürlich auch die Spannung zwischen den Platten bestehen (Wir erinnern uns: Den Zustand getrennter elektrischer Ladungen nennt man elektrische Spannung.). Diese Energie kann ein Kondensator u.U. monatelang speichern.
Deshalb: Vorsicht bei elektrischen oder elektronischen Geräten mit eingebauten (großen) Kondensatoren! Auch wenn diese Geräte schon lange nicht mehr an der Versorgungsspannung angeschlossen waren, können an bzw. in ihnen trotzdem gefährlich hohe Spannungen auftreten.

Das Fassungsvermögen eines Kondensators wird als Kapazität *C* bezeichnet.

Es besteht offensichtlich eine Abhängigkeit zwischen der angelegten Spannung, der dadurch resultierenden verschobenen Ladungsmenge und der Kapazität, und zwar so, dass die Ladungsmenge sowohl mit zunehmender Kapazität als auch mit zunehmender Spannung ebenfalls zunimmt.

Die Definition der Kapazität lautet wie folgt:
Ein Kondensator besitzt die Kapazität 1 Farad, wenn er bei einer angelegten Spannung von 1 Volt die Ladungsmenge 1 Coulomb aufnimmt.

Kurz also: $C = \frac{Q}{U}$

Die Einheit der Kapazität *C* ist definiert als ein Farad.

$$[C] = 1\text{Farad} = 1\text{F} = 1\frac{\text{As}}{\text{V}}$$

Technischer Bereich der Einheiten:
pF (Pikofarad, 10^{-12} F) bis mF (Millifarad, 10^{-3} F)

Das Schaltzeichen des Kondensators ist —||— (C)

Analog zum Begriff Widerstand ist auch beim Kondensator zu beachten, dass der Begriff Kapazität sowohl die Eigenschaft des Bauelementes Ladungen zu speichern als auch die physikalische Größe, die diese Eigenschaft kennzeichnet, also das Fassungsvermögen quantitativ beschreibt.

2.6.1 Aufbau des Plattenkondensators

Im Folgenden möchte ich noch einen Blick auf die „mechanischen" Eigenschaften von Plattenkondensatoren werfen:

Es ist offensichtlich, dass die Möglichkeit, Ladungen aufzunehmen, von der Größe A der Platten abhängig ist: Je größer die Platte, desto größer die Kapazität. Weiterhin muss der Abstand d der beiden Platten Einfluss auf die Kapazität haben. Es lässt sich feststellen, dass die Kapazität mit zunehmendem Abstand kleiner wird. Schließlich hängt die Kapazität noch von dem Material zwischen den Platten ab. Dieses wird auch als Dielektrikum bezeichnet. Wird anstatt Luft z. B. Keramik als Dielektrikum verwendet, lässt sich die Kapazität erheblich vergrößern.

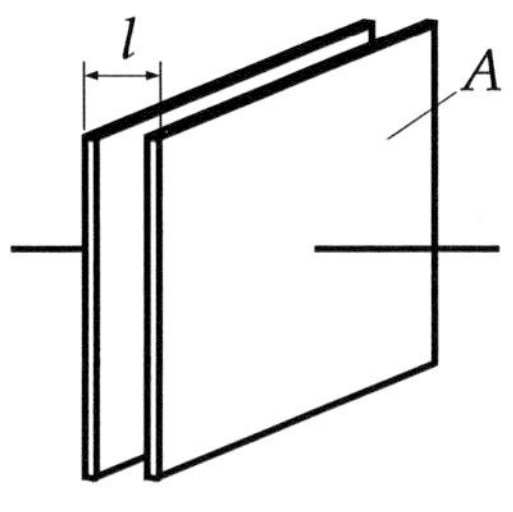

Abb. 62: Der Plattenkondensator

Zusammenfassend ergibt sich daraus: $C = \varepsilon \frac{A}{d}$

Das in dieser Formel auftauchende ε (griechischer Kleinbuchstabe Epsilon) beschreibt das Material zwischen den beiden Platten und setzt sich zusammen aus $\varepsilon = \varepsilon_0 \cdot \varepsilon_r$

Mit ε_0 bezeichnet man die elektrische Feldkonstante (Influenzkonstante). Sie hat den festen Wert $\varepsilon_0 = 8{,}854 \cdot 10^{-12} \frac{\text{As}}{\text{Vm}}$ und beschreibt den Zustand des Kondensators, wenn sich zwischen den Platten Luft bzw. ein Vakuum befindet.

Mit ε_r bezeichnet man die Permittivitätszahl oder auch relative Permittivität (früher: Dielektrizitätskonstante). Sie ist abhängig von dem Material zwischen den Platten und einheitenlos. Beispiele für einige Permitivitätszahlen:

Isoliersoff	**Permitiviätszahl ε_r**
Luft	1
Isolieröl	2 – 2,4
Hartpapier	4 – 8
Porzellan	5 – 6
Glas	4 – 8
Keramik	10 – 10.000
Polyester	3,3

Tab. 10: Tabelle Permittivitätszahlen

2.6.2 Schaltungen von Kondensatoren

Wie bei Widerständen ist es auch bei Kondensatoren möglich, diese zusammenzuschalten. Dabei gelten die folgenden Gesetzmäßigkeiten:

Parallelschaltung von Kondensatoren:

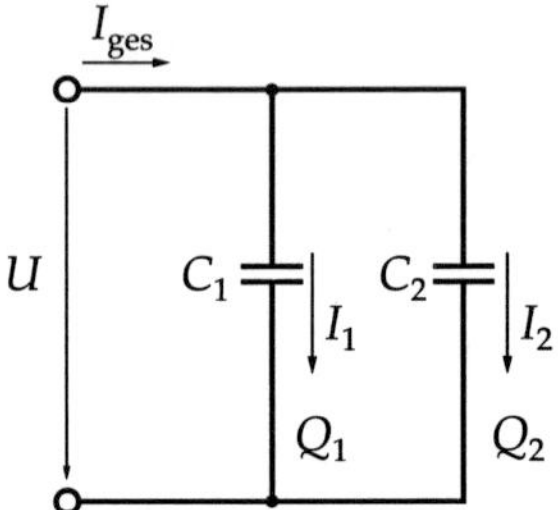

Abb. 63: Parallelschaltung von Kondensatoren

Die Gesamtkapazität ist gleich der Summe der Einzelkapazitäten.

$$C_{ges} = C_1 + C_2 + C_3 + \ldots$$

Reihenschaltung von Kondensatoren:

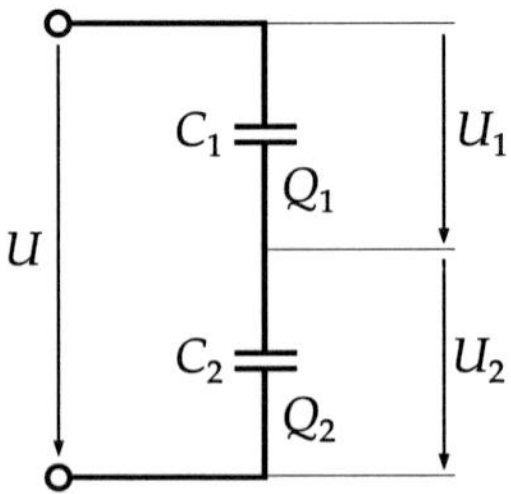

Abb. 64: Reihenschaltung von Kondensatoren

Der Kehrwert der Gesamtkapazität ist gleich der Summe der Kehrwerte der Einzelkapazitäten.

$$\frac{1}{C_{ges}} = \frac{1}{C_1} + \frac{1}{C_2} + \frac{1}{C_3} + \ldots$$

2.6.3 Der Kondensator an Gleichspannung

Schließt man einen Kondensator an eine Gleichspannung an, so bewegen sich die Ladungen von einem Pol der Spannungsquelle auf die eine Platte des Kondensators. Gleichzeitig bewegen sich gleich viele Ladungen von der anderen Platte zum anderen Pol der Spannungsquelle: Der Kondensator wird aufgeladen.
Dies darf allerdings nur über einen Widerstand erfolgen, da ein Kondensator im Einschaltmoment wie ein Kurzschluss wirkt und somit sehr große Ströme fließen. Selbstverständlich fließt dieser Strom natürlich nicht durch den Kondensator, denn zwischen den Kondesatorplatten gibt es kein leitendes Material und der Stromkreis ist unterbrochen. Der Strom fließt somit nur in den Zuleitungen.

Zwangsläufig enthält jeder Stromkreis mit einem Kondensator *C* auch einen Widerstand R, der mindestens durch Schaltverbindungen und durch Leiterwiderstände entsteht. Natürlich kann auch ein Widerstand als zusätzliches Bauelement in den Stromkreis eingefügt werden.

Diese Reihenschaltung wird als RC-Glied bezeichnet.

1. Ungeladener Kondensator:
Die Platten sind elektrisch neutral. Es befinden sich auf jeder Platte gleichviele positive und negative Ladungen.

2. Aufladevorgang:
Der Kondensator wird über einen Widerstand an eine Gleichspannung angeschlossen. In den Zuleitungen und natürlich auch durch den Widerstand fließt kurzzeitig Strom, weil der positive Teil der Spannungsquelle der einen Platte Elektronen entzieht, während gleichzeitig der negative Pol der Spannungsquelle zusätzliche Elektronen auf die andere Platte presst. Zwischen den beiden Platten entsteht so eine Potenzialdifferenz: die Spannung am Kondensator steigt.

3. Geladener Kondensator:
Nach einiger Zeit ist die Ladungsverschiebung abgeschlossen. Die Spannung am Kondensator ist nun gleich der Spannung an der Spannungsquelle. Es fließt kein Strom mehr. Jetzt wirkt der Kondensator wie ein Isolator (oder geöffneter Schalter). Allerdings hat er Ladungen gespeichert, die auch nach dem Entfernen der Spannungsquelle nicht abgebaut werden. Wo sollten sie auch hin?

4. Entladevorgang:
Trennt man den Kondensator von der Spannungsquelle und verbindet die beiden Platten über einen Widerstand (aber bitte nie ohne Widerstand!), so können sich die Ladungen ausgleichen. Während der Ladungsausgleich stattfindet, fließt Strom (bezogen auf den Aufladevorgang nun natürlich in umgekehrter Richtung). Sobald sich die Ladungen vollständig ausgeglichen haben, ist natürlich auch die Stromstärke wieder 0. Die Spannung sinkt dadurch zurück auf Null und der Kondensator ist wieder neutral (siehe 1.).

Die Zeit für das Auf- bzw. Entladen des Kondensators hängt offensichtlich von zwei Faktoren ab:
· Von der Größe des Kondensators (der Kapazität C) und
· von der Größe des Widerstandes, über den auf- bzw. entladen wird.

Es ist sicher nachvollziehbar, dass sich der Ladevorgang sowohl mit zunehmender Kapazität (es müssen mehr Ladungen verschoben werden) als auch mit zunehmendem Widerstand (der Verschiebung der Ladungen wird eine größere Behinderung entgegengesetzt) verlängert.

Diese beiden wichtigen Größen werden zusammengefasst zu der Zeitkonstante τ (griechischer Kleinbuchstabe „Tau").

Zeitkonstante beim Kondensator an Gleichspannung:

$$\tau = R \cdot C$$

Die Einheit der Zeitkonstante ist die Sekunde s:

$$[\tau] = 1\Omega \cdot 1\text{F} = 1\frac{\text{V}}{\text{A}} \cdot 1\frac{\text{As}}{\text{V}} = 1\text{s}$$

Nach einer Zeit von 1τ ist der Kondensator auf 63% der Ladespannung aufgeladen, nach einer Zeit von 5τ wird der Kondensator als vollständig geladen angenommen.

Der Aufbau von Spannung und Strom während der Lade- bzw. Entladezeit folgt übrigens der Exponentialfunktion mit der Basis *e* (die Eulersche Zahl *e* = 2,718 ...), so dass man die Zeitabhängigkeit bei Bedarf noch genauer betrachten und natürlich berechnen kann:

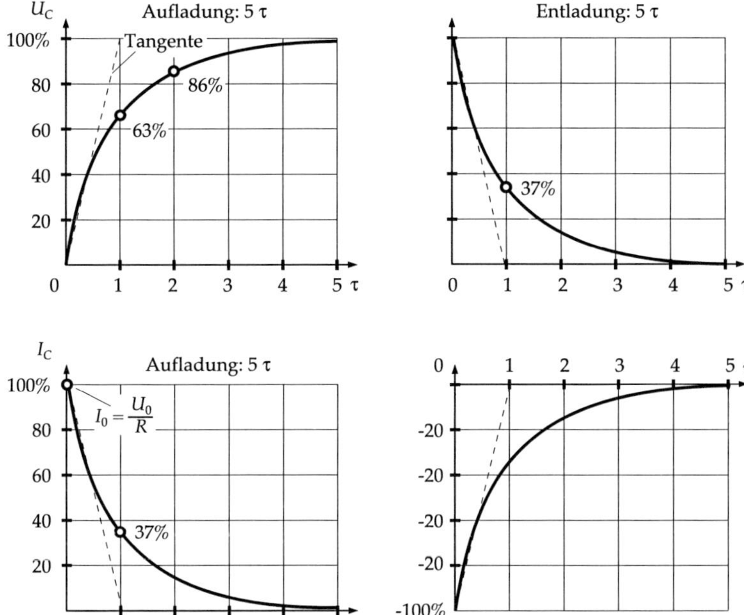

Abb. 65 a-d: Auf- und Entladevorgang beim Kondensator a) bis d)

Aufladevorgang:

Augenblickswert der Kondensatorspannung: $U_C = U \cdot \; 1 - e^{\left(\frac{-t}{\tau}\right)}$

Zeitdauer: $t = \tau \cdot \ln\left(\frac{U}{U - U_C}\right)$

Augenblickswert des Ladestroms: $I = \frac{U}{R} \cdot e^{\left(\frac{-t}{\tau}\right)}$

Zeitdauer: $t = \tau \cdot \ln\left(\frac{U}{R \cdot I}\right)$

Entladevorgang:

Augenblickswert der Kondensatorspannung: $U_C = U \cdot e^{\left(\frac{-t}{\tau}\right)}$

Zeitdauer: $t = \tau \cdot \ln\left(\frac{U}{U_C}\right)$

Augenblickswert des Ladestroms: $I = -\frac{U}{R} \cdot e^{\left(\frac{-t}{\tau}\right)}$

Zeitdauer: $t = \tau \cdot \ln\left(\frac{U}{R \cdot I}\right)$

Beispiel zur Verdeutlichung:
Um eine Größenvorstellung für die Aufladezeit zu bekommen, schließen wir einen 10 μF Kondensator mit einem 1 MΩ Widerstand in Reihe und schließen dieses RC-Glied an eine Spannung von 200 V DC an.

a) Nach welcher Zeit nimmt der Kondensator die höchstzulässige Berührungsspannung von 120 V DC an?

$$\tau = R \cdot C = 1.000.000\,\Omega \cdot 0{,}00001\,\mathrm{F} = 10\,\mathrm{s}$$

$$t = \tau \cdot \ln\left(\frac{U}{U - U_C}\right) = 10\,\mathrm{s} \cdot \ln \frac{200\,\mathrm{V}}{200\,\mathrm{V} - 120\,\mathrm{V}} = 10\,\mathrm{s} \cdot \ln 2{,}5 = 9{,}163\,\mathrm{s}$$

Nach 9,163 s liegt am Kondensator eine Spannung von 120 V an.

b) Wie groß ist die Kondensator-Spannung nach einer Zeit von 25 s?

$$U_C = 200\,\mathrm{V} \cdot \left(1 - e^{\left(\frac{-25s}{10s}\right)}\right) = 200\,\mathrm{V} \cdot \left(1 - e^{-2{,}5}\right) = 183{,}58\,\mathrm{V}$$

c) Wie lange dauert der Ladevorgang insgesamt?

Nach einer Zeit von $5\tau = 50\mathrm{s}$ gilt der Kondensator als aufgeladen.

Anwendungsbeispiele:

Kondensatoren werden zur Glättung und Siebung von Gleichspannungen in Netzteilen eingesetzt:
Mit der positiven Halbwelle der Netzwechselspannung werden die Kondensatoren geladen. Während der negativen Halbwelle erfolgt eine Sperrung durch den Gleichrichter (Diode). Die Kondensatoren werden nicht weiter geladen, sondern sie geben ihre gespeicherte Energie (elektrische Spannung) an den Verbraucher ab. Die Kondensatoren entladen sich somit zum Teil. Die Gleichspannung sinkt somit nicht bis auf 0 sondern schwankt oder pulsiert um den Wert der Gleichspannung *U*.

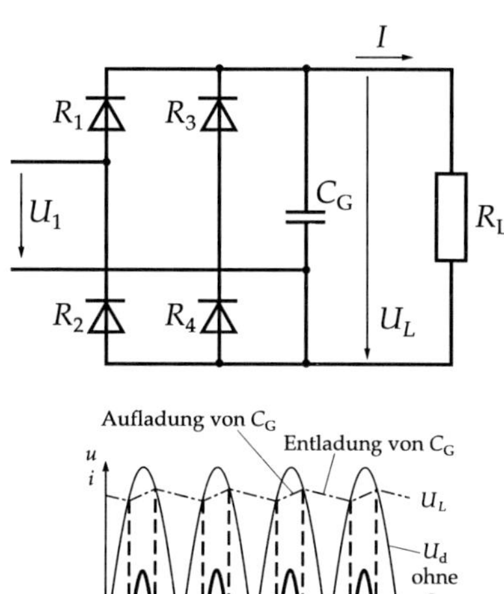

Abb. 66 a+b: Glättung von Gleichspannungen a) und b)

Schaltung zur Realisierung einer Zeitverzögerung:
Das Einschalten eines Lüfters soll verzögert nach dem Einschalten des Lichtschalters erfolgen (Lüftersteuerung Badezimmer). Zur Realisierung dieser zeitlichen Verzögerung können Kondensatoren eingesetzt werden. Nach Schließen des Stromkreises mittels Schalter erfolgt die Aufladung des Kondensators. Die Spannung *U* steigt nach der e-Funktion an, somit verzögert sich der Einschaltzeitpunkt des Lüfter-Relais, da dieses eine Mindestspannung zum Einschalten benötigt.

2.6.4 Der Kondensator an Wechselspannung

Ein Kondensator im Wechselstromkreis wird fortlaufend im Rhythmus der Wechselspannung auf- und wieder entladen. Im Stromkreis ändert der Strom somit ständig seine Richtung, es fließt also ein Wechselstrom. Die Höhe dieses Stromes wird durch den Kapazitätswert und die Frequenz der Wechselspannung bestimmt, d. h. die Umladung erfolgt umso schneller, je höher die Frequenz der angelegten Spannung ist. Der Kondensator scheint sich im Wechselstromkreis wie ein Widerstand zu verhalten. Es scheint, als ob durch den Kondensator Strom fließt, obwohl dieses natürlich technisch nicht möglich ist! Je höher die an einem Kondensator anliegende Frequenz ist, desto kürzer der Zeitraum, in dem er aufgeladen werden kann. Folglich steigt mit zunehmender Frequenz die Stromstärke. Die Stromstärke im Stromkreis ist offensichtlich abhängig von den Größen angelegte Spannung U, Frequenz der angelegten Spannung f und Kapazität des Kondensators C.

$$I = 2 \cdot \pi \cdot f \cdot C \cdot U$$

Diese Art von Strombegrenzung bezeichnet man als kapazitiven Blindwiderstand (Formelbuchstabe x_c).

Nach dem Ohmschen Gesetz gilt: $x_c = \frac{U}{I}$

Demnach folgt: $x_c = \frac{U}{2 \cdot \pi \cdot f \cdot C \cdot U} = \frac{1}{2 \cdot \pi \cdot f \cdot C}$

Man stellt fest, dass sich der Kapazitive Blindwiderstand umgekehrt proportional zur Frequenz und zur Kapazität verhält.

Blindwiderstand des Kondensators: $x_c = \frac{1}{2 \cdot \pi \cdot f \cdot C} = \frac{1}{\omega \cdot C}$

Die Einheit des Blindwiderstands ist Ohm: $\frac{1}{\mathrm{Hz} \cdot \mathrm{F}} = \frac{1}{\frac{1}{\mathrm{s}} \cdot \frac{\mathrm{As}}{\mathrm{V}}} = \frac{\mathrm{V}}{\mathrm{A}} = \Omega$

Es stellt sich nun die Frage nach der Herkunft der Ausdrücke „2π" bzw. „ω". Es sei an dieser Stelle kurz auf die Kreisfrequenz verwiesen:

Da sich die Sinuskurve aus der Kreisbewegung herleiten lässt (siehe 1.5), ist es üblich, den überstrichenen Winkel zur dazu benötigten Zeit in Beziehung zu setzen. Unter der Geschwindigkeit v versteht man bei einer gleichförmigen Bewegung allgemein das Verhältnis des Weges s zur dazugehörigen Zeit t, also:

$$v = \frac{s}{t}$$

Entsprechend führt eine Drehbewegung zu einer Winkelgeschwindigkeit ω gleich dem Verhältnis des Winkels α zur dazugehörigen Zeit t, also

$$\omega = \frac{\alpha}{t}$$

Bei einem vollständigen Umlauf (360°) bedeutet dies, dass die Periodendauer T für die Zeit verwendet werden muss, und es ergibt sich für die Angabe im Bogenmaß

$$\omega = \frac{2\pi}{T}$$

und mit $T = \frac{1}{f}$ also $\omega = 2 \cdot \pi \cdot f$

Im Gegensatz zu einem Ohmschen Widerstand stellt man jedoch nicht nur den sich mit der Frequenz ändernden Widerstand fest, sondern auch, dass sich Strom und Spannung anders zueinander verhalten.

Aus dem Verlauf der Auf- und Entladevorgänge an Gleichspannung kann man bereits erste Schlüsse ziehen:

- Bei maximaler Spannung (der Kondensator ist aufgeladen) fließt kein Strom, die Stromstärke ist 0, die Spannung ändert sich nicht mehr.
- Bei maximaler Stromstärke (Einschaltmoment) wiederum ist die Spannung an den Platten 0.

Offensichtlich sind der Strom- und Spannungsverlauf an einem Kondensator nicht proportional zueinander wie an einem Widerstand, sondern eher „entgegengesetzt".

Die folgende Grafik stellt diese Besonderheit dar:

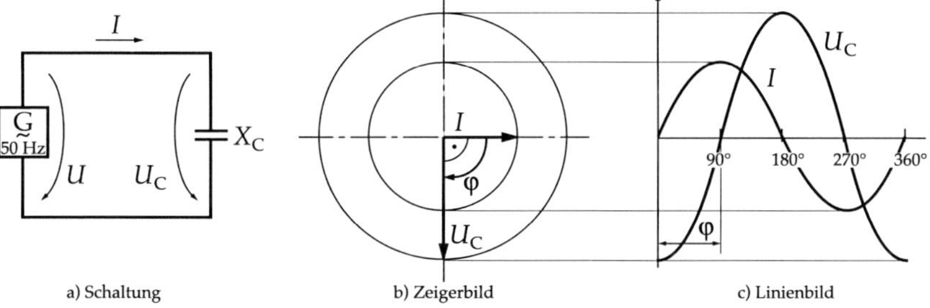

Abb. 67 a-c: Strom- und Spannungsverlauf am Kondensator bei Wechselspannungen a) bis c)

Wenn zwei Sinuskurven mit derselben Frequenz zu unterschiedlichen Zeitpunkten ihren Spitzenwert erreichen, nennt man dies eine Phasenverschiebung. Eine Phasenverschiebung wird üblicherweise in Grad angegeben, deshalb spricht man auch vom Phasenverschiebungswinkel. Für den Phasenverschiebungswinkel wird in der Elektrotechnik der griechische Kleinbuchstabe Phi φ verwendet.

Bei einem Kondensator im Wechselstromkreis beträgt die Phasenverschiebung zwischen Spannung und Strom 90°, und zwar in der Abfolge, dass erst der Strom sein Maximum erreicht und dann die Spannung.

Eselsbrücke:
Beim Kondensa**tor** eilt der Strom der Spannung **vor**.

Anwendungsbeispiele:
Kondensatoren in Frequenzweichen werden eingesetzt, um tiefe Frequenzen abzublocken und hohe Frequenzen passieren zu lassen.
Bei gleichbleibender Frequenz (wie z. B. an der Netzspannung) werden Kondensatoren wie Widerstände verwendet. Da sie jedoch nur Blindleistung erzeugen, erhält man eine deutlich bessere Energiebilanz als bei Ohmschen Widerständen, die ihre Leistung bekanntlich in Wärme umwandeln.

Kondensatoren werden auch zur Blindleistungskompensation eingesetzt. Hierzu später mehr.

2.7 Die Spule (Induktivität)

Spulen bestehen im Prinzip aus aufgewickeltem (isoliertem) Draht. In technischen Spulen nutzt man die magnetische Wirkung des Stroms. Sie arbeiten praktisch wie Energiewandler, denn die sich bewegenden Ladungen (elektrische Energie) erzeugen ein Magnetfeld (magnetische Energie).
Die Auseinandersetzung mit Spulen macht es erforderlich, sich zunächst mit einigen allgemeinen Grundlagen des Magnetismus zu beschäftigen. Diese werde ich jedoch nur ganz knapp und bezogen auf die folgenden Themen erörtern.

2.7.1 Magnetische Größen

Magnetischer Fluss

Die gesamte Wirkung eines Magnetfeldes wird mit der Größe magnetischer Fluss (Formelzeichen Φ Phi) zusammengefasst. Dieser Begriff ist eigentlich irreführend, denn es findet keine Bewegung statt. Mit Fluss soll die besondere Veränderung des Raums durch das Magnetfeld gekennzeichnet werden. Veranschaulicht wird dieser Fluss durch die so genannten Feldlinien, die allerdings lediglich Hilfsmittel bzw. Modellvorstellungen sind.

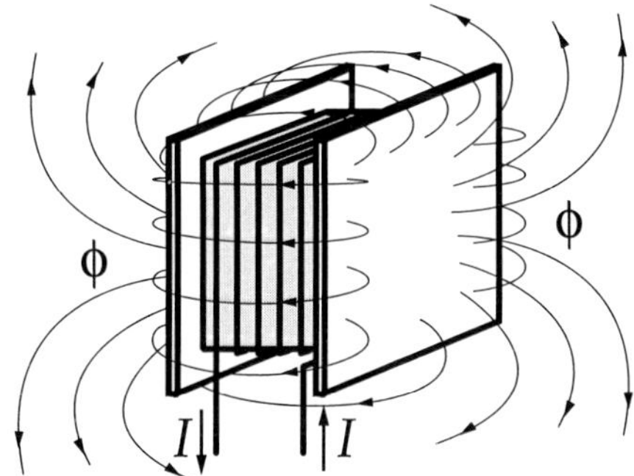

Abb. 68: Der magnetische Fluss

Der magnetische Fluss Φ ist ein Maß für die Wirkung eines magnetischen Feldes und beschreibt gewissermaßen die Gesamtheit der Linien eines Magnetfeldes.

Die Einheit des magnetischen Flusses ist definiert als ein Weber.

$$[\Phi] = 1\text{Weber} = 1\text{Wb} = 1\text{Vs}$$

Magnetische Flussdichte

Da das gesamte Magnetfeld normalerweise nicht sinnvoll genutzt werden kann, ist die Angabe des magnetischen Flusses von untergeordneter Bedeutung. Wesentlich sinnvoller erscheint es denjenigen Fluss anzugeben, der eine bestimmte Fläche durchsetzt. Auch hierfür wurde eine Größe eingeführt, nämlich die magnetische Flussdichte B. Eine größere Flussdichte wird durch eine größere Anzahl an Feldlinien pro Fläche gekennzeichnet.
Die magnetische Flussdichte B beschreibt den magnetischen Fluss Φ, der eine bestimmte Fläche senkrecht durchdringt.

$$B = \frac{\Phi}{A}$$

Die Einheit der magnetischen Flussdichte B ist definiert als ein Tesla.

$$[B] = 1\text{Tesla} = 1\text{T} = 1\frac{\text{Vs}}{\text{m}^2}$$

Elektrische Durchflutung

Fließt Strom durch einen Draht (= Leiter), so ist um diesen Draht ein magnetisches Feld vorhanden. Die magnetischen Feldlinien verlaufen in konzentrischen Kreisen um den Draht herum, und ihre Richtung hängt von der Richtung des Stroms ab. Als Eselsbrücke sei hier die Schraubenregel genannt: Wenn man eine Schraube in Richtung des Stroms eindreht, so dreht man dazu den Schraubendreher in Feldlinienrichtung.

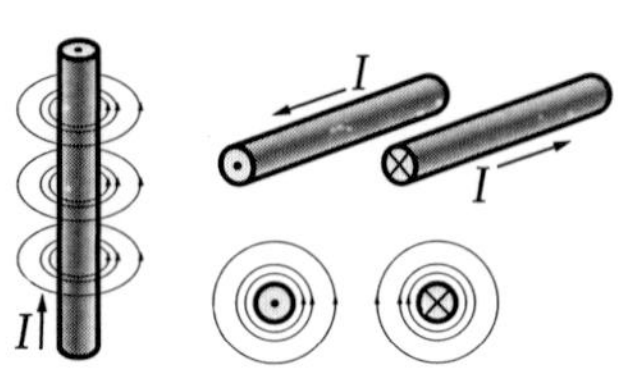

Abb. 69: Feldlinien an stromdurchflossenen Leitern

Wickelt man den Draht zu einer Spule, so wird daraus ein Elektromagnet mit Nord- und Südpol. Die Stärke des magnetischen Feldes wächst proportional mit steigender Stromstärke I und steigender Windungszahl *N*. Daraus ergibt sich eine weitere Größe: die elektrische Durchflutung mit dem Formelzeichen Θ (Theta) als das Produkt aus Stromstärke und Windungszahl.

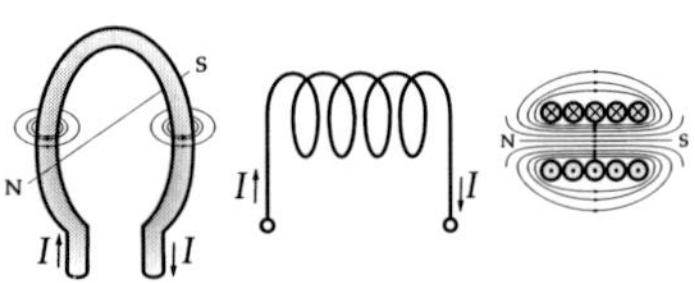

Abb. 70: Entstehung Elektromagnet

Die elektrische Durchflutung Θ ist die Ursache für ein magnetisches Feld.

$$\Theta = I \cdot N$$

Die Einheit der elektrischen Durchflutung Θ ist definiert als ein Ampere.

$$[\Theta] = 1\text{Ampere} = 1\text{A}$$

Magnetische Feldstärke

Um die nächste wichtige Größe im Bereich Elektromagnetismus einzuführen, betrachten wir keine langgestreckte, sondern eine ringförmige Spule. Das hat allein den praktischen Grund, dass aufgrund dieser idealen Form sich das gesamte magnetische Feld im Inneren der Spule konzentriert, wodurch Verluste sehr gering gehalten werden können.
Betrachten wir zwei Ringspulen mit unterschiedlichem Durchmesser bei gleich großer elektrischer Durchflutung, also $\Theta_1 = \Theta_2 = I_1 \cdot N_1 = I_2 \cdot N_2$, stellt man fest, dass die magnetische Flussdichte B_1 kleiner als die magnetische Flussdichte B_2 ist.
Offensichtlich muss sich die elektrische Durchflutung auf eine längere Strecke verteilen. Somit ist auch die Feldlinienlänge von Interesse.

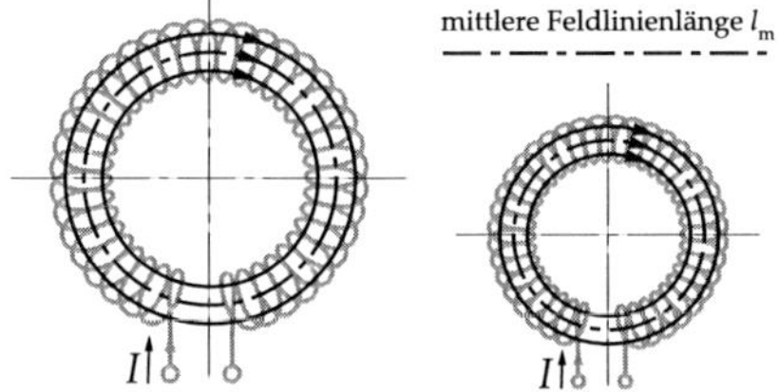

Abb. 71 a+b: Magnetische Feldstärke a) und b)

Je kürzer eine Feldlinie ist, desto mehr elektrische Energie kann als magnetische Energie wirksam werden.
Diese Beobachtung führt uns zur magnetischen Feldstärke *H*.

Die magnetische Feldstärke *H* ist das Verhältnis von elektrischer Durchflutung zur mittleren Feldlinienlänge lm.

$$H = \frac{I \cdot N}{l_m} = \frac{\Theta}{l_m}$$

Die Einheit der magnetischen Feldstärke *H* ist definiert als ein Ampere pro Meter.

$$[\Theta] = \frac{1\text{Ampere}}{\text{Meter}} = 1\frac{\text{A}}{\text{m}}$$

Induktivität

Neben der jetzt ausreichend besprochenen Fähigkeit einer Spule, ein Magnetfeld zu erzeugen, besitzt sie noch eine weitere – in der Praxis fast noch wichtigere – Eigenschaft, die sich allerdings aus den eben behandelten Eigenschaften herleiten lässt. Wenn nämlich sich bewegende Ladungen in der Lage sind, ein Magnetfeld zu erzeugen, kann man daraus im Umkehrschluss folgern, dass ein Magnetfeld in der Lage sein muss, Ladungsbewegungen zu erzeugen. Dieses Prinzip, das wir später noch genauer prüfen werden, nennt man elektromagnetische Induktion.

Da eine stromdurchflossene Spule ein Magnetfeld erzeugt, befindet sie sich jedoch gleichzeitig in einem Magnetfeld (nämlich in genau dem, das sie gerade erzeugt hat), welches wiederum in ihr eine Spannung induziert. Es muss berücksichtigt werden, dass diese induzierte Spannung der Ursache entgegenwirkt, also der Spannung, die den Strom antreibt, von dem das Magnetfeld erzeugt wird. Diese zugegeben leicht paradoxe Eigenschaft einer Spule nennt man Selbstinduktion, und die dabei entstehende Spannung entsprechend Selbstinduktionsspannung.

Die Tatsache, dass der durch eine Induktionsspannung entstehende Strom immer der Ursache der Induktion entgegenwirkt – der Induktionsstrom also so gerichtet ist, dass er versucht, die Entstehungsursache (Magnetflussänderung) zu verhindern –, wird als Lenzsche Regel oder auch Lenzsches Gesetz (abgeleitet aus dem Energieerhaltungssatz) bezeichnet.
Der Vollständigkeit wegen möchte ich hinzufügen, dass nur dann eine Spannung induziert wird, wenn sich das Magnetfeld ändert – gleichbleibende Felder verursachen keine Induktionsspannung.

Die Fähigkeit, bei einer Magnetfeldänderung eine Selbstinduktionsspannung zu erzeugen, nennt man Induktivität *L*.

Die Definition der Induktivität *L* lässt sich wie folgt fassen:
Eine Spule hat die Induktivität 1 Henry, wenn eine Spannung von 1 V induziert wird, während sich die Stromstärke innerhalb von 1 s um 1 A ändert.

Das Schaltzeichen der Spule ist:

Die Einheit der Induktivität *L* ist definiert als ein Henry.

$$[L] = 1\text{Henry} = 1\text{H} = 1\frac{\text{Vs}}{\text{A}}$$

Die Selbstinduktionsspannung U_i berechnet sich nach dem Induktionsgesetz:

$$U_i = N \cdot \frac{\Delta\Phi}{\Delta t}$$

Technischer Bereich der Einheiten: pH (Pikohenry, 10^{-12} H) bis H

Analog zu den Begriffen Widerstand und Kapazität ist auch bei der Spule zu beachten, dass der Begriff Induktivität sowohl die Eigenschaft des Bauelementes, Spannungen zu erzeugen (induzieren) als auch die physikalische Größe, die diese Eigenschaft quantitativ beschreibt, kennzeichnet.

2.7.2 Aufbau einer Spule

Bisher haben wir nur Spulen aus gewickeltem Draht ohne „Kern" betrachtet. Wie wir allerdings aus der Praxis wissen werden nicht nur Luftspulen, sondern auch Spulen z. B. mit Eisenkern verwendet.

Offensichtlich hat auch das Material des Spulenkerns Auswirkungen auf den Elektromagnetismus. Bereits beim Kondensator haben wir festgestellt, dass unterschiedliche Materialien zwischen den Platten unterschiedliche Kapazitäten nach sich ziehen.

Analog dazu betrachten wir die Spule:
In den bisher betrachteten Luftspulen besteht eine Proportionalität zwischen der magnetischen Feldstärke H (Ursache) und der magnetischen Flussdichte B (Wirkung). Dieses Verhältnis wird über eine Konstante beschrieben, die Permeabilität μ_0.

Sie hat den festen Wert $\frac{B}{H} = \mu_0 = 1{,}2566 \cdot 10^{-6} \frac{\mathrm{Vs}}{\mathrm{Am}}$

und beschreibt die Induktivität, wenn sich im Spulenkern Luft bzw. ein Vakuum befindet. Durch die Nutzung bestimmte Werkstoffe zur Fertigung des Spulenkerns lässt sich das Magnetfeld einer Spule verstärken (oder auch abschwächen), ohne dass die Feldstärke H verändert werden muss.
Diese materialspezifische Eigenschaft wird durch die Permeabilitätszahl μ_r beschrieben.

Beispiele für einige Permeabilitätszahlen:

Werkstoff	Permabilitätszahl μ_r
Luft	1
Diamagnetische Stoffe, z.B. Kupfer	< 1
Dynamoblech	500–3000
Mu–Metall	15000
Permalloy	80000

Tab. 11: Tabelle Permeabilitätszahlen

Um die Induktivität aufgrund ihrer mechanischen Daten darstellen zu können, bringen wir nun alles wieder in einen mathematisch korrekten Ausdruck:

Das Induktionsgesetz lautet: $U_i = N \cdot \frac{\Delta\Phi}{\Delta t}$

mit $\Phi = B \cdot A$ und $B = \mu_0 \cdot \mu_r \cdot H$ und $H = \frac{I \cdot N}{l_m}$

folgt:
$$U_i = N \cdot \frac{\Delta\left(\frac{\mu_0 \cdot \mu_r \cdot I \cdot N \cdot A}{l_m}\right)}{\Delta t}$$

Da in der Klammer alle Größen bis auf die Stromstärke *I* konstant sind, gilt:

$$U_i = N \cdot \frac{\mu_0 \cdot \mu_r \cdot N \cdot A}{l_m} \cdot \frac{\Delta I}{\Delta t}$$

Zusammengefasst:
$$U_i = \frac{\mu_0 \cdot \mu_r \cdot N^2 \cdot A}{l_m} \cdot \frac{\Delta I}{\Delta t}$$

Der erste Bruch der Formel enthält offensichtlich alle Baugrößen der Spule, die zusammengefasst werden zu der Größe Induktivität L. Wir sehen, dass auch die Induktivität sowohl über die elektrischen als auch über die mechanischen Angaben ermittelt werden kann.

Die Formel für die Induktionsspannung lässt sich nun ebenfalls umschreiben:

$$U_i = L \cdot \frac{\Delta I}{\Delta t}$$

2.7.3 Schaltungen von Spulen

So wie Widerstände und Kondensatoren können auch Spulen zusammengeschaltet werden. Dabei gelten die folgenden Gesetzmäßigkeiten:

Reihenschaltung von Spulen:

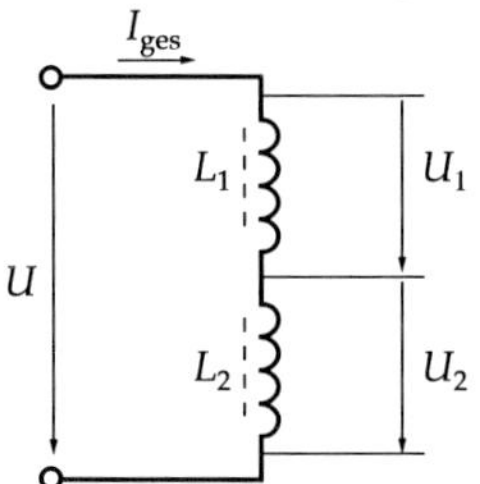

Abb. 72: Reihenschaltung von Spulen

Die Gesamtinduktivität ist gleich der Summe der Einzelinduktivitäten.

$$L_{ges} = L_1 + L_3 + L_3 + \ldots$$

Parallelschaltung von Spulen:

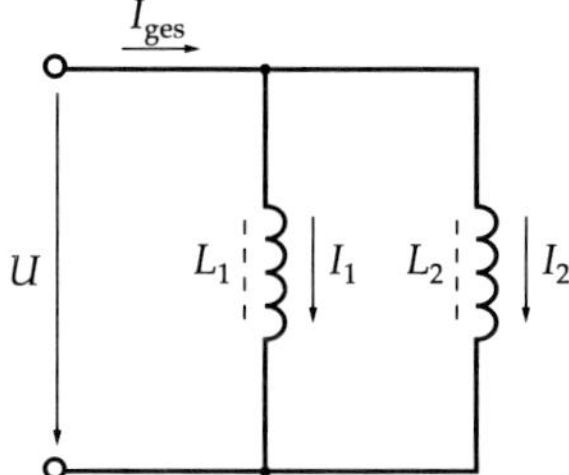

Abb. 73: Parallelschaltung von Spulen

Der Kehrwert der Gesamtinduktivität ist gleich der Summe der Kehrwerte der Einzelinduktivitäten.

$$\frac{1}{L_{ges}} = \frac{1}{L_1} + \frac{1}{L_2} + \frac{1}{L_3} + \ldots$$

2.7.4 Die Spule an Gleichspannung

Schließt man eine Spule an Gleichspannung an, so wird beim Einschalten ein Magnetfeld aufgebaut. Dieses Magnetfeld wird allerdings nicht schlagartig, sondern verzögert aufgebaut, weil es in den Wicklungen der Spule wiederum eine Spannung induziert (Selbstinduktionsspannung), die der angelegten Spannung entgegenwirkt. Da Spulen aus aufgewickeltem Kupferdraht bestehen, ist der ohmsche Widerstand des Drahtes üblicherweise sehr gering, so dass bei einer Spule an Gleichspannung die Stromstärke sehr groß werden kann (Ohmsches Gesetz). Es empfiehlt sich daher in der Praxis, einen Vorwiderstand zur Strombegrenzung an Gleichspannung zu verwenden.

Einschaltvorgang:
Die Spule wird über einen Widerstand *R* an eine Gleichspannung *U* angeschlossen. Mit dem dadurch einsetzenden Strom wird in der Induktivität ein Magnetfeld aufgebaut. Durch die entstehende Selbstinduktionsspannung U_L wird ein sprunghaftes Ansteigen des Stroms verhindert. Beim Einschalten behält der Strom zunächst den Wert $I = 0$ A. Wenn kein Strom fließt, entsteht über dem Widerstand *R* natürlich auch kein Spannungsfall, so dass die Selbstinduktionsspannung für diesen Moment betragsmäßig gleich der angelegten Spannung ist, also $U_L = U$. Etwas später ist die Selbstinduktionsspannung auf einen geringeren Wert abgesunken. Der Gleichgewichtszustand (Kirchhoffsche Maschenregel) bleibt nun dadurch erhalten, dass bei gleichbleibender von außen angelegter Spannung *U* ein Strom I über den Widerstand *R* zum Fließen kommt. Der dadurch entstehende Spannungsfall U_R ergibt sich aus der Subtraktion von Gesamtspannung und Selbstinduktionsspannung. Es gilt: $U_R = U - U_L$.
Dabei fließt zunächst nur ein kleiner Strom, der mit zunehmender Zeit jedoch immer größer wird.

Magnetfeld aufgebaut:
Der Einschaltvorgang ist abgeschlossen, wenn der Strom den maximal möglichen Wert

$$I = \frac{U}{R}$$

erreicht hat. Der Aufbau des Magnetfeldes ist somit abgeschlossen. Die Stromstärke *I* erreicht Ihren Maximalwert, da der angelegten Spannung *U* keine Selbstinduktionsspannung U_L mehr entgegenwirkt. Wir erinnern uns: Es wird nur dann eine Induktionsspannung aufgebaut, solange sich das magnetische Feld ändert. In diesem sogenannten stationären Betrieb ist die Induktivität für den Stromkreis wirkungslos, sie wirkt jetzt quasi wie ein Stück Draht, also wie ein Kurzschluss. Die Spannung an der Spule U_L ist nun 0, die angelegte Spannung *U* fällt komplett am Ohmschen Widerstand *R*.

Ausschaltvorgang:
Trennt man die Spule von der Spannungsquelle, nachdem sich das Magnetfeld voll aufgebaut hat, und schließt sie über den Stromkreiswiderstand *R* kurz, so fehlt logischerweise die bisher antreibende Spannung *U* der Spannungsquelle.

Für den geschlossenen Stromkreis $U_R = U - U_L$ gilt nun mit $U = 0$V:

$U_R = 0 - U_L$ also $U_L = -U_R = -(I \cdot R)$.

Das Minuszeichen kennzeichnet die jetzt entgegengesetzte Richtung von U_L, die als Selbstinduktionsspannung den (wenn auch nur kurzzeitigen) Charakter einer Quellenspannung hat. Die im Magnetfeld der Spule gespeicherte Energie wird jetzt in elektrische Energie umgewandelt, die wiederum im Widerstand R in Wärme umgesetzt wird und so den Stromkreis verlässt. Nachdem das Magnetfeld abgebaut ist, beträgt die Spannung U_L selbstverständlich 0V und der Strom I entspricht dann natürlich dem Wert 0. Der Ausschaltvorgang ist abgeschlossen.

An dieser Stelle sei noch auf den sehr interessanten Fall hingewiesen, der eintritt, wenn man eine Spule mit voll aufgebautem Magnetfeld von der Spannungsquelle trennt, ohne sie über einen Widerstand R kurzzuschließen. Hier können negative Folgen entstehen, da der Stromkreis nicht mehr geschlossen ist und somit auch kein Strom mehr fließen kann. Durch die plötzliche Stromstärkenänderung auf den Wert 0 muss eine Selbstinduktionsspannung an der Spule entstehen, weil sich die Spule nun wieder in einem sich ändernden Magnetfeld befindet. Es bricht – wie bereits untersucht – zusammen. Bei einer Unterbrechung des Stromkreises ist der Wirkwiderstand der Schaltung unendlich groß. Theoretisch könnte die Maximalspannung unendlich hoch werden. Das Abschalten von Induktivitäten erzeugt entsprechend sehr hohe Selbstinduktionsspannungen.

Nach dem Abschalten vom Erregerstromkreis wirkt die Spule wie eine Spannungsquelle. Die Polarität der Selbstinduktionsspannung versucht den Strom in gleicher Richtung aufrecht zu erhalten (Lenzsche Regel). Diese Selbstinduktionsspannungen, die ein Vielfaches der ursprünglichen Versorgungsspannung betragen können, führen unter Umständen zu Schaltfunken oder sogar Lichtbögen. Weiterhin können die Isolation von Schaltelementen selbst oder empfindliche Bauteile zerstört werden. In diesen Fällen sind besondere Schutzschaltungen notwendig, um die Schaltungsbauteile vor der hohen Abschaltspannung zu schützen. Eine Möglichkeit ist z.B. das Parallelschalten eines Kondensators: Die im Magnetfeld gespeicherte Energie kann so durch das Aufladen des Kondensators abgebaut werden.

Vorsicht auch beim Berühren: Es besteht die Gefahr eines Stromschlags!

Jeder Stromkreis mit einer Spule L enthält auch einen Widerstand *R*, der mindestens durch den Widerstand des aufgewickelten Drahts der Spule selbst entsteht. Diese Reihenschaltung wird als RL-Glied bezeichnet.

Die Zeit für das Auf- bzw. Abbauen des Magnetfelds hängt von zwei Faktoren ab:

1. von der Größe der Spule (der Induktivität *L*) und
2. von der Größe des Widerstandes *R*.

Auch an der Spule werden diese beiden Größen zu der Zeitkonstanten τ zusammengefasst.

Zeitkonstante der Spule an Gleichspannung: $\tau = \frac{L}{R}$

Die Einheit der Zeitkonstante ist die Sekunde s: $[\tau] = 1\frac{\frac{Vs}{A}}{\Omega} = 1\frac{\frac{Vs}{A}}{\frac{V}{A}} = 1s$

Nach einer Zeit von 1 τ ist die Stromstärke bei 63% der Maximalstromstärke angelangt und nach einer Zeit von 5 τ die Maximalstromstärke erreicht.

Wir stellen fest: Eine Spule verhält sich genau umgekehrt zum Kondensator. Der Aufbau von Spannung und Strom folgt demnach auch bei der Spule der Exponentialfunktion:

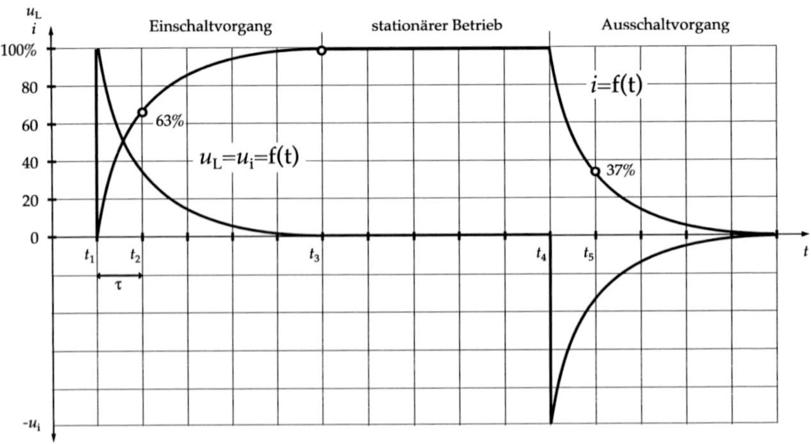

Abb. 74: Strom- und Spannungsverlauf einer Spule an Gleichspannung

Einschaltvorgang:

Augenblickswert der Spannung an der Spule: $U_L = U \cdot e^{\frac{-t}{\tau}}$

Zeitdauer: $t = \tau \cdot \ln\left(\frac{U}{U_L}\right)$

Augenblickswert des Stroms: $I = \frac{U}{R} \cdot \left(1 - e^{\left(\frac{-t}{\tau}\right)}\right)$

Zeitdauer: $t = \tau \cdot \ln\left(\frac{U}{U - R \cdot I}\right)$

Ausschaltvorgang:

Augenblickswert der Spannung: $U_L = -U \cdot e^{\left(\frac{-t}{\tau}\right)}$

Zeitdauer: $t = \tau \cdot \ln\left(\frac{U}{U_L}\right)$

Augenblickswert des Ladestroms: $I = \frac{U}{R} \cdot e^{\left(\frac{-t}{\tau}\right)}$

Zeitdauer: $t = \tau \cdot \ln\left(\frac{U}{R \cdot I}\right)$

Beispiele zur Verdeutlichung:
Um eine Größenvorstellung für die Zeit zu bekommen, schalten wir eine Induktivität mit 2 H mit einem 14 Ω Widerstand in Reihe und schließen dieses RL-Glied an eine Spannung von 24 V DC.

a) Nach welcher Zeit beträgt die induzierte Spannung 18 V?

$$\tau = \frac{L}{R} = \frac{2\text{H}}{14\Omega} = 0{,}143\text{s} \qquad t = \tau \cdot \ln\left(\frac{U}{U_L}\right) = 0{,}143\text{s} \cdot \ln\frac{24\text{V}}{18\text{V}} = 0{,}143\text{s} \cdot \ln 1{,}333 = 0{,}041\text{s}$$

b) Wie groß ist die Spannung an der Spule nach einer Zeit von 0,5 Sekunden?

$$U_L = 24\text{V} \cdot e^{\frac{-0,5s}{0,143s}} = 24\text{V} \cdot e^{-3,5} = 0,73\text{V}$$

c) Wie lange dauert es, bis der Strom seinen Maximalwert erreicht hat?
Wie groß ist die Maximalstromstärke?

Nach einer Zeit von $5\tau = 0,72\text{s}$ ist der Maximalwert erreicht.

Die Maximalstromstärke beträgt $I = \frac{24\text{V}}{14\Omega} = 1,71\text{A}$

Mit einem weiteren Rechenbeispiel möchte ich verdeutlichen, wie groß Spannungen an Spulen beim Unterbrechen von Stromkreisen werden können, auch weil die Vorschaltgeräte unserer Gasentladungslampen nach eben diesem Prinzip arbeiten.

Durch eine Spule mit einer Induktivität von L = 100 mH und einem Ohmschen Widerstand von R = 10 Ω fließt ein Gleichstrom von 100 mA. Der Stromkreis wird unterbrochen, wobei der Unterbrechungswiderstand 1 MΩ betragen soll.

Wie hoch ist die Induktionsspannung direkt beim Unterbrechen des Stromkreises ($t = 0$)?

$$\tau = \frac{L}{R} = \frac{0,1\text{H}}{1M\Omega + 10\Omega} = 100\text{ns}$$

$$U_L = 1M\Omega \cdot 0,1\text{A} \cdot \text{e}^{\left(\frac{-0s}{100ns}\right)} = 100.000\text{V} \cdot \text{e}^0 = 100.000\text{V}$$

Zum Unterbrechungszeitpunkt bei $t = 0$ errechnet sich die Selbstinduktionsspannung über der Spule zu 100 kV.

Anwendungsbeispiele:
Technische Spulen in Gleichstromkreisen findet man hauptsächlich in Relais und Schützen sowie als Drossel- und Zündspulen. In vielen Fällen wird gerade die hohe Selbstinduktionsspannung benötigt. Die Zündspule eines Verbrennungsmotors liefert durch Abschalten der 12 Volt Zündspulenversorgungsspannung die Zündspannung von 10 ... 20 kV für die Zündkerzen.
Bei Leuchtstofflampen erzeugt der Bimetallstarter durch eine Unterbrechung des Drosselstromkreises die Zündspannung für die Lampen, die weit höher liegen muss als die Brennspannung und die Netzspannung, an der sie betrieben werden.

2.7.5 Die Spule an Wechselspannung

Liegt eine Spule an Wechselspannung an, so ändert sich auch ständig die Stromstärke in der Spule und es kommt durch das sich laufend ändernde Magnetfeld zu ständigen Selbstinduktionsspannungen. Nach dem Induktionsgesetz folgt daraus die Erzeugung einer Gegenspannung an der Spule. Diese Gegenspannung wirkt wie beim Kondensator auch hier strombegrenzend. Eine Spule begrenzt bei Wechselspannung wie ein Widerstand den Strom. Diese Eigenschaft wird als induktiver Blindwiderstand X_L bezeichnet.

Die Höhe des Stroms wird durch die Induktivität und die Frequenz der Wechselspannung bestimmt. Die Spule scheint sich im Wechselstromkreis auch wie ein Widerstand zu verhalten.
Je höher die an einer Spule anliegende Frequenz ist, desto kürzer ist die Zeit, in der ein Strom überhaupt zum Fließen kommen kann. Demnach sinkt mit zunehmender Frequenz die Stromstärke. Die Stromstärke im Stromkreis ist offensichtlich abhängig von den Größen angelegte Spannung U, Frequenz der angelegten Spannung f und Induktivität L.

$$I = \frac{U}{2 \cdot \pi \cdot f \cdot L}$$

Nach dem Ohmschen Gesetz gilt: $X_L = \frac{U}{I}$

Demnach folgt der Induktivität: $X_L = \frac{U}{\frac{U}{2 \cdot \pi \cdot f \cdot L}} = 2 \cdot \pi \cdot f \cdot L$

Es zeigt sich, dass sich der induktive Blindwiderstand proportional zur Frequenz und zur Induktivität verhält.

Blindwiderstand der Induktivität: $X_L = 2\pi fL = \omega L$

Die Einheit des Blindwiderstands ist Ohm: $\mathrm{Hz} \cdot \mathrm{H} = \frac{1}{\mathrm{s}} \cdot \frac{\mathrm{Vs}}{\mathrm{A}} = \frac{\mathrm{V}}{\mathrm{A}} = \Omega$

Im Gegensatz zu einem Ohmschen Widerstand stellt man jedoch wie beim Kondensator nicht nur den sich mit der Frequenz ändernden Widerstand fest, sondern außerdem, dass sich Strom und Spannung anders zueinander verhalten.

Aus dem Verlauf der Ein- und Ausschaltvorgänge an Gleichspannung kann man folgern:

- Bei maximaler Spannung fließt noch kein Strom (Einschaltmoment),
- bei maximaler Stromstärke liegt keine Spannung an den Anschlüssen der Spule an.

Offensichtlich sind der Strom- und Spannungsverlauf an einer Induktivität nicht proportional zueinander, wie an einem Widerstand, sondern auch phasenverschoben, wie bei einem Kondensator, allerdings genau entgegengesetzt.

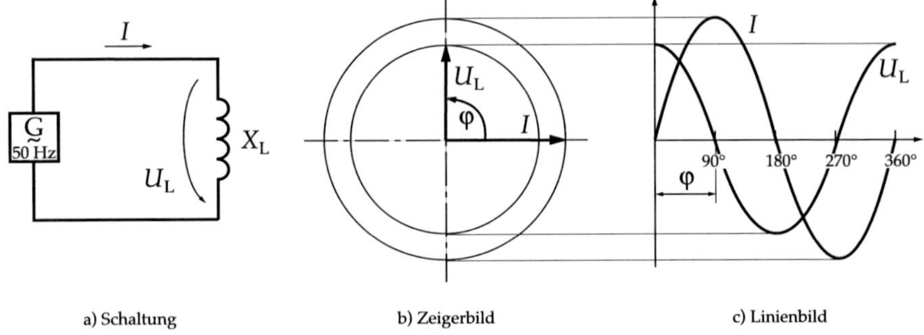

Abb. 75 a-c: Strom- und Spannungsverlauf an einer Spule bei Wechselspannungen a) bis c)

Bei einer Induktivität im Wechselstromkreis beträgt die Phasenverschiebung zwischen Spannung und Strom 90°, und zwar in der Reihenfolge, dass erst die Spannung ihr Maximum erreicht und dann der Strom.

Eselsbrücke: Bei Induktivi**täten** Ströme sich ver**späten**.

Anwendungsbeispiele:
Spulen in Frequenzweichen werden eingesetzt, um hohe Frequenzen abzublocken und tiefe Frequenzen passieren zu lassen.
Bei gleichbleibender Frequenz (wie z.B. an Netzspannung) werden Induktivitäten wie Widerstände verwendet, daher auch der Name Drosselspule (der Strom wird gedrosselt). Aufgrund der Eigenschaft, dass Spulen Spannungen erzeugen (induzieren) können, liegt ein weiterer Anwendungsbereich nahe: Generatoren und Transformatoren (nähere Betrachtung im Kapitel 3). Außerdem werden Spulen in Lautsprechern und Mikrofonen verwendet.

2.7.6 Das Prinzip der Leuchtstofflampe

Wie die dargestellten physikalischen Gesetzmäßigkeiten technisch genutzt werden, kann an der klassischen Leuchtstofflampenschaltung nachgewiesen werden. Die in Reihe zur Leuchtstofflampe geschaltete Spule des konventionellen Vorschaltgerätes erfüllt zwei Funktionen: Ihre Induktivität erzeugt einmal die zum Zünden erforderliche, weit über 230 V liegende Spannung, wenn durch den Glimmstarter der Stromkreis unterbrochen wird und begrenzt durch ihre Widerstandswirkung im gezündeten Zustand den Lampenstrom. Die Bezeichnung Drosselspule trifft mithin nur auf die zweite Funktion zu.

1.

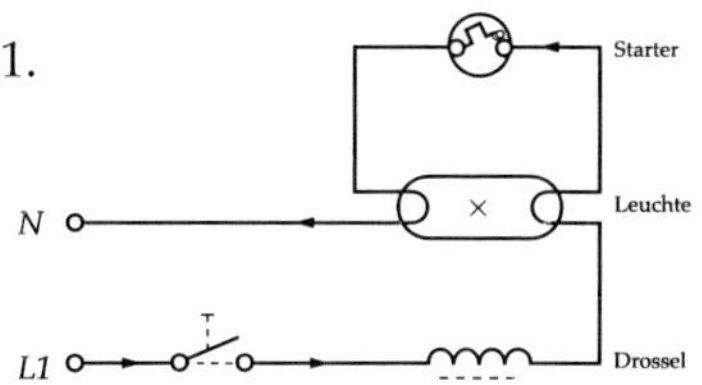

Nach dem Einschalten fließt zunächst nur ein ganz geringer Strom über die Drossel, den Starter und die beiden Heizwendel der Leuchtstofflampe. Dieser Strom erwärmt das Bimetall des Starters.

2.

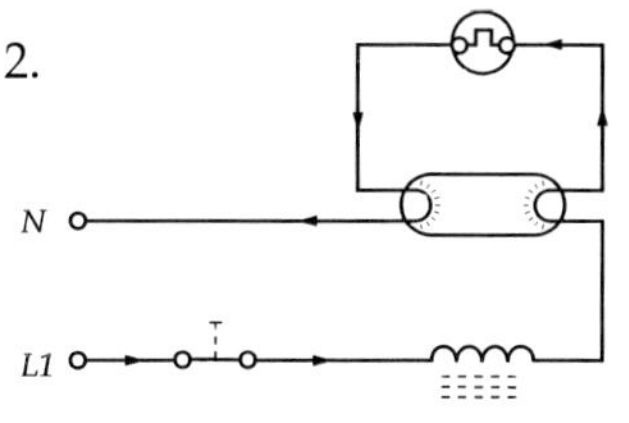

Das Bimetall schließt den Starter kurz. Jetzt fließt der ca. 1,5-fache Lampenstrom, der in der Spule ein starkes Magnetfeld aufbaut. Gleichzeitig glühen die Heizwendel der Leuchtstofflampe auf.

3.

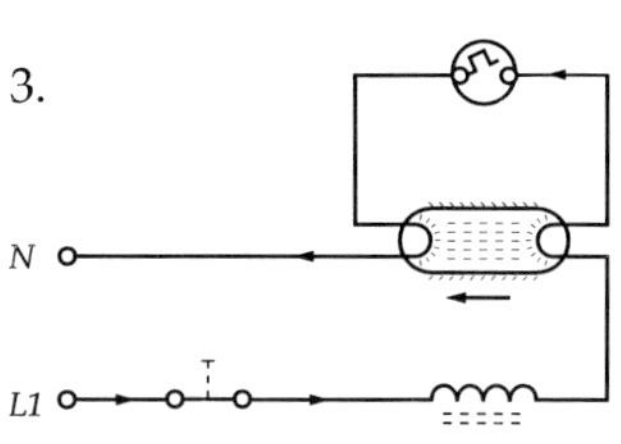

Abb. 76 a-c: Prinzip der Leuchtstofflampe a) bis c)

Da das Bimetall den Starter kurzgeschlossen hat, wird es nicht mehr erwärmt und öffnet sich wieder. Jetzt bricht das Magnetfeld der Spule in sehr kurzer Zeit zusammen und erzeugt eine sehr hohe Selbstinduktionsspannung (> 800 V). Diese Spannung führt zu einer Zündung der Leuchtstofflampe zwischen den vorgeheizten Wendeln. Da jetzt an dem Starter keine Potenzialdifferenz mehr anliegt, erwärmt sich das Bimetall auch nicht wieder. Die Gasentladung wirkt nun fast wie ein Kurzschluss. Damit daraus keine unangenehmen Folgen (z. B. Auslösung der Stromkreissicherung oder gar Brände) entstehen, wirkt nun die Drossel als strombegrenzender Vorwiderstand.

2.8 Schaltungen mit Widerständen, Kondensatoren und Spulen

Der folgende Abschnitt beschäftigt sich mit (mathematischen) Besonderheiten, die beim Zusammenschalten von Ohmschen Widerständen und phasenverschiebenden Bauteilen entstehen.

2.8.1 Reihenschaltungen

RC-Reihenschaltung

Legt man eine Wechselspannung mit fester Frequenz an eine RC-Reihenschaltung, so lässt sich zunächst einmal feststellen, dass Strom fließt. Laut den Gesetzmäßigkeiten für Reihenschaltungen ist der Strom an jeder Stelle des unverzweigten Stromkreises gleich groß. Er ist die Bezugsgröße in der Reihenschaltung.

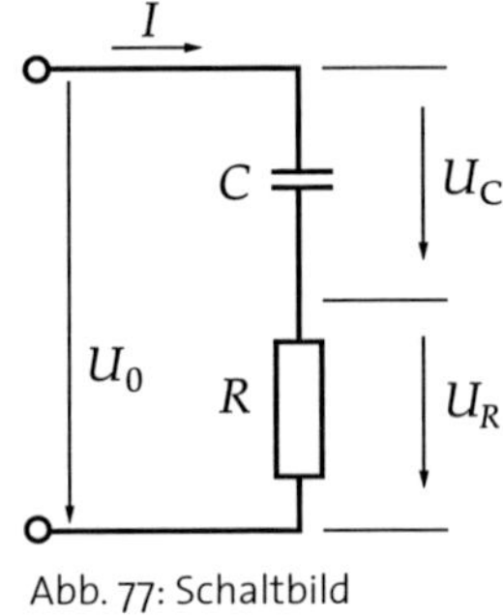

Abb. 77: Schaltbild RC-Reihenschaltung

Bezüglich des Stroms kann man über die Spannung folgende Aussagen treffen:

- Am Widerstand R sind Strom I und Spannung U_R in Phase, $\varphi_R = 0°$.
- Am Kondensator C sind Strom I und Spannung U_C um $\varphi_C = 90°$ phasenverschoben.
- An den Anschlüssen der Schaltung sind der Strom I und die Spannung U_0 um einen Betrag $0 < \varphi_{gesamt} < 90°$ phasenverschoben.

Diese Zusammenhänge lassen sich nun vektoriell wie folgt darstellen:

- Der Spannungsvektor U_R zeigt in die gleiche Richtung wie der Stromstärkevektor I.
- Zwischen dem Spannungsvektor U_C und dem Stromvektor I befindet sich ein Winkel von 90°.

Aus der geometrischen Addition dieser beiden Spannungsvektoren folgt die Lage des Spannungsvektors U_0.

Es ergibt sich folgende vektorielle Darstellung:

Dieses so entstandene Dreieck nennt man *Spannungsdreieck*.

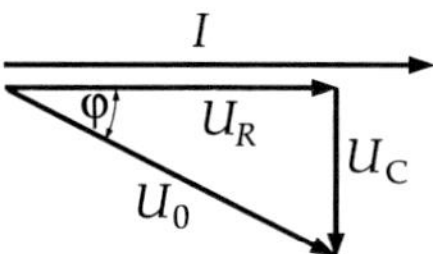

Abb. 78: Spannungsdreieck RC-Reihenschaltung

Da, wie bereits ausgeführt, der Strom I die konstante Bezugsgröße ist, die in jedem einzelnen Bauteil und auch in der gesamten Schaltung auftaucht, können wir gemäß des Ohmschen Gesetzes die eben betrachteten Teilspannungen durch diesen dividieren:

Für den Widerstand *R* gilt: $R = \frac{U_R}{I}$

Für den Kondensator *C* gilt: $X_C = \frac{U_C}{I}$

Für die gesamte Schaltung gilt: $R_{gesamt} = \frac{U_0}{I}$

Für den zuletzt berechneten Widerstand R_{gesamt} werden wir, um ihn von den anderen eindeutig unterscheiden und abgrenzen zu können, eine neue Bezeichnung einführen:

Der Gesamtwiderstand einer Schaltung, die phasenverschiebende Bauteile enthält, wird *Impedanz* oder *Scheinwiderstand* genannt und mit dem Buchstaben *Z* bezeichnet.

Da wir nun sämtliche (vektoriellen) Spannungen durch die Bezugsgröße (als Skalar) dividiert haben, erhalten wir ein neues Dreieck: das Widerstandsdreieck.

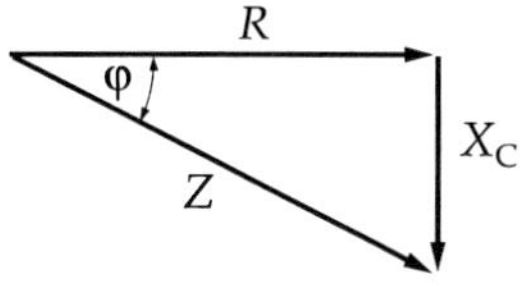

Abb. 79: Widerstandsdreieck RC-Reihenschaltung

Wenn wir alle Seiten eines Dreiecks durch dieselbe Zahl teilen, folgt aus den Regeln der Geometrie, dass diese beiden Dreiecke ähnlich sind. Dies wiederum bedeutet, dass sich die Winkel und Seitenverhältnisse nicht geändert haben.

Aus einer RC-Reihenschaltung erhalten wir zwei rechtwinklige Dreiecke, deren Seitenverhältnisse und Winkel identisch sind:

1. das Spannungsdreieck und
2. das Widerstandsdreieck.

Der Vorteil rechtwinkliger Dreiecke ist, dass sowohl der Satz des Pythagoras als auch sämtliche trigonometrischen Funktionen anwendbar sind. Entsprechend können wir feststellen:

Spannungsdreieck:
Die an den einzelnen Bauteilen abfallenden Spannungen werden nicht direkt (wie bei einer Reihenschaltung von Ohmschen Widerständen), sondern geometrisch addiert:

$$U_0^2 = U_R^2 + U_C^2 \quad \text{also} \quad U_0 = \sqrt{U_R^2 + U_C^2}$$

Und für den sich ergebenen Gesamt-Phasenverschiebungswinkel ergibt sich wahlweise:

$$\cos\varphi = \frac{U_R}{U_0} \qquad \sin\varphi = \frac{U_C}{U_0} \qquad \tan\varphi = \frac{U_C}{U_R}$$

Widerstandsdreieck:
Die Teilwiderstände werden nicht – wie bei der Reihenschaltung von Ohmschen Widerständen – direkt, sondern geometrisch addiert:

$$Z^2 = R^2 + X_C^2 \quad \text{also} \quad Z = \sqrt{R^2 + X_C^2}$$

Und für den sich ergebenen Gesamt-Phasenverschiebungswinkel folgt wahlweise:

$$\cos\varphi = \frac{R}{Z} \qquad \sin\varphi = \frac{X_C}{Z} \qquad \tan\varphi = \frac{X_C}{R}$$

Diese Zusammenhänge lassen sich aufgrund der ähnlichen Dreiecke beliebig verknüpfen.

Versuchen wir nun, diese theoretischen mathematischen Ausführungen anhand eines Beispiels mit Leben zu füllen:

Wir untersuchen eine RC-Reihenschaltung mit $R = 50\ \Omega$ und $C = 10\mu F$, die an einer Wechselspannung $U_0 = 230$ V mit einer Frequenz von $f = 50$ Hz angeschlossen ist.

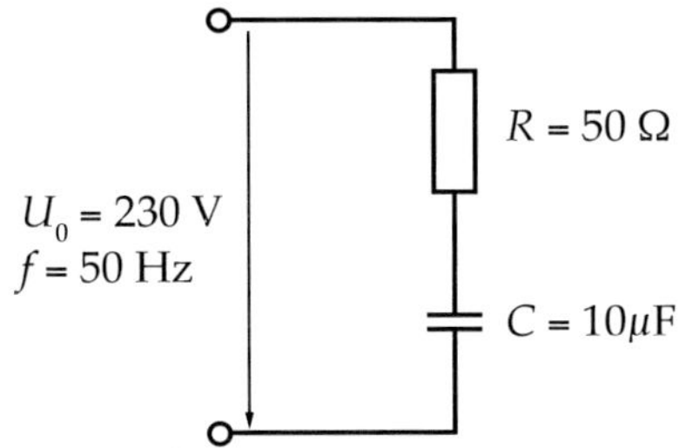

Abb. 80: Beispiel: RC-Reihenschaltung

Zunächst ermitteln wir den kapazitiven Blindwiderstand X_C des Kondensators C:

$$X_C = \frac{1}{2 \cdot \pi \cdot f \cdot C} = \frac{1}{2 \cdot \pi \cdot 50\frac{1}{s} \cdot 10 \cdot 10^{-6}\frac{As}{V}} = 318{,}31\Omega$$

Aus diesem und dem Ohmschen Widerstand R können wir die Impedanz bestimmen:

$$Z = \sqrt{R^2 + X_C^2} = \sqrt{(50\Omega)^2 + (318{,}31\Omega)^2} = 322{,}21\Omega$$

Jetzt können wir die Stromstärke I berechnen:

$$I = \frac{U}{Z} = \frac{230V}{322{,}21\Omega} = 0{,}714A$$

Und erhalten die Teilspannungen:

$$U_C = X_C \cdot I = 318{,}31\Omega \cdot 0{,}714A = 227{,}27V$$

$$U_R = R \cdot I = 50\Omega \cdot 0{,}714A = 35{,}7V$$

Die Probe ergibt: $$U_0 = \sqrt{U_R^2 + U_C^2} = \sqrt{(35{,}7V)^2 + (227{,}27V)^2} = 230V$$

Für den Phasenverschiebungswinkel ergibt sich z.B. aus dem Kosinus:

$$\cos\varphi = \frac{R}{Z} = \frac{50}{322{,}21\Omega} = 0{,}155 \qquad \cos\varphi = \frac{U_R}{U_0} = \frac{35{,}7V}{230V} = 0{,}155 \qquad \text{oder} \qquad \varphi = 81{,}08°$$

RL-Reihenschaltung

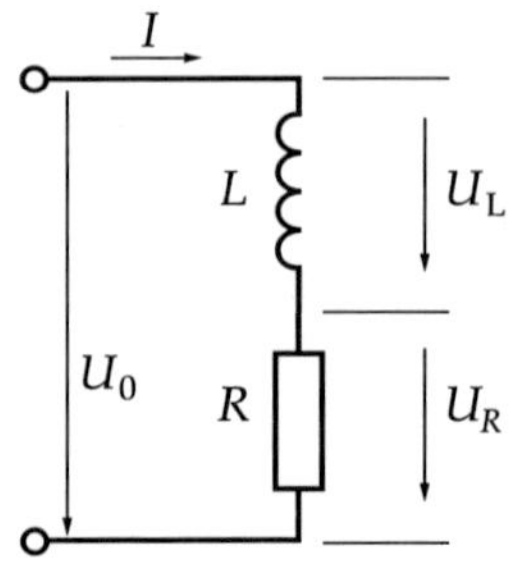

Abb. 81: RL-Reihenschaltung

Wie man sich denken kann, sind die Unterschiede zwischen einer RC-Reihenschaltung und einer RL-Reihenschaltung äußerst gering. Sie beschränken sich auf andere Bezeichnungen und eine Phasenverschiebung in exakt die andere Richtung, so dass sich dementsprechend die Dreiecke als gespiegelt darstellen lassen. Daher möchte ich hier lediglich die Formeln und graphischen Darstellungen noch einmal zusammenzufassen:

Spannungsdreieck:

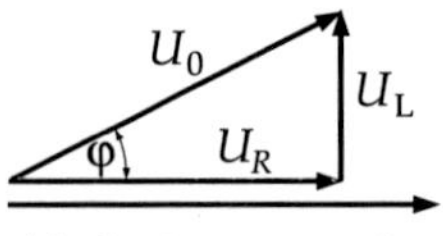

Abb. 82: Spannungsdreieck RL-Reihenschaltung

Die an den einzelnen Bauteilen abfallenden Spannungen werden nicht direkt (wie bei einer Reihenschaltung von Ohmschen Widerständen), sondern geometrisch addiert:

$$U_0^2 = U_R^2 + U_L^2 \qquad \text{also} \qquad U_0 = \sqrt{U_R^2 + U_L^2}$$

Und für den sich ergebenden Gesamt-Phasenverschiebungswinkel erhält man wahlweise:

$$\cos\varphi = \frac{U_R}{U_0} \qquad \sin\varphi = \frac{U_L}{U_0} \qquad \tan\varphi = \frac{U_L}{U_R}$$

Widerstandsdreieck:

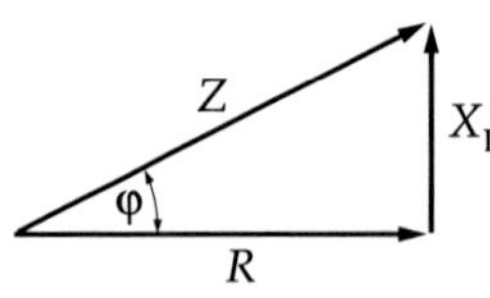

Abb. 83: Widerstandsdreieck RL-Reihenschaltung

Die Teilwiderstände werden nicht wie bei der Reihenschaltung von Ohmschen Widerständen direkt, sondern geometrisch addiert:

$$Z^2 = R^2 + X_L^2 \qquad \text{also} \qquad Z = \sqrt{R^2 + X_L^2}$$

Und für den sich ergebenen Gesamt-Phasenverschiebungswinkel folgt wahlweise:

$$\cos\varphi = \frac{R}{Z} \qquad \sin\varphi = \frac{X_L}{Z} \qquad \tan\varphi = \frac{X_L}{R}$$

2.8.2 Parallelschaltungen

RC-Parallelschaltung

Legt man eine Wechselspannung mit fester Frequenz an eine RC-Parallelschaltung, so stellt man fest, dass Strom fließt. Den Gesetzmäßigkeiten für Parallelschaltungen folgend ist – im Gegensatz zu Reihenschaltungen – die an den Bauteilen anliegende Spannung immer gleich der Versorgungsspannung, und die Gesamtstromstärke teilt sich auf die einzelnen Bauteile auf.

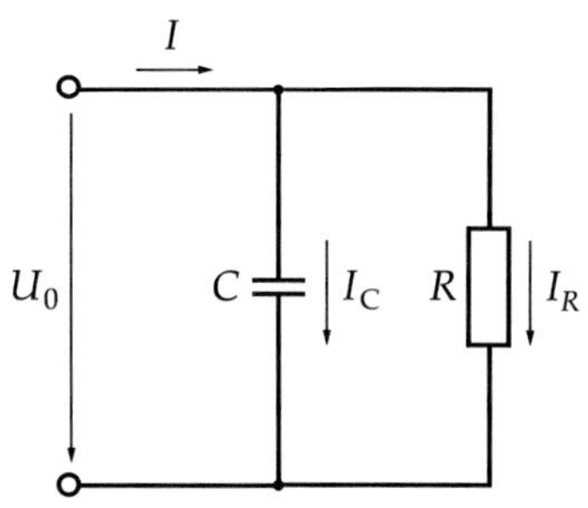

Abb. 84: RC-Parallelschaltung

Entsprechend ist bei Parallelschaltungen die Spannung die Bezugsgröße.

Bezogen auf die Spannung kann man über die Stromstärke folgende Aussagen treffen:

- Am Widerstand R sind Strom I_R und Spannung U_0 in Phase, $\varphi_R = 0°$.
- Am Kondensator C sind Strom I_C und Spannung U_0 um $\varphi_C = 90°$ phasenverschoben.
- An den Anschlüssen der Schaltung sind der Strom I_{gesamt} und die Spannung U_0 um einen Betrag $0 < \varphi_{gesamt} < 90°$ phasenverschoben.

Diese Zusammenhänge lassen sich vektoriell folgendermaßen darstellen:

- Der Stromstärkevektor I_R zeigt in die gleiche Richtung wie der Spannungsvektor U_0.
- Zwischen dem Stromvektor I_C und dem Spannungsvektor U_0 befindet sich ein Winkel von 90°.

Aus der geometrischen Addition dieser beiden Stromstärkevektoren folgt die Lage des Stromvektors I_{gesamt}.

Es ergibt sich folgende vektorielle Darstellung:

Dieses so entstandene Dreieck nennt man das Stromstärkedreieck, oder kurz: Stromdreieck.

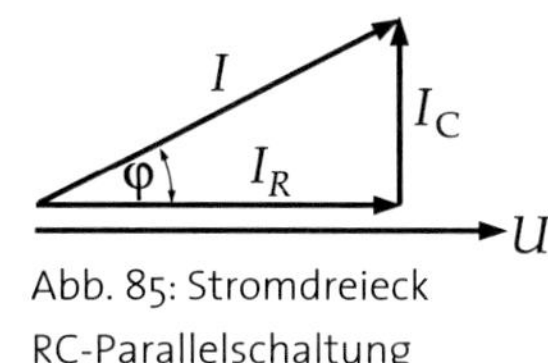

Abb. 85: Stromdreieck RC-Parallelschaltung

Da die Spannung U_0 die konstante Bezugsgröße ist, die an jedem einzelnen Bauteil und auch an den Anschlüssen der Schaltung auftaucht, können wir, gemäß des Ohmschen Gesetzes, die eben betrachteten Stromstärken durch diese dividieren. Daraus erhalten wir die Kehrwerte der Bauteile, denn

$\frac{I}{U} = \frac{1}{R}$ was die Leitwerte der Bauteile beinhaltet.

Ich möchte an dieser Stelle kurz auf die Normbezeichnungen für Leitwerte eingehen, auch wenn es sich in der Praxis durchgesetzt hat, mit den Kehrwerten der Widerstände zu rechnen.
Wirkleitwerte werden mit *G*, Blindleitwerte mit *B* und Scheinleitwerte mit *Y* bezeichnet.

Für den Leitwert *G* des Widerstands *R* gilt: $G = \frac{1}{R} = \frac{I_R}{U_0}$

Für den Blindleitwert B_C des Kondensators *C* gilt: $B_C = \frac{1}{X_C} = \frac{I_C}{U_0}$

Für die gesamte Schaltung gilt: $Y = \frac{1}{Z} = \frac{I_{gesamt}}{U_0}$

Aus diesen Größen ergibt sich das Leitwertdreieck:

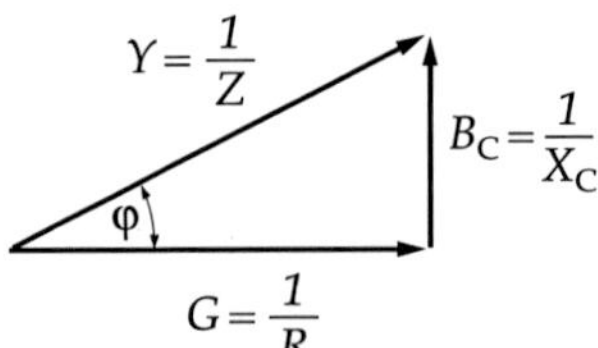

Abb. 86: Leitwertdreieck RC-Parallelschaltung

Aus einer RC-Parallelschaltung erhalten wir ebenfalls zwei rechtwinklige Dreiecke, deren Seitenverhältnisse und Winkel identisch sind:

1. Das Stromdreieck und
2. das Leitwertdreieck.

Stromdreieck:
Die in den einzelnen Zweigen fließenden Ströme werden nicht direkt (wie bei einer Parallelschaltung von Ohmschen Widerständen), sondern geometrisch addiert:

$$I_{gesamt}^2 = I_R^2 + I_C^2 \qquad \text{also} \qquad I_{gesamt} = \sqrt{I_R^2 + I_C^2}$$

Und für den sich ergebenden Gesamt-Phasenverschiebungswinkel erhält man:

$$\cos\varphi = \frac{I_R}{I_{gesamt}} \qquad \sin\varphi = \frac{I_C}{I_{gesamt}} \qquad \tan\varphi = \frac{I_C}{I_R}$$

Leitwertdreieck:
Die Leitwerte werden nicht – wie bei der Parallelschaltung von Ohmschen Widerständen – direkt, sondern geometrisch addiert:

$$\left(\frac{1}{Z}\right)^2 = \left(\frac{1}{R}\right)^2 + \left(\frac{1}{X_C}\right)^2 \qquad \text{also} \qquad \frac{1}{Z} = \sqrt{\left(\frac{1}{R}\right)^2 + \left(\frac{1}{X_C}\right)^2}$$

Oder in der Darstellung mit Leitwerten:

$$Y^2 = G^2 + B_C^2 \qquad \text{also} \qquad Y = \sqrt{G^2 + B_C^2}$$

Und für den sich ergebenden Gesamt-Phasenverschiebungswinkel folgt wahlweise:

$$\cos\varphi = \frac{G}{Y} = \frac{\frac{1}{R}}{\frac{1}{Z}} = \frac{Z}{R} \qquad \sin\varphi = \frac{B_C}{Y} = \frac{\frac{1}{X_C}}{\frac{1}{Z}} = \frac{Z}{X_C} \qquad \tan\varphi = \frac{B_C}{G} = \frac{\frac{1}{X_C}}{\frac{1}{R}} = \frac{R}{X_C}$$

Diese Zusammenhänge lassen sich aufgrund der ähnlichen Dreiecke natürlich beliebig verknüpfen.

Auch für die RC-Parallelschaltung möchte ich ein Beispiel anführen und bediene mich dabei derselben Werte wie bei der RC-Reihenschaltung, um einen Vergleich der unterschiedlichen Auswirkungen zu ermöglichen.

Wir untersuchen eine RC-Parallelschaltung mit $R = 50\ \Omega$ und $C = 10\mu F$, die an einer Wechselspannung $U_0 = 230$ V mit einer Frequenz von $f = 50$ Hz angeschlossen ist.

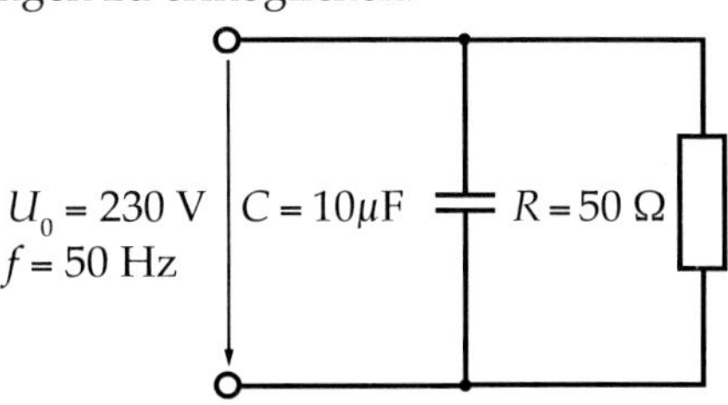

Abb. 87: Beispiel: RC-Parallelschaltung

Zunächst ermitteln wir den kapazitiven Blindwiderstand X_C des Kondensators C:

$$X_c = \frac{1}{2 \cdot \pi \cdot f \cdot C} = \frac{1}{2 \cdot \pi \cdot 50\frac{1}{s} \cdot 10 \cdot 10^{-6}\frac{As}{V}} = 318{,}31\Omega$$

Aus diesem und dem Ohmschen Widerstand R können wir die Impedanz bestimmen:

$$\frac{1}{Z} = \sqrt{\left(\frac{1}{R}\right)^2 + \frac{1}{X_C}^2} = \sqrt{\left(\frac{1}{50\Omega}\right)^2 + \left(\frac{1}{318{,}31\Omega}\right)^2} = 0{,}0202\frac{1}{\Omega} \qquad \text{also} \qquad Z = 49{,}39\Omega$$

Daraus können wir die Gesamtstromstärke I_{gesamt} berechnen:

$$I = \frac{U}{Z} = \frac{230V}{49{,}39\Omega} = 4{,}66A$$

Wir erhalten die Teilstromstärken:

$$I_R = \frac{U_0}{R} = \frac{230V}{50\Omega} = 4{,}6A$$

$$I_C = \frac{U_0}{X_C} = \frac{230V}{318{,}31\Omega} = 0{,}72A$$

Die Probe ergibt: $I_{ges} = \sqrt{I_R^2 + I_C^2} = \sqrt{(4{,}6A)^2 + (0{,}72A)^2} = 4{,}66A$

Für den Phasenverschiebungswinkel erhält man z. B. aus dem Kosinus:

$$\cos\varphi = \frac{Z}{R} = \frac{49{,}39\,\Omega}{50\Omega} = 0{,}988$$

oder $\cos\varphi = \frac{I_R}{I_{gesamt}} = \frac{4{,}6A}{4{,}66A} = 0{,}988$

$$\varphi = 8{,}9°$$

RL-Parallelschaltung

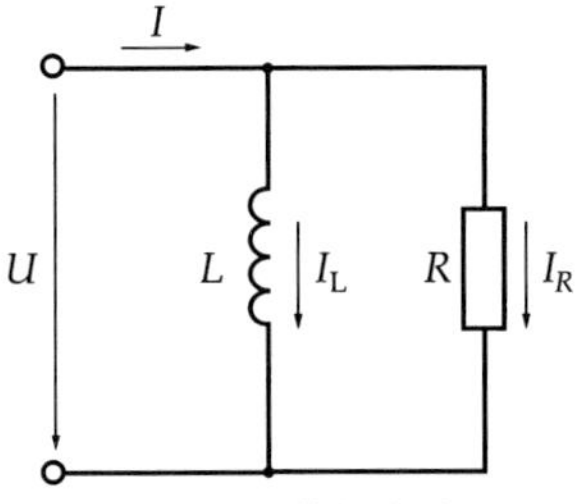

Abb. 88: RL-Parallelschaltung

Die Unterschiede zwischen einer RC-Parallelschaltung und einer RL-Parallelschaltung sind äußerst gering. Sie beschränken sich auf andere Bezeichnungen und eine Phasenverschiebung in exakt die entgegengesetzte Richtung, so dass sich dementsprechend die Dreiecke gespiegelt darstellen.

Hier werden die Formeln und graphischen Darstellungen noch einmal zusammenfassend dargestellt:

Stromdreieck:

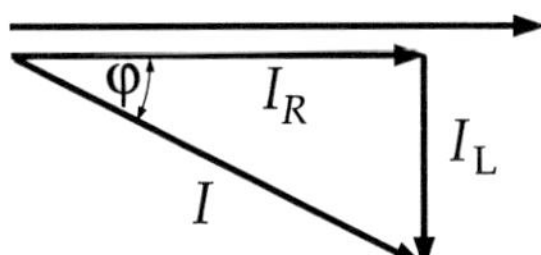

Abb. 89: Stromdreieck RL-Parallelschaltung

Die in den einzelnen Zweigen auftretenden Ströme werden nicht direkt (wie bei einer Parallelschaltung von Ohmschen Widerständen), sondern geometrisch addiert:

$$I_{gesamt}^2 = I_R^2 + I_L^2 \quad \text{also} \quad I_{gesamt} = \sqrt{I_R^2 + I_L^2}$$

Und für den sich ergebenden Gesamt-Phasenverschiebungswinkel erhält man:

$$\cos\varphi = \frac{I_R}{I_{gesamt}} \qquad \sin\varphi = \frac{I_L}{I_{gesamt}} \qquad \tan\varphi = \frac{I_L}{I_R}$$

Leitwertdreieck:

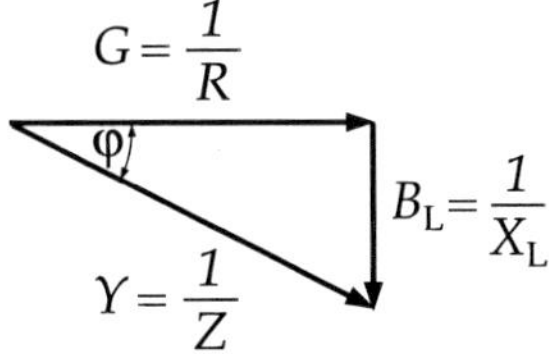

Abb. 90: Leitwertdreieck RL-Parallelschaltung

Die Leitwerte werden nicht – wie bei der Parallelschaltung von Ohmschen Widerständen – direkt, sondern geometrisch addiert:

$$\left(\frac{1}{Z}\right)^2 = \left(\frac{1}{R}\right)^2 + \left(\frac{1}{X_L}\right)^2 \quad \text{also} \quad \frac{1}{Z} = \sqrt{\left(\frac{1}{R}\right)^2 + \left(\frac{1}{X_L}\right)^2}$$

Oder in der Darstellung mit Leitwerten: $Y^2 = G^2 + B_L^2$ also $Y = \sqrt{G^2 + B_L^2}$

Und für den sich ergebenden Gesamt-Phasenverschiebungswinkel folgt wahlweise:

$$\cos\varphi = \frac{G}{Y} = \frac{\frac{1}{R}}{\frac{1}{Z}} = \frac{Z}{R} \qquad \sin\varphi = \frac{B_L}{Y} = \frac{\frac{1}{X_L}}{\frac{1}{Z}} = \frac{Z}{X_L} \qquad \tan\varphi = \frac{B_L}{G} = \frac{\frac{1}{X_L}}{\frac{1}{R}} = \frac{R}{X_L}$$

2.8.3 Filterschaltungen

Wenden wir uns noch einmal für einen kurzen Moment den RC- bzw. RL-Reihenschaltungen zu und beobachten deren Verhalten bei sich ändernden Frequenzen aber gleichbleibender Eingangsspannung.

RC-Hochpass

Eine RC-Reihenschaltung wird auch als RC-Hochpass bezeichnet, wenn sie wie folgt aufgebaut ist:

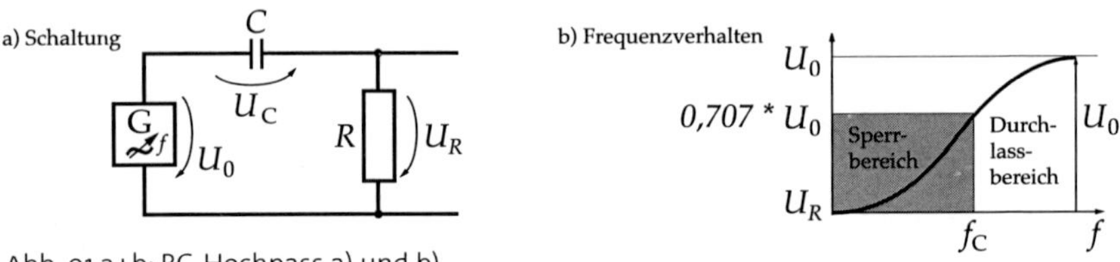

Abb. 91 a+b: RC-Hochpass a) und b)

Wie sich erkennen lässt, haben wir einen (unbelasteten) Spannungsteiler vorliegen, der die Spannungen bei unterschiedlichen Frequenzen unterschiedlich aufteilt. Bei tiefen Frequenzen hat der Kondensator *C* einen großen Blindwiderstand X_C im Verhältnis zum Widerstand *R*, also fällt an ihm auch eine große Spannung U_C ab. Dementsprechend klein ist die Spannung U_R am Widerstand, weil sich bei einer Reihenschaltung die Gesamtspannung auf die Teilspannungen aufteilt. Umgekehrt hat der Kondensator *C* bei hohen Frequenzen einen sehr geringen Blindwiderstand X_C. Also fällt der größte Teil der Eingangsspannung am Widerstand *R* ab.

Da der Kondensator eine Phasenverschiebung bewirkt, können die Teilspannungen nicht direkt, sondern nur geometrisch (mit dem Satz des Pythagoras) addiert werden.

Je nach Frequenz erhalten wir viele unterschiedliche Spannungsdreiecke, die jedoch bei gleichbleibender Eingangsspannung alle dieselbe Hypotenuse haben. Wenn man auf einer gleichbleibenden Hypotenuse beliebig viele rechtwinklige Dreiecke errichtet, liegen die rechten Winkel alle auf einem Halbkreis. In der Mathematik ist diese Besonderheit als der Thaleskreis bekannt.

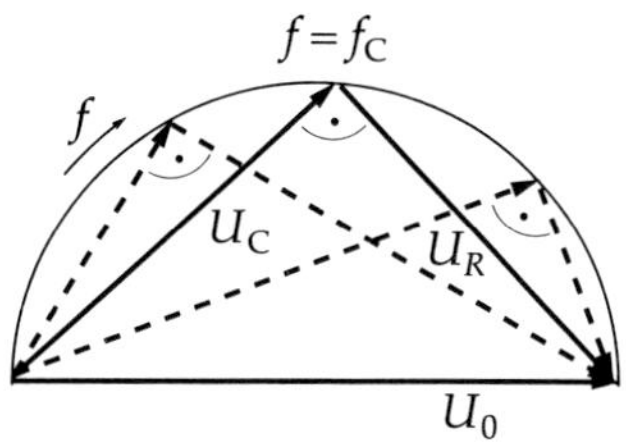

Abb. 92: Thaleskreis

Die Frequenz, bei der die Teilspannungen U_R und U_C gleich groß sind (wir erhalten ein gleichseitiges rechtwinkliges Dreieck), wird Eckfrequenz oder auch Grenzfrequenz f_C genannt. Damit diese beiden Spannungen gleich groß sind, müssen die beiden Widerstände R und X_C ebenfalls gleichwertig sein.

Die Grenzfrequenz lässt sich wie folgt berechnen:

Es gilt: $R = X_C$ und mit $X_C = \frac{1}{2\pi f_C C}$ folgt: $R = \frac{1}{2\pi f_C C}$

Nach f_C umstellen ergibt:

Für die Grenzfrequenz eines RC-Hochpasses gilt: $f_C = \frac{1}{2\pi RC}$

Die Einheit der Grenzfrequenz ist ein Hertz: $\left[f_C\right] = \frac{1}{\Omega \cdot \mathrm{F}} = \frac{1}{\frac{\mathrm{V}}{\mathrm{A}} \cdot \frac{\mathrm{As}}{\mathrm{V}}} = \frac{1}{\mathrm{s}} = 1\mathrm{Hz}$

Die Teilspannungen U_R und U_C bei der Grenzfrequenz f_C ergeben sich zu:

$U_0^2 = U_R^2 + U_C^2$ mit $U_R = U_C = U_{RC}$ folgt: $U_0^2 = U_{RC}^2 + U_{RC}^2 = 2 \cdot U_{RC}^2$

Also $U_0 = \sqrt{2 \cdot U_{RC}^2} = \sqrt{2} \cdot U_{RC}$ und damit $U_{RC} = \frac{U_0}{\sqrt{2}} = 0{,}707 \cdot U_0$

Als Beispiel für einen RC-Hochpass sei an die passive Frequenzweiche von Lautsprechern erinnert. Vor den Hochtöner (fälschlicherweise wird er in der Hobby-Technik als reiner Ohmscher Widerstand R angenommen) wird ein Kondensator in Reihe geschaltet, der die tiefen Frequenzen abblockt und die hohen Frequenzen durchlässt.

RC-Tiefpass

Betrachten wir unseren RC-Hochpass aus einer anderen Perspektive.
Vertauschen wir – bildlich gesprochen – einfach die Anordnung der Bauteile, was elektrisch gesehen keine Auswirkung auf die Schaltung hat, so erhalten wir einen RC-Tiefpass. Der einzige Unterschied zum Hochpass ist, dass wir den Spannungsteiler umdrehen, jetzt also anstatt der Spannung U_R die Spannung U_C weiterverwenden.

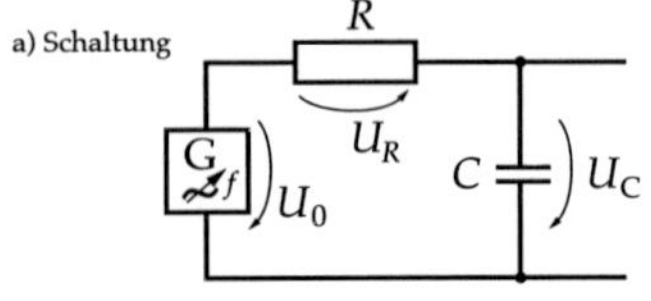

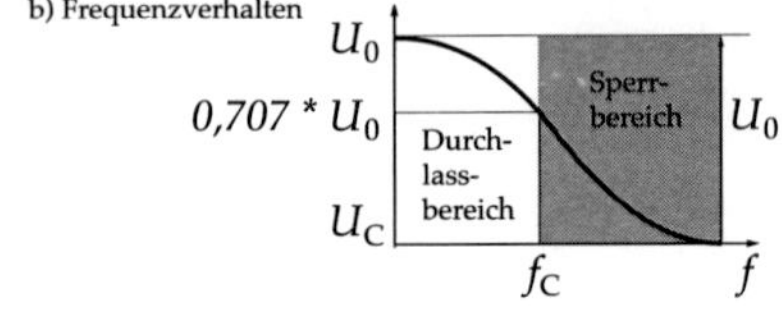

Abb. 93 a+b: RC-Tiefpass a) und b)

Bei Berechnung der Grenzfrequenz oder auch der Spannungen besteht natürlich kein Unterschied zum RC-Hochpass.

Für die Grenzfrequenz eines RC-Tiefpasses gilt: $f_C = \frac{1}{2\pi RC}$

Die Einheit der Grenzfrequenz ist ein Hertz: $\left[f_C\right] = \frac{1}{\Omega \cdot \text{F}} = \frac{1}{\frac{\text{V}}{\text{A}} \cdot \frac{\text{As}}{\text{V}}} = \frac{1}{\text{s}} = 1\text{Hz}$

RL-Tiefpass

Eine RL-Reihenschaltung wird auch als RL-Tiefpass bezeichnet, wenn sie folgendermaßen aufgebaut ist:

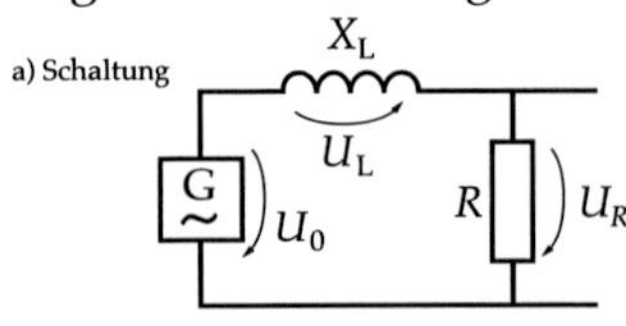

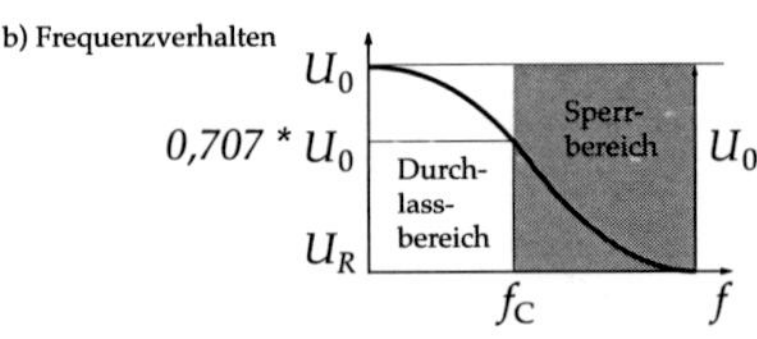

Abb. 94 a+b: RL-Tiefpass a) und b)

Auch hier haben wir einen frequenzabhängigen Spannungsteiler. Der Unterschied zum RC-Tiefpass besteht im genau entgegengesetzten Verhalten. Bei tiefen Frequenzen hat die Spule L einen geringen Blindwiderstand X_L im Verhältnis zum Widerstand *R*, also fällt an der Spule nur eine kleine Spannung U_L ab. Dementsprechend groß ist die Spannung U_R am Widerstand. Umgekehrt hat die Spule *L* bei hohen Frequenzen einen sehr großen Blindwiderstand X_L. Dementsprechend fällt der größte Teil der Eingangsspannung an ihr ab.

Die Frequenz, bei der die Teilspannungen U_R und U_L gleich groß sind, wird Eckfrequenz oder auch Grenzfrequenz f_C genannt. Damit diese beiden Spannungen gleich groß sind, müssen die beiden Widerstände R und X_L ebenfalls gleich groß sein.

Die Grenzfrequenz lässt sich wie folgt berechnen:

Es gilt: $R = X_L$, und mit $X_L = 2\pi f_C L$ folgt: $R = 2\pi f_C L$

Für die Grenzfrequenz eines RL-Tiefpasses gilt: $f_C = \frac{R}{2\pi L}$

Die Einheit der Grenzfrequenz ist ein Hertz: $\left[f_C\right] = \frac{\Omega}{\text{H}} = \frac{\frac{\text{V}}{\text{A}}}{\frac{\text{Vs}}{\text{A}}} = \frac{1}{\text{s}} = 1\text{Hz}$

Die Teilspannungen U_R und U_L bei der Grenzfrequenz f_c ergeben sich zu:

$U_0^2 = U_R^2 + U_L^2$ mit $U_R = U_L = U_{RL}$ folgt: $U_0^2 = U_{RL}^2 + U_{RL}^2 = 2 \cdot U_{RL}^2$.

Also $U_0 = \sqrt{2 \cdot U_{RL}^2} = \sqrt{2} \cdot U_{RL}$, und damit $U_{RL} = \frac{U_0}{\sqrt{2}} = 0{,}707 \cdot U_0$.

Als Beispiel für einen RL-Tiefpass sei wieder an die passive Frequenzweiche erinnert. Vor den Basslautsprecher wird eine Spule in Reihe geschaltet, die die tiefen Frequenzen durchlässt und die hohen Frequenzen abblockt.

RL-Hochpass

Betrachten wir unseren RL-Tiefpass aus der anderen Perspektive, so erhalten wir einen RL-Hochpass. Der einzige Unterschied ist, dass wir den Spannungsteiler umdrehen, jetzt also anstatt der Spannung U_R die Spannung U_L weiterverwenden.

Für die Berechnung der Grenzfrequenz oder auch der Spannungen ergibt sich kein Unterschied zum RL-Tiefpass.

Für die Grenzfrequenz eines RL-Hochpasses gilt: $f_C = \frac{R}{2\pi L}$

Die Einheit der Grenzfrequenz ist ein Hertz: $\left[f_C\right] = \frac{\Omega}{\text{H}} = \frac{\frac{\text{V}}{\text{A}}}{\frac{\text{Vs}}{\text{A}}} = \frac{1}{\text{s}} = 1\text{Hz}$

2.8.4 Schwingkreise

Schwingkreise bestehen aus der Zusammenschaltung von einem Kondensator C, einer Spule L und einem Widerstand R, wobei der Widerstand R auch nur aus dem Ohmschen Anteil der Spule bestehen kann. Legt man an die Parallelschaltung einer Spule und eines Kondensators eine Wechselspannung, so wird der Kondensator aufgeladen und entlädt sich wieder über die Spule. In ihr entsteht daraufhin ein magnetisches Feld. Nach der Lenzschen Regel fließt der Strom in der Spule nach dem Entladen des Kondensators weiter und lädt diesen entgegengesetzt auf. Im nächsten Schritt entlädt sich der Kondensator wieder über die Spule und der Vorgang wiederholt sich.
Die Energie pendelt zwischen dem Kondensator und der Spule hin und her. Erfolgt keine Energiezufuhr mehr durch die angelegte Spannung, wird die Amplitude stetig kleiner, bis die Schwingung schließlich abreißt. Man nennt eine solche schwingfähige Schaltung einen Schwingkreis.

Sind die Frequenz der angelegten Spannung und die Eigenfrequenz des Schwingkreises gleich groß, ist der Schwingkreis in Resonanz. Man nennt Schwingkreise deshalb auch Resonanzkreise, und diese spezielle Frequenz Resonanzfrequenz f_0. Schwingkreise wirken bei Resonanz als Wirkwiderstände. Bei Resonanz ist der induktive Widerstand gleich dem kapazitiven Widerstand. Ein Schwingkreis, dessen Frequenz ein ganzzahliger Teil seiner Eigenfrequenz ist, kann auch durch Impulse in Schwingung versetzt werden, weil in diesen Impulsen eine Oberschwingung enthalten ist, deren Frequenz so groß ist wie die Eigenfrequenz des Schwingkreises.

Bei der Resonanzfrequenz f_0 gilt $X_C = X_L$. Aus diesem Zusammenhang können wir die zur Ermittlung der Resonanzfrequenz f_0 bekannte Formel ableiten:

mit $X_C = \frac{1}{2\pi f_0 C}$ und $X_L = 2\pi f_0 L$ folgt: $\frac{1}{2\pi f_0 C} = 2\pi f_0 L \qquad \frac{1}{4\pi^2 CL} = f_0^2$

Für die Resonanzfrequenz eines Schwingkreises gilt: $f_0 = \frac{1}{2\pi\sqrt{CL}}$

Die Einheit der Resonanzfrequenz ist ein Hertz:

$$[f_C] = \frac{1}{\sqrt{\mathrm{F} \cdot \mathrm{H}}} = \frac{1}{\sqrt{\frac{\mathrm{As}}{\mathrm{V}} \cdot \frac{\mathrm{Vs}}{\mathrm{A}}}} = \frac{1}{\sqrt{\mathrm{s}^2}} = \frac{1}{\mathrm{s}} = 1\,\mathrm{Hz}$$

2.8.5 Reihenschwingkreis

Der Reihenschwingkreis besteht aus der Reihenschaltung von Spule und Kondensator. Die Verluste von Spule (Ohmscher Wicklungswiderstand) und Kondensator werden als Reihenwiderstand dargestellt bzw. mit dem ebenfalls vorhandenen Widerstand in einem Bauteil zusammengefasst, damit es sich bei der Spule und dem Kondensator um ideale Bauteile mit rein kapazitivem bzw. induktivem Verhalten und einem Phasenverschiebungswinkel von 90° handelt. Dies vereinfacht die Berechnung.

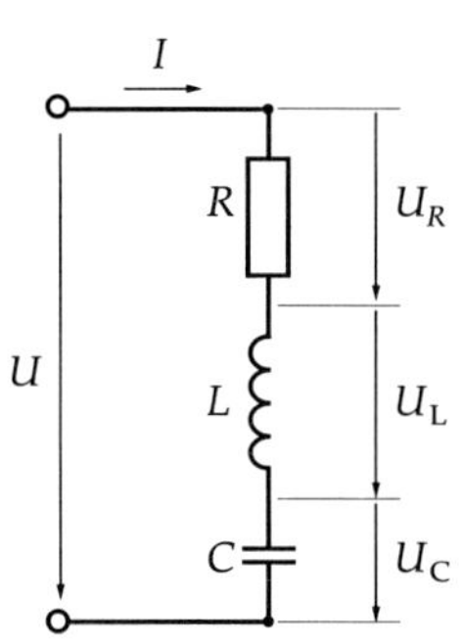

Abb. 95: Reihenschwingkreis

Gemäß den Regeln einer Reihenschaltung fließt überall der gleiche Strom *I*. Die Spannung U_R am Widerstand *R* ist mit diesem Strom *I* in Phase. Die Spannung am Kondensator U_C dagegen eilt dem Strom *I* um 90° nach, während die Spannung an der Spule U_L dem Strom *I* um 90° vorauseilt. Diese beiden Spannungen sind gegeneinander um 180° phasenverschoben. Man kann sie daher direkt voneinander abziehen.
Die geometrische Addition der Teilspannungen ergibt die Gesamtspannung. Die geometrische Addition der Widerstände ergibt die Impedanz.

Die graphische Darstellung der Vektoren sieht also wie folgt aus:

Abb. 96: Spannungen beim Reihenschwingkreis

Abb. 97: Widerstände beim Reihenschwingkreis

Die Spannungen an der Spule und am Kondensator sind bei Resonanz gleich groß. Der Strom hat bei Resonanz seinen Höchstwert. Teilspannungen des Reihenschwingkreises können bei Resonanz erheblich größer sein als die angelegte Spannung. Bei niedrigen Frequenzen liegt die gesamte Spannung am Kondensator, während die Spannung an der Spule 0 beträgt. Bei sehr hohen Frequenzen beträgt die Spannung am Kondensator 0, während die gesamte Spannung an der Spule liegt. Der Höchstwert der Kondensatorspannung tritt etwas unterhalb, der Höchstwert der Spulenspannung etwas oberhalb der Eigenfrequenz auf.

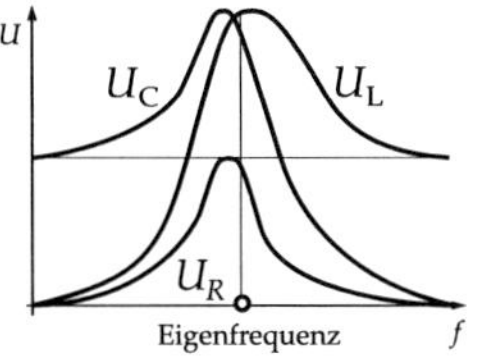

Abb. 98: Spannungsdiagramm Reihenschwingkreis

Der Scheinwiderstand des Reihenschwingkreises ist frequenzabhängig. Bei niedrigen Frequenzen hat der Kondensator einen großen Blindwiderstand. Deshalb hat der Reihenschwingkreis unterhalb der Resonanzfrequenz die Eigenschaften einer RC-Reihenschaltung. Bei hohen Frequenzen hat die Spule einen großen Blindwiderstand. Deshalb wirkt der Reihenschwingkreis oberhalb der Resonanzfrequenz wie eine RL-Reihenschaltung. Bei Resonanz heben sich die Blindwiderstände auf, der Schwingkreis hat dann den kleinsten Widerstand. Er wird deshalb auch als Saugkreis bezeichnet. Der Resonanzwiderstand ist dann nur noch so groß wie der Verlustwiderstand *R*.

Bei Reihenschwingkreisen erreicht bei Resonanz die Stromstärke in der Zuleitung ihren Höchstwert.

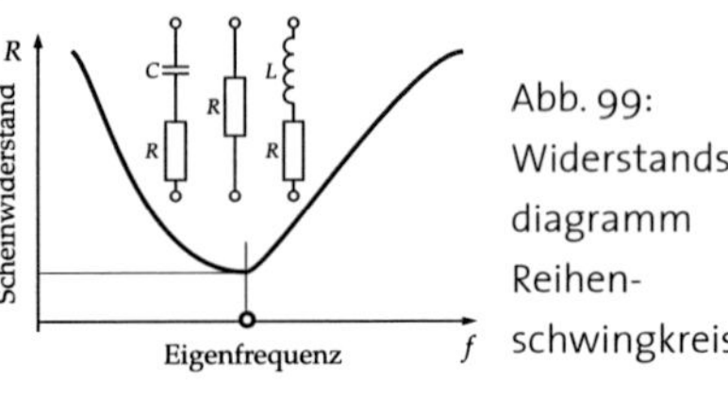

Abb. 99: Widerstandsdiagramm Reihenschwingkreis

Parallelschwingkreis

Beim Parallelschwingkreis sind Spule und Kondensator parallelgeschaltet. Die Verluste des Schwingkreises werden in der Regel durch einen Parallelwiderstand *R* dargestellt.

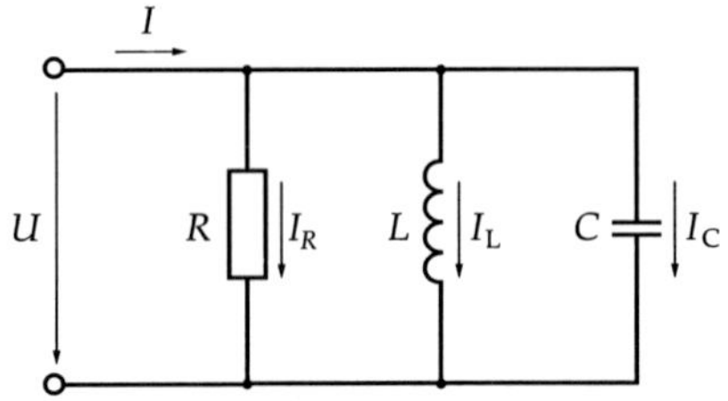

Abb. 100: Parallelschwingkreis

Beim Parallelschwingkreis liegt an allen Bauteilen die gleiche Spannung an. Der Strom durch die Spule eilt dieser Spannung um 90° nach, der Strom durch den Kondensator um 90° voraus. Beide Ströme sind also gegenphasig. Der Strom durch den Widerstand ist mit der angelegten Spannung in Phase. Das Stromzeigerbild entspricht dem Leitwertzeigerbild. Die geometrische Addition der Teilströme ergibt den Gesamtstrom.

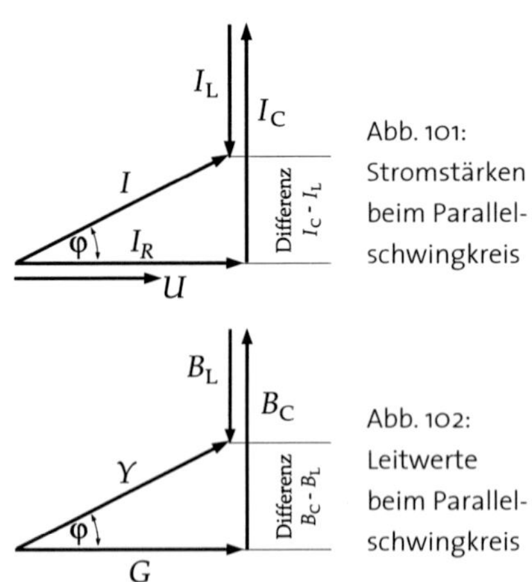

Abb. 101: Stromstärken beim Parallelschwingkreis

Abb. 102: Leitwerte beim Parallelschwingkreis

Unterhalb der Resonanzfrequenz überwiegt der Strom durch die Spule, oberhalb der Resonanzfrequenz ist das Stromaufkommen durch den Kondensator größer. Unterhalb der Resonanzfrequenz hat der Parallelschwingkreis die Eigenschaften einer Parallelschaltung aus einem Wirkwiderstand und einer Spule. Oberhalb der Eigenfrequenz hat er die Eigenschaften einer Parallelschaltung aus einem Kondensator und einem Wirkwiderstand.
Bei Resonanz sind die Stromaufkommen durch Kondensator und Spule gleich groß. Der Strom im Parallelschwingkreis kann bei Resonanz in der Spule und im Kondensator erheblich größer sein als der Gesamtstrom. Im Resonanzfall wird der Gesamtstrom durch den parallelliegenden Widerstand und die angelegte Spannung bestimmt. Der Scheinwiderstand des Parallelschwingkreises ist bei niedrigen und hohen Frequenzen klein. Bei Resonanz hat der Parallelschwingkreis den höchsten Widerstand. Er wird deshalb auch als Sperrkreis bezeichnet. Der Resonanzwiderstand des Parallelschwingkreises ist wie beim Reihenschwingkreis gleich dem Verlustwiderstand *R*.

Bei Parallelschwingkreisen erreicht bei Resonanz die Stromstärke in der Zuleitung den niedrigsten Wert.

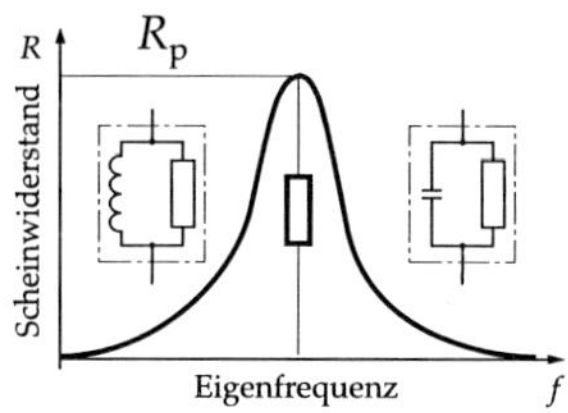

Abb. 103: Widerstandsdiagramm Parallelschwingkreis

2.9 Leistung im Wechselstromkreis

Fassen wir zunächst noch einmal das Strom-Spannungsverhalten der bisher betrachteten Bauteile zusammen:

Widerstand:
- Die Stromstärke *I* (Wirkgröße) wird durch die antreibende Spannung *U* (Ursache) bestimmt.
- Der Spannungsfall *U* (Wirkgröße) wird durch die Stromstärke *I* (Ursache) bestimmt.
- Strom und Spannung liegen an einem Ohmschen Widerstand immer in Phase.

Kondensator/Kapazität:
- Die Stromstärke *I* (Wirkgröße) hängt von der Änderungsgeschwindigkeit (Ursache) der anliegenden Spannung *U* ab.
- Ursachengröße (die Spannung) *U* und Wirkungsgröße *I* sind um 90° phasenverschoben.

Spule/Induktivität:
- Der Spannungsfall *U* (Wirkgröße) hängt von der Änderungsgeschwindigkeit (Ursache) der Stromstärke *I* ab.
- Ursachengröße (die Spannung) *U* und Wirkungsgröße *I* sind um 90° phasenverschoben.

Abgesehen von Ein- oder Ausschaltvorgängen sind die Größen Induktivität bzw. Kapazität in Gleichstromkreisen bedeutungslos, da sich die Kapazität wie ein geöffneter Schalter und die Induktivität wie ein Kurzschluss verhält.

Im Gegensatz dazu haben diese beiden Größen jedoch große Bedeutung im Wechselstromkreis, da sie als frequenzabhängige Widerstände wirksam werden.

2.9.1 Die Leistung beim Ohmschen Widerstand

Betrachten wir zunächst einen Ohmschen Widerstand an Wechselspannung:

Gemäß des Ohmschen Gesetzes gilt, dass Strom und Spannung proportional zueinander sind. Steigt also die Spannung, steigt in gleichem Maße die Stromstärke und umgekehrt.

Liegt keine Spannung an, fließt also auch kein Strom. Multipliziert man Spannung und Stromstärke, so ergibt dies die in einem Widerstand umgesetzte Leistung, bei einer Wechselspannung erhalten wir auch eine sich zeitlich verändernde Leistung.

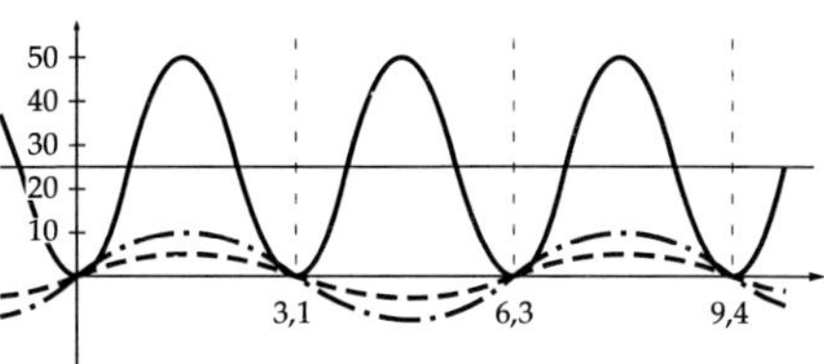

Abb. 104: U-I-P Diagramm vom Widerstand

Die sich aus der Multiplikation ergebende Fläche liegt komplett oberhalb der x-Achse und kann, wie dargestellt, zu einer Gesamtfläche addiert werden. Diese Fläche nimmt mit fortschreitender Zeit zu: Wir erhalten eine Fläche, die der geleisteten Arbeit entspricht. Da diese Arbeit zu 100% in Wärme bzw. mechanische Energie umgewandelt wird, also eine Wirkung erzielt, spricht man von Wirkarbeit und Wirkleistung.

Zusammenfassend lässt sich sagen:
Widerstände im Wechselstromkreis erzeugen Wirkleistung.
Wirkleistung ist die Leistung eines Wechselstroms, die im zeitlichen Mittel aus dem Stromkreis als Wärmeleistung oder mechanische Leistung heraustritt. Die Wirkleistung wird mit P bezeichnet und in der Einheit Watt angegeben.

Oder als Formel: $[P] = 1\text{W}$

2.9.2 Die Leistung beim Kondensator

Wie bereits erwähnt, nennt man das Produkt aus Spannung und Stromstärke Leistung. Offensichtlich erzeugt ein Kondensator an Wechselspannung auch eine Leistung, denn es fließt Strom in den Leitungen zum Kondensator, an dem eine Spannung liegt.
Allerdings besteht bei diesen beiden Größen eine Phasenverschiebung um 90°. Wenden wir das graphische Verfahren auf einen Kondensator an Wechselspannung an:

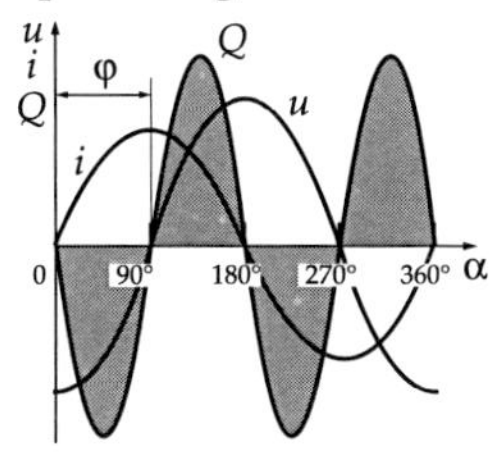

Abb. 105: U-I-Q Diagramm vom Kondensator

Wie man deutlich erkennen kann, entsteht eine Fläche; diese liegt jedoch zu gleichen Teilen ober- und unterhalb der x-Achse. Bei dem Versuch, die Flächen zu addieren, stellt man fest, dass sich die Teile immer wieder gegenseitig aufheben. Man erhält also nie eine Gesamtfläche, unabhängig davon, wie lange man wartet. Es wird also keine Arbeit verrichtet, obwohl eine Leistung zu berechnen ist.

Die Richtung des Energieflusses ändert sich periodisch. In den Zeitabschnitten positiver Leistungswerte fließt den Blindwiderständen elektrische Energie zu. Während der Zeitabschnitte negativer Leistungswerte wird die Energie von den Blindwiderständen an die Stromquelle zurückgeführt. Damit tritt keine Energie aus dem Stromkreis aus. Es wird keine Wärme abgegeben und es ist auch keine andere der fünf Wirkungen des elektrischen Stroms erkennbar. Es ergibt sich also keine Wirkleistung. Diesen Ablauf nennt man Blindleistung.

Kondensatoren im Wechselstromkreis erzeugen Blindleistung. Blindleistung ist diejenige Leistung, die im Wechselstromkreis zwischen der Stromquelle und dem Kondensator hin- und herpendelt und in letztgenanntem kurzzeitig im elektrischen Feld gespeichert wird.

Die kapazitive Blindleistung wird mit Q_C bezeichnet und in der Einheit var (Volt Ampere reaktiv) angegeben.

Oder als Formel: $[Q_C] = 1\text{var}$

2.9.3 Die Leistung bei einer Spule

Bis auf die Tatsache, dass die Phasenlage bei einer Spule gegenüber derjenigen des Kondensators entgegengesetzt verläuft, dass nämlich der Strom um 90° nacheilt statt voreilt, kann man aus der Phasenverschiebung dasselbe wie beim Kondensator ableiten:
Bei einer idealen Spule existiert keine Wirkleistung.

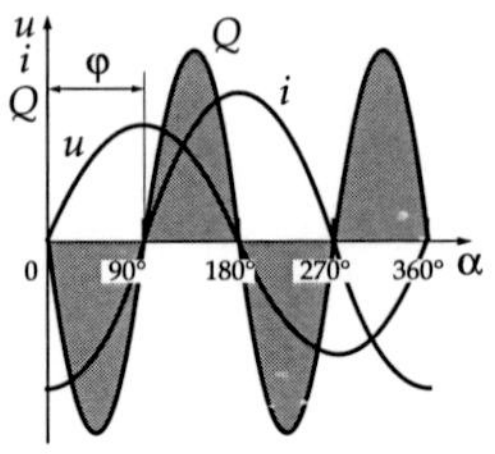

Abb. 106: U-I-Q Diagramm von der Spule

Wenden wir uns einen Moment der Realität zu:
Da Spulen aus gewickeltem Draht hergestellt werden, kann man in der Praxis den – wenngleich sehr geringen – Ohmschen Widerstand des Drahtes nicht vernachlässigen. Wir wissen bereits, dass sobald Strom in einem Leiter fließt, an ihm eine Spannung abfällt und der Draht erwärmt wird. Dabei entsteht Wirkleistung.
Daher müssen wir bei einer realen Spule immer von einer Reihenschaltung eines Ohmschen Widerstandes R und einer idealen Spule L ausgehen.

Dies führt nach den besprochen Grundsätzen zwangsläufig dazu, dass der Phasenverschiebungswinkel bei realen Spulen kleiner als 90° ist.

Daraus folgt:
Ideale Spulen im Wechselstromkreis erzeugen Blindleistung.

Blindleistung ist die Leistung, die im Wechselstromkreis zwischen der Stromquelle und Spule hin- und herpendelt und in dieser kurzzeitig im magnetischen Feld gespeichert wird.

Die induktive Blindleistung wird mit Q_L bezeichnet und in der Einheit var (Volt Ampere reaktiv) angegeben.

Oder als Formel: $[Q_L] = 1\text{var}$

2.9.4 Die Leistung bei gemischten Schaltungen

Betrachten wir nun – wie oben bereits angedeutet – eine reale Spule, so wissen wir, dass sie sowohl aus dem induktiven Blindwiderstand als auch dem Ohmschen Widerstand besteht. Der Phasenverschiebungswinkel muss demnach kleiner als 90° sein.

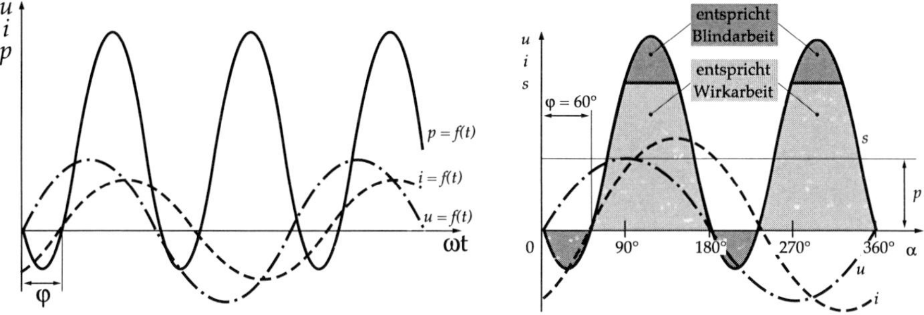

Abb. 107: U-I-S Diagramm von gemischten Schaltungen

Die Leistungskurve ist dann in Richtung der Y-Achse so verschoben, dass die im positiven Bereich liegenden Halbwellen größer als die negativen sind. Der Spule wird ein größerer Energiebetrag zugeführt, der sich aus Wirk- und Blindleistung zusammensetzt. Diese als Gesamtleistung anzusehende Größe wird als Scheinleistung S bezeichnet, weil es so scheint, als nehme die entsprechende Schaltung diese Leistung auf und – außerdem – weil sie aus der Versorgungsspannung und dem fließenden Strom direkt ermittelt werden kann.

Die Gesamtleistung einer Schaltung, die phasenverschiebende Bauteile enthält, wird Scheinleistung S genannt. Sie ist das Produkt aus den Effektivwerten von Strom und Spannung.

$$S = U \cdot I$$

Die Scheinleistung wird in der Einheit VA (Volt Ampere) angegeben.

Oder als Formel: $[S] = 1\mathrm{VA}$

Wenn wir uns an die RC/RL-Reihen- bzw. Parallelschaltungen erinnern, kommen uns sofort wieder die besprochenen Dreiecke in den Sinn.

	Reihenschaltung	**Parallelschaltung**
Bezugsgröße	**Stromstärke *I***	**Spannung *U***
	Widerstandsdreieck $Z^2 = R^2 + X^2_{C/L}$	Leitwertdreieck $Y^2 = G^2 + B^2_{C/L}$
Multipliziert mit der Bezugsgröße folgt daraus:	$R \cdot I = U$ (allgemein)	$G \cdot U = I$ (allgemein)
	Spannungsdreieck $U_0^2 = U_R^2 + U^2_{C/L}$	Stromdreieck $I^2_{Gesamt} = I_R^2 + I^2_{C/L}$
Multipliziert mit der Bezugsgröße folgt daraus:	$U \cdot I = P$ (allgemein)	$I \cdot U = P$ (allgemein)
	Leistungsdreieck $S^2 = P^2 + Q^2_{C/L}$	Leistungsdreieck $S^2 = P^2 + Q^2_{C/L}$

Tab. 12: Tabelle Übersicht Dreiecke in der Reihen- bzw. Parallelschaltung

Wir stellen fest, dass sich bei beiden Schaltungen jeweils noch ein drittes Dreieck ergibt, das Leistungsdreieck.

Die Scheinleistung ergibt sich ebenfalls aus der geometrischen Summe von Wirkleistung und Blindleistung.

Unabhängig davon, ob wir eine Reihen- oder Parallelschaltung haben, entsteht also immer auch das Leistungsdreieck.

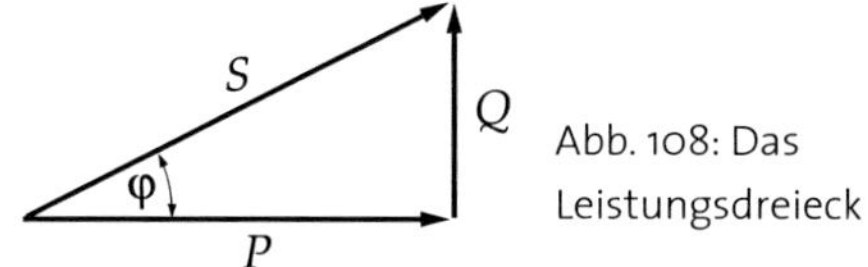

Abb. 108: Das Leistungsdreieck

Und auch in diesem Dreieck taucht natürlich wieder unser Phasenverschiebungswinkel φ auf. An dem Leistungsdreieck lässt sich erkennen, wie sinnvoll eine Schaltung arbeitet, d.h. wie viel von der aus dem Netz aufgenommenen Scheinleistung tatsächlich in Wirkleistung umgesetzt wird.

Dieses Verhältnis $\frac{P}{S}$ wird (Wirk-)Leistungsfaktor (engl. Powerfactor) genannt. Bei der Betrachtung des Dreiecks vor dem Hintergrund des Gesagten zur Trigonometrie fällt auf, dass es sich bei der Scheinleistung um die Hypotenuse und bei der Wirkleistung um die Ankathete bezogen auf unseren Phasenverschiebungswinkel φ handelt. Deshalb nennt man den Leistungsfaktor auch schlicht cos φ.

Das Verhältnis von Wirkleistung und Scheinleistung wird als Leistungsfaktor bezeichnet.

$$\frac{P}{S} = \cos\varphi$$

Kapitel 3

Elektrische Maschinen

3.1 Einleitung

Elektrische Maschinen dienen der Erzeugung und Übertragung von elektrischer Energie sowie der Umwandlung in mechanische Energie.

Sie sind definiert als Energiewandler, bei denen die Umwandlung durch die Kopplung zweier elektrischer Kreise über einen magnetischen Kreis erfolgt.

Elektrische Maschinen werden in ruhende und sich bewegende Maschinen unterteilt. Bei den umlaufenden (sich drehenden) Maschinen unterscheiden wir wiederum Generatoren und Motoren.

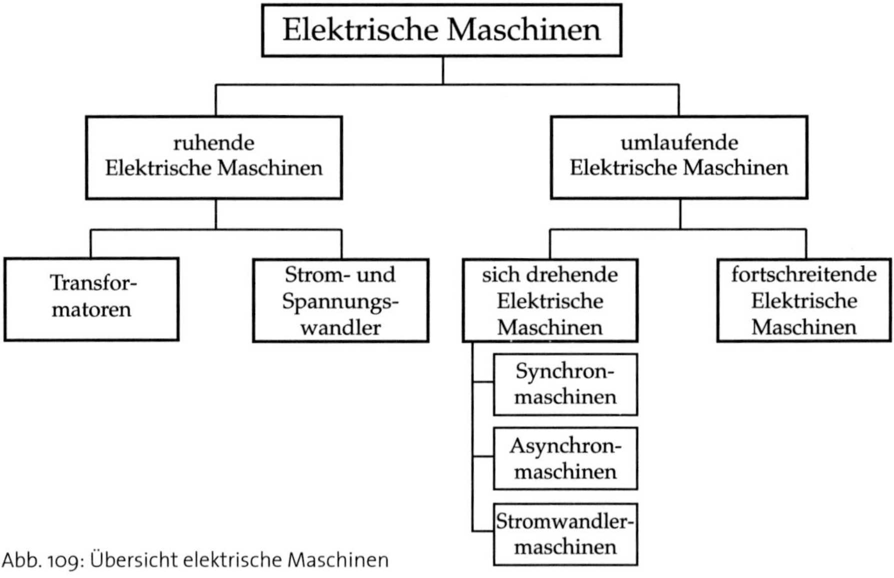

Abb. 109: Übersicht elektrische Maschinen

Ich werde in diesem Teil des Buches nur praxisrelevante und für die Veranstaltungstechnik interessante Aspekte behandeln. Strom- und Spannungswandler werden ebenso wenig behandelt wie fortschreitende Maschinen.

3.2 Umlaufende elektrische Maschinen

Ich werde mich zunächst mit den umlaufenden Maschinen befassen. Grob lassen sich zwei Gruppen unterscheiden:

1. Elektrische Maschinen, die elektrische Energie in mechanische Energie umwandeln (Motoren) und

2. Elektrische Maschinen, die mechanische Energie in elektrische Energie umwandeln (Generatoren).

Wie in der Einleitung bereits angemerkt, wird die magnetische Wirkung des elektrischen Stroms genutzt, um diese Umwandlung zu vollziehen. Wir müssen uns zunächst erneut dem magnetischen Feld zuwenden und einige Grundlagen aus Kapitel 2.7 vertiefen bzw. zwei weitere bisher noch nicht direkt behandelte physikalische Gesetze einführen:

· Das Kraftwirkungsgesetz im magnetischen Feld
· Das Induktionsgesetz der Bewegung

Beide Gesetze wirken in einer umlaufenden elektrischen Maschine immer gleichzeitig.

Zunächst möchte ich einige Grundlagen wiederholen und vertiefen:

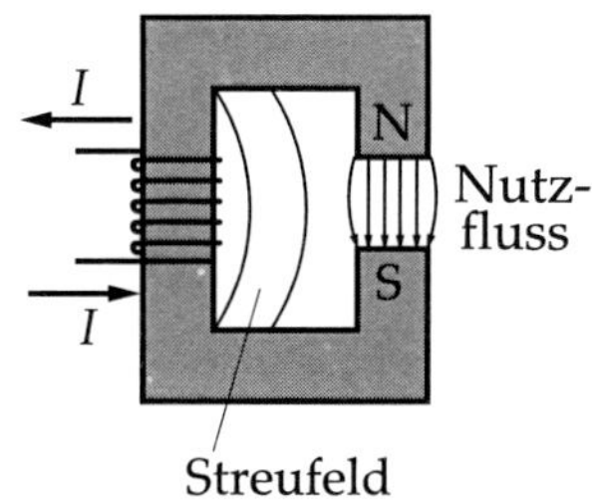

Abb. 110: Der magnetische Kreis

Wenn das Innere einer Spule aus Luft besteht, ist der magnetische Fluss sehr gering. Um ihn zu verstärken, ohne mehr Wicklungen aufbringen oder die Stromstärke erhöhen zu müssen, füllt man das Innere mit Werkstoffen, die als Ferromagnetika bezeichnet werden (Eisen, Kobalt, Nickel). Die Kombination von Spule und Eisenkern nennt man Elektromagnet. Er unterscheidet sich von einem Dauermagnet dadurch, dass bei Abschaltung des elektrischen Stroms das Magnetfeld bis auf einen kleinen Restmagnetismus verloren geht (Remanenz). Die wesentlichen Bauteile elektrischer Maschinen bestehen aus Eisen. Durch eine gewisse Formgebung des Eisenkerns kann das magnetische Feld in bestimmte Bahnen geleitet werden. Diesen Verlauf bezeichnet man als magnetischen Kreis.

3.2.1 Das Kraftwirkungsgesetz

Auf einen elektrischen Leiter, der von einem Strom *I* durchflossen wird und der sich in einem magnetischen Feld der Flussdichte *B* befindet, wird eine Kraft *F* ausgeübt, solange der Strom und die magnetischen Feldlinien nicht die gleiche Richtung haben. Diese Kraft wirkt immer senkrecht zum Magnetfeld und zum Leiter.

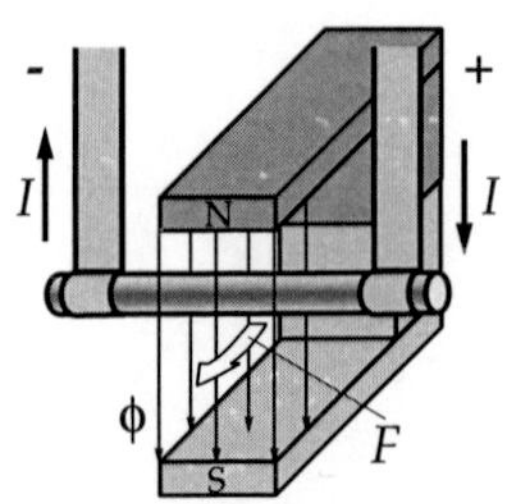

Abb. 111: Das Kraftwirkungsgesetz

Diese Bewegung resultiert daraus, dass sich die beiden magnetischen Felder (das des stromdurchflossenen Leiters und das, in dem er sich befindet) gegenseitig beeinflussen und ein gemeinsames resultierendes Feld aufbauen.

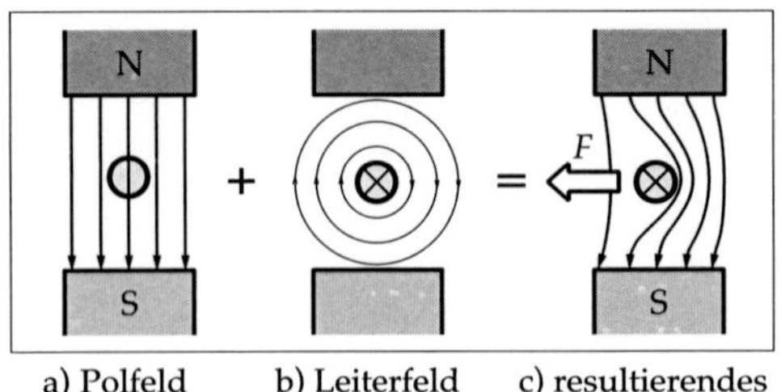

a) Polfeld b) Leiterfeld c) resultierendes Feld

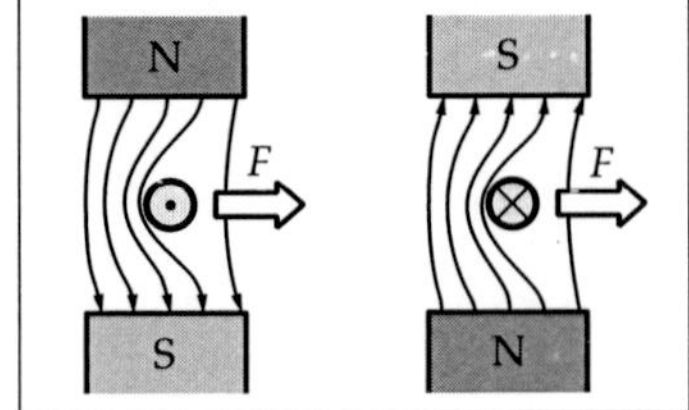

umgekehrte Stromrichtung Pole und Stromrichtung vertauscht

Abb. 112 a+b: Entstehung der Bewegung a) und b)

Die größte Kraft wird genau dann erzielt, wenn der stromdurchflossene Leiter und die magnetischen Feldlinien senkrecht aufeinander stehen. Diese Ablenkkraft wird Lorentzkraft genannt.
Wirken mehrere Leiter gemeinsam, z.B. wenn sich eine Spule im Magnetfeld befindet, so erhöht sich die Kraft mit der Anzahl *z* der stromdurchflossenen Leiter im Magnetfeld.
Die Lorentzkraft *F* entsteht an einem stromdurchflossenen Leiter, der sich in einem Magnetfeld befindet.
Sie ergibt sich aus der wirksamen Länge *l* des elektrischen Leiters im Magnetfeld *B*, der Anzahl der Leiter z und der Stromstärke *I*:

$$F = B \cdot I \cdot l \cdot z = \frac{\Phi}{A} \cdot I \cdot l \cdot z$$

Die Einheit der Lorentzkraft ist Newton: $[F] = \frac{\text{Vs}}{\text{m}^2} \cdot \text{A} \cdot \text{m} = \frac{\text{VAs}}{\text{m}} = \frac{\text{Ws}}{\text{m}} = \frac{\text{Nm}}{\text{m}} = \text{N}$

Die resultierende Kraft ist senkrecht zum Leiter und zu den Feldlinien gerichtet.

Man spricht auch von der „Rechten-Hand-Regel" oder der „Drei-Finger-Regel":

Zeigt der Daumen in Richtung des Stroms und der Zeigefinger in Richtung der Feldlinien, so zeigt der Mittelfinger die Richtung der Kraft an.

Diese Kraft wird bei Motoren genutzt, um das antreibende Drehmoment zu erzeugen. Daher nennt man diese physikalische Erscheinung das Motorprinzip.

Das Motorprinzip:
Stromdurchflossene Leiter im Magnetfeld erzeugen Bewegung.

3.2.2 Das Induktionsgesetz (Induktion der Bewegung)

Im Kapitel 2.7 haben wir bereits festgestellt, dass in Spulen Spannungen induziert werden, wenn sie sich in einem sich ändernden Magnetfeld befinden. Eine Magnetfeldänderung bezogen auf die Spule bzw. ganz allgemein auf einen Leiter kann natürlich auch durch die Bewegung eines Leiters in einem konstanten Magnetfeld herbeigeführt werden.

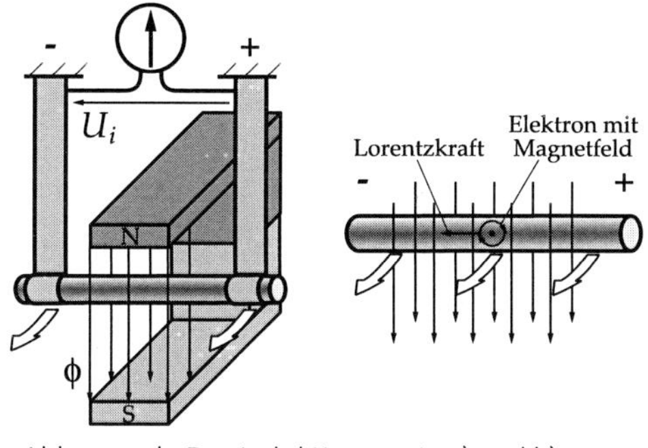

Abb. 113 a+b: Das Induktinsgesetz a) und b)

In einem elektrischen Leiter, der in einem Magnetfeld bewegt wird, entsteht eine Spannung U_i. Diesen Vorgang nennt man Induktion durch Bewegung. Bedingung für eine Induktion ist, dass die Bewegung nicht in Richtung der magnetischen Feldlinien verläuft. Die maximale Wirkung wird auch hier wiederum erreicht, wenn die Bewegung mit der Geschwindigkeit v rechtwinklig zu den Feldlinien mit der Flussdichte B verläuft und der Leiter im rechten Winkel zu der Bewegung und den Feldlinien ausgerichtet ist.

$$U_i = B \cdot v \cdot l$$

l ist auch hier wieder die wirksame Länge des elektrischen Leiters im Magnetfeld.

Das Induktionsgesetz der Bewegung:
Eine Induktionsspannung U_i entsteht an einem Leiter, der in einem Magnetfeld bewegt wird. Sie ergibt sich aus der wirksamen Länge l des elektrischen Leiters im Magnetfeld B, der Anzahl der Leiter z und der Geschwindigkeit v des Leiters:

$$U_i = B \cdot v \cdot l \cdot z = \frac{\Phi}{A} \cdot v \cdot l \cdot z$$

Die Einheit der Induktionsspannung ist Volt: $\left[U_i\right] = \frac{\mathrm{Vs}}{\mathrm{m}^2} \cdot \frac{\mathrm{m}}{\mathrm{s}} \cdot \mathrm{m} = \frac{\mathrm{Vsm}^2}{\mathrm{m}^2\mathrm{s}} = \mathrm{V}$

Diese physikalische Erscheinung wird bei Generatoren genutzt, um aus dem antreibenden Drehmoment eine Spannung zu erzeugen. Daher nennt man sie das Generatorprinzip.

Das Generatorprinzip:
Bewegung eines Leiters im Magnetfeld erzeugt eine Spannung.

Die im Leiter induzierte Spannung erzeugt in einem geschlossenen Stromkreis einen Strom. Dieser ruft um den Leiter ein Magnetfeld hervor, das den äußeren Magnetfluss beeinflusst. Das Magnetfeld (in Bewegungsrichtung betrachtet) vor dem Leiter wird verstärkt und dasjenige hinter ihm geschwächt. Als Folge wird der Leiter gebremst. Die Bremswirkung steigt mit zunehmender Stromstärke, woraus sich die in der Praxis gewonnene Erkenntnis erklärt, dass (über-) belastete Generatoren „in die Knie“ gehen.

3.2.3 Das Generatorprinzip

Generatoren sind elektrische Maschinen, die aus einer (mechanischen) Drehbewegung elektrische Energie erzeugen.

Generatoren können auf zwei Arten realisiert werden:

1. Bei einer Innenpolmaschine wird durch die Drehung eines Magneten (Permanentmagnet oder Elektromagnet) in einer Spule in derselben eine Spannung erzeugt.

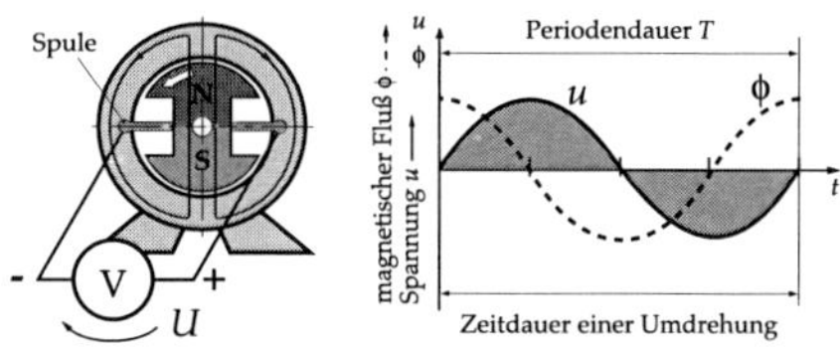

Abb. 114 a+b: Innenpolmaschine a) und b)

2. Bei einer Außenpolmaschine steht der Magnet (Permanentmagnet oder Elektromagnet) fest, und in dem Magnetfeld wird eine Spule gedreht und so eine Spannung induziert.

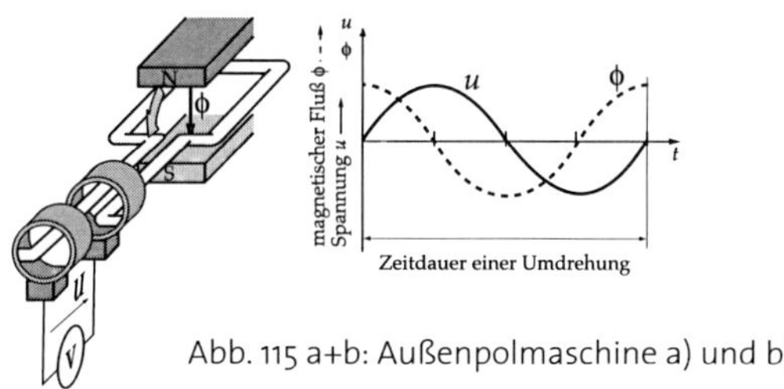

Abb. 115 a+b: Außenpolmaschine a) und b)

In der Energietechnik werden aus konstruktiven Gründen (die erzeugte Spannung kann an festen Klemmen ohne Schleifkontakte oder Ähnliches abgenommen werden) hauptsächlich Innenpolmaschinen mit Elektromagneten zum Erzeugen des Magnetfeldes verwendet. Dieses Magnetfeld wird mit Gleichstrom erzeugt (erregt). Die dafür notwendige Erregerleistung wird entweder von einer externen Quelle (Akku, Batterie ...) bezogen – das nennt man dann Fremderregung – oder sie wird vom Generator selbst erzeugt, das wäre dann die Selbsterregung.

Beim Starten eines selbsterregten Generators wirkt zunächst nur das kleine Restmagnetfelds des Eisenkerns (Remanenzfeld) auf den Läufer. Wenn der Läufer bewegt wird, wird in ihm eine kleine Spannung erzeugt. Verbindet man nun die Läuferwicklung mit der Erregerwicklung, so dass der von dieser kleinen Spannung erzeugte Stromfluss das Magnetfeld verstärkt, so wird auch wieder die im Läufer erzeugte Spannung größer und der Kreislauf beginnt von neuem. Er endet, wenn irgendwann die vollständige Magnetisierung des Eisenkerns bzw. des magnetischen Kreises erreicht ist (Sättigung).

Erzeugung sinusförmiger Wechselspannung

Durch die relative Drehbewegung zwischen Leiterschlaufe und Magnetfeld wird in dem Draht nach dem nachfolgend skizziertem Schema eine Spannung induziert.

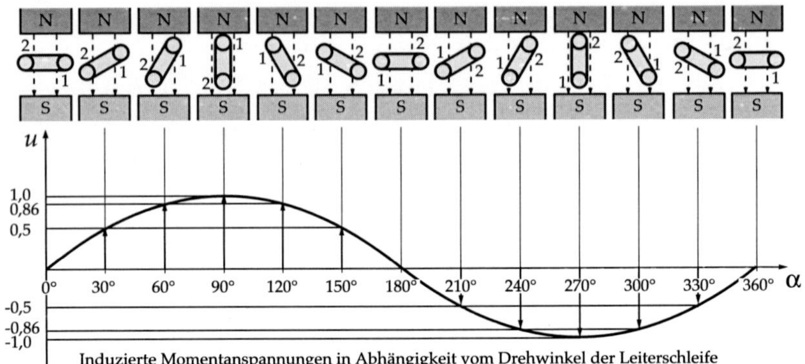

Abb. 116: Erzeugung sinusförmiger Wechselspannungen

Bei einer gleichförmigen Drehbewegung entsteht gewissermaßen automatisch unsere sinusförmige Wechselspannung. Man erkennt, dass eine vollständige Umdrehung (360°) eine Periode einer Sinuskurve zur Folge hat. Da die Generatoren, die unsere Netzspannung erzeugen, mit einer konstanten Geschwindigkeit von 3000 Umdrehungen pro Minute (entspricht 50 Umdrehungen pro Sekunde) drehen, ergibt sich die Frequenz von 50 Hz.

3.2.4 Dreiphasenwechselspannung

Die Erzeugung von Dreiphasenwechselspannung unterscheidet sich von der Erzeugung der Wechselspannung nur dadurch, dass anstatt einer Spule drei identische Spulen im Magnetfeld angeordnet sind. Diese sind konstruktionsbedingt um jeweils 120° (ein Drittel des Kreises) räumlich versetzt.

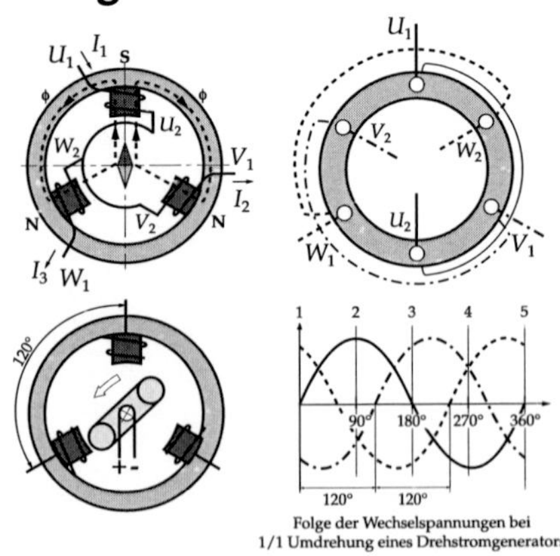

Abb. 117 a-d: Erzeugung Dreiphasenwechselspannung a) bis d)

An jeder der drei Spulen entsteht eine sinusförmige Wechselspannung. Allerdings sind diese drei Spannungen aufgrund des räumlichen Versatzes der erzeugenden Spulen gegeneinander auch um 120° phasenverschoben.

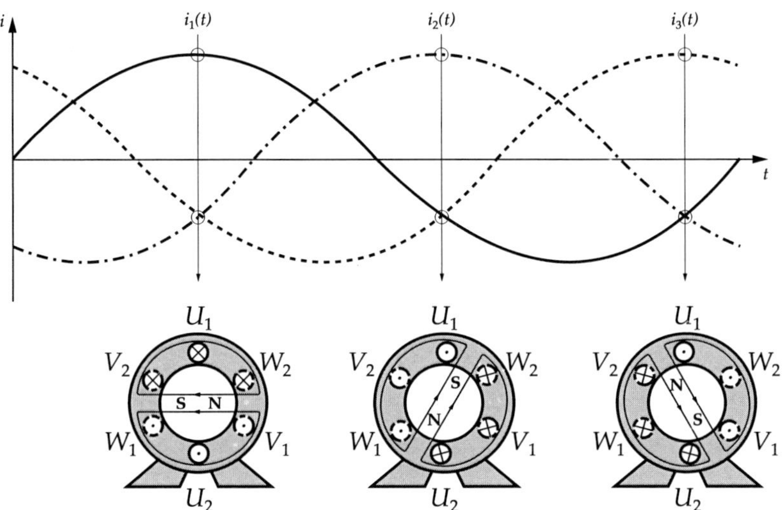

Abb. 118: Darstellung 120° Phasenverschiebung

Die Besonderheit der Dreiphasenwechselspannung besteht darin, dass zu jedem Zeitpunkt die Summe der Augenblickswerte der Spannungen gleich Null ist:

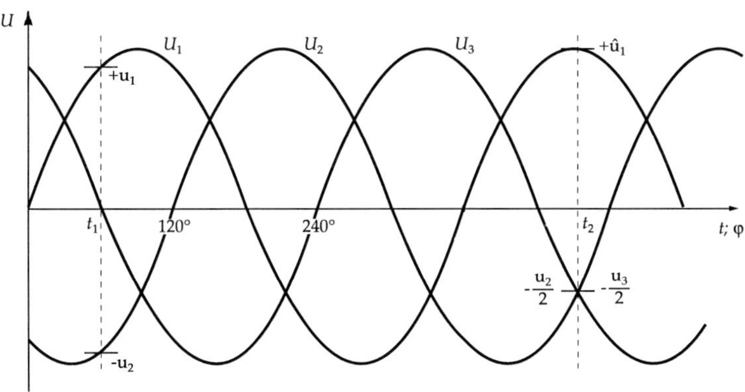

Abb. 119: Darstellung Spannungssumme bei 120° Phasenverschiebung

Zum Zeitpunkt t_1 gilt: $+u_1 + (-u_2) + 0 = 0$

Zum Zeitpunkt t_2 gilt: $+u_1 + \frac{-u_2}{2} + \frac{-u_3}{2} = 0$

Die drei Spulen oder Stränge des Generators können als Stromquellen drei voneinander unabhängige Stromkreise einspeisen. Es entsteht ein so genanntes offenes Dreiphasensystem, das aufgrund der Leiterzahl sehr materialaufwändig ist (sechs Anschlussleitungen).
Aufgrund der eben angesprochenen Tatsache, dass die Summe der Augenblickswerte der Spannungen zu jedem Zeitpunkt Null ist, kann man die spannungsführenden Spulen des Generators zusammenschalten, ohne dass ein Kurzschluss entsteht.
Man verwendet die folgenden zwei Verkettungsschaltungen:

Sternschaltung

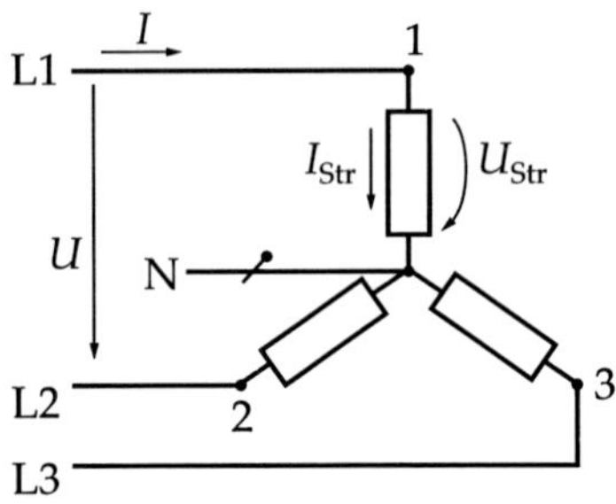

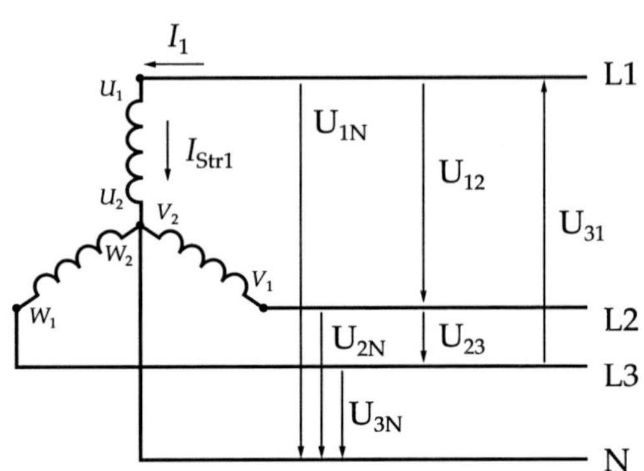

Abb. 120 a+b: Sternschaltung a) und b)

Bei der Sternschaltung sind drei Enden der Spulen (Stränge) zu einem Punkt, dem Sternpunkt, miteinander verbunden. Im Vergleich zum offenen Dreiphasensystem reduziert sich durch die Verkettung der drei Induktionsstränge der Materialaufwand. Es entsteht mit den drei Außenleitern L_1, L_2, L_3 und dem Neutralleiter N ein Vierleiternetz.

Darin sind die drei um 120° phasenverschobenen Strangspannungen U_{Str1}, U_{Str2}, U_{Str3} und die drei ebenfalls um 120° phasenverschobenen Leiterspannungen U_{12}, U_{23}, U_{31} wirksam.

Die im Vergleich zu den Strangspannungen größeren Leiterspannungen ergeben sich aus der geometrische Summe zweier Strangspannungen.

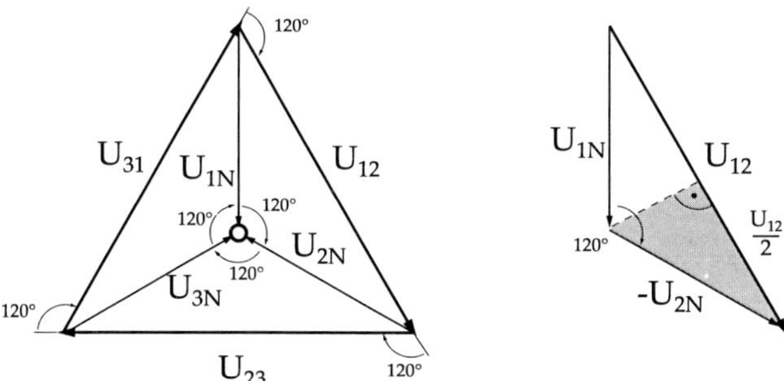

Abb. 121 a+b: Spannungen bei der Sternschaltung a) und b)

Aus der Darstellung von zwei Strangspannungen ergeben sich zwei identische rechtwinklige Dreiecke. Wir können also die trigonometrischen Funktionen heranziehen, um den Zusammenhang zwischen Strangspannung und Außenleiterspannung zu ermitteln.

Aus dem rechtwinkligem Dreieck folgt:

$$\cos 30° = \frac{\frac{U_{12}}{2}}{U_{Str}} \quad \text{also} \quad \frac{U_{12}}{2} = \cos 30° \cdot U_{Str}$$

Nun suchen wir nicht $\frac{U_{12}}{2}$, sondern U_{12}, also $U_{12} = 2 \cdot \cos 30° \cdot U_{Str}$

Und wie wir wissen (oder berechnen können) ist

$$2 \cdot \cos 30° = \sqrt{3} = 1{,}732$$

Demnach ist die Außenleiterspannung in einer Sternschaltung immer um den Faktor $\sqrt{3}$ höher als die Strangspannung.

Diesen Faktor nennt man den Verkettungsfaktor.

Wenn man nun einen Blick auf die auftretenden Ströme wirft, lässt sich feststellen, dass die in den Außenleitern fließenden Belastungsströme auch durch die jeweiligen Stränge fließen.

In der Sternschaltung (Vierleitersystem) stehen zwei unterschiedlich hohe Spannungen zur Verfügung:

1. Die Strangspannung zwischen einem Außenleiter und dem Neutralleiter:

$$U_{Str} = 230V$$

2. Die (Außen-)Leiterspannung zwischen zwei beliebigen Außenleitern:

$$U = U_L = 400V$$

Der Verkettungsfaktor $\sqrt{3}$ gibt das Verhältnis von Strangspannung zu Leiterspannung an:

$$U_L = \sqrt{3} \cdot U_{Str}$$

Der Leiterstrom I_L ist immer gleich dem Strangstrom I_{Str}.

Dieses Vierleitersystem liegt (fast) dem gesamten Niederspannungsnetz zu Grunde, welches wir benutzen.

Im Europäischen Niederspannungs-Verbundsystem ist die Strangspannung auf

$U_{Str} = 230V$ festgelegt.

Somit liegt die Leiterspannung bei

$$U_L = \sqrt{3} \cdot 230V = 398{,}4V \approx 400V$$

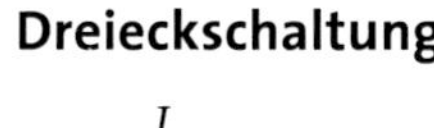

Dreieckschaltung

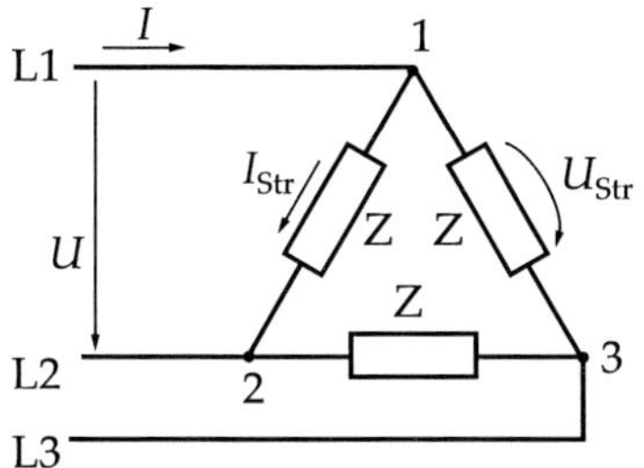

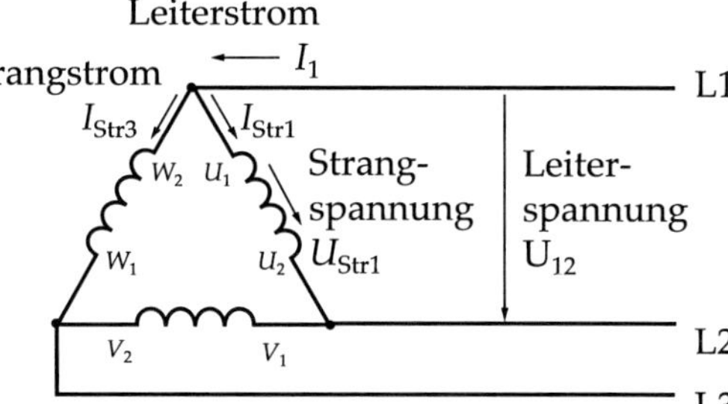

Abb. 122 a+b: Dreieckschaltung a) und b)

In der Dreieckschaltung ist das Ende eines Stranges mit dem Anfang des jeweils nächsten Stranges verbunden. Bei dieser Reihenschaltung der Spulen eines Drehstromgenerators besteht zwischen dem Anfangs- und dem Endanschluss kein Potenzialunterschied. Die Anschlüsse können somit problemlos miteinander verbunden werden, ohne dass Strom fließt. Im Vergleich zum offenen Dreiphasensystem reduziert sich durch die Verkettung der drei Induktionsstränge im Dreieck der Materialaufwand auf die Hälfte. Es entsteht mit den drei Außenleitern L_1, L_2, L_3 ein Dreileiternetz. Darin sind allerdings nur die drei um 120° phasenverschobenen Leiterspannungen U_{12}, U_{23}, U_{31} wirksam.

Der Vorteil der Dreieckschaltung ist, dass sich der Belastungsstrom in den Außenleitern auf jeweils zwei Stränge der Dreieckschaltung aufteilt, so dass die Stromstärken in den Erzeugerspulen deutlich geringer ausfallen als die Belastungsstromstärken des Generators.

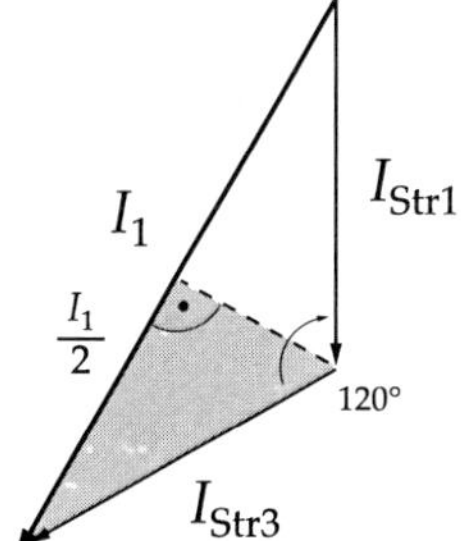

Abb. 123: Ströme bei der Dreieckschaltung

Ein Blick auf die vektorielle Darstellung der Stromstärken lässt uns erkennen, dass auch in der Dreieckschaltung der Verkettungsfaktor $\sqrt{3}$ auftaucht, hier jedoch als Faktor zwischen den Strangströmen und den Leiterströmen.

In der Dreieckschaltung (Dreileitersystem) steht nur eine Spannung zur Verfügung:

Die (Außen-)Leiterspannung zwischen zwei beliebigen Außenleitern

$$U = U_L = 400 \text{ V}$$

Der Verkettungsfaktor $\sqrt{3}$ gibt das Verhältnis von Strangstromstärke zu Leiterstromstärke an:

$$I_L = \sqrt{3} \cdot I_{Str}$$

Dreileiternetze finden z.B. Verwendung in Industrieanlagen, bei Hochspannungsfreileitungen und nicht zuletzt bei Motoren im Niederspannungsnetz.

Vorteile des Dreiphasennetzes:
Zunächst spart man an Leitungsmaterial, da für drei verkettete Phasen nur drei bzw. vier Leiter anstatt sechs benötigt werden. Das magnetische Drehfeld ermöglicht den relativ einfachen Bau von Motoren. Bei gleichen Leiterquerschnitten lassen sich wesentlich größere Leistungen übertragen und umsetzen.

Für den Dreiphasenwechselstrom wird auch das Synonym *Drehstrom* verwendet und damit verbunden die Begriffe Drehstromgenerator, Drehstromnetz, Drehstromwicklung, Starkstrom, Kraftstrom etc. Die Bezeichnung Drehstrom ergibt sich, weil ein Dreiphasenwechselstrom bei entsprechenden Bedingungen ein rotierendes Magnetfeld – ein Drehfeld – erzeugt.

3.2.5 Mechanische Größen elektrischer Maschinen

Im nun Folgenden geht es um die Zusammenhänge des Themas Mechanik:

Die Drehzahl

Die Drehzahl n gibt die Umdrehungen der Welle einer elektrischen Maschine an. Die Drehzahl wird üblicherweise in Umdrehungen pro Minute (1/min) angegeben. Da wir in der Technik jedoch mit SI-Einheiten rechnen, müssen wir beim Einsetzen in Formeln darauf achten, dass dort normalerweise Angaben in Umdrehungen pro Sekunde (1/s) erwartet werden.

Das Drehmoment

Das Drehmoment M entsteht durch den Angriff einer Kraft F auf einen runden Körper. Es wird mathematisch aus dem Produkt der Kraft F und dem Radius r vom Mittelpunkt zum Kraftangriffspunkt gebildet. Das Drehmoment wird in Nm angegeben: $M = F \cdot r$

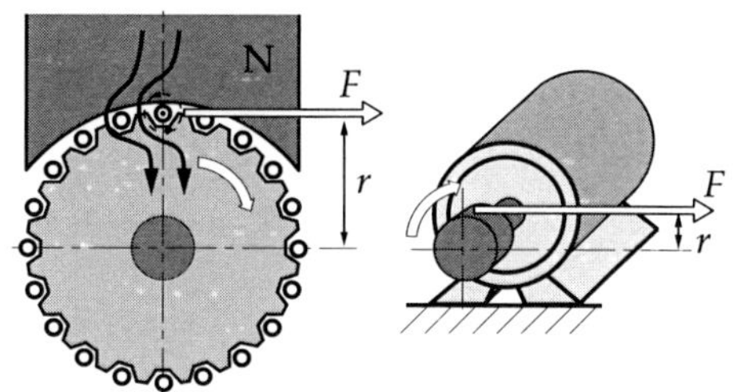

Abb. 124: Das Drehmoment

Die Leistung

Ein Motor nimmt elektrische Leistung aus dem Versorgungsnetz auf (P_{el}) und gibt mechanische Leistung an die Welle ab (P_{mech}). Bei einem Generator ist es genau umgekehrt. Bei dieser Leistungsumwandlung entstehen in der elektrischen Maschine Verluste und damit auch eine Verlustleistung (P_v).

Für Motoren gilt: $P_{mech} = P_{el} - P_v$

Für Generatoren gilt: $P_{mech} = P_{el} + P_v$

Die Verlustleistung setzt sich zusammen aus elektrischen Verlusten, den Reibungsverlusten und Magnetisierungsverlusten.

Allgemein gilt für die mechanische Leistung: $P_{mech} = 2 \cdot \pi \cdot n \cdot M$

Somit kann man aus den Nenndaten auf dem Leistungsschild eines Motors das Nenndrehmoment ermitteln:

$$M_N = \frac{P_N}{2 \cdot \pi \cdot n_N}$$

Mit dem Index N werden die Nenndaten einer Maschine gekennzeichnet.

Der Wirkungsgrad

Unter dem Wirkungsgrad η (griechisches kleines Eta) einer Maschine versteht man das Verhältnis von abgegebener Leistung zu aufgenommener bzw. zugeführter Leistung. Der Unterschied zwischen diesen beiden Leistungen ist die in der Praxis nicht zu vernachlässigende Verlustleistung.

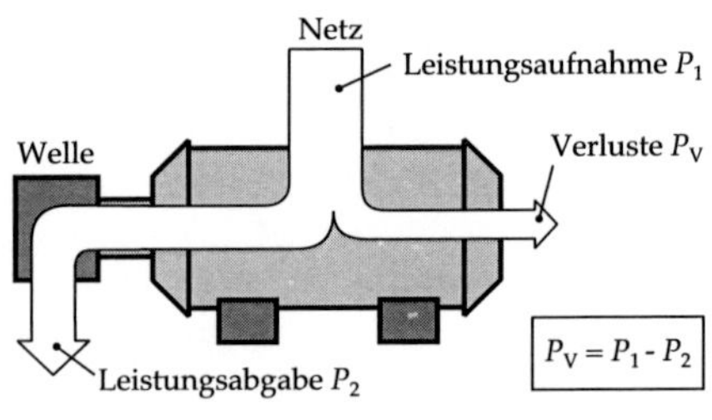

Abb. 125: Der Wirkungsgrad

Der Wirkungsgrad von Maschinen ist das Verhältnis von abgegebener Leistung zu aufgenommener Leistung:

$$\eta = \frac{P_{ab}}{P_{zu}}$$

Es handelt sich demnach um eine Zahl zwischen 0 und 1, da die abgegebene Leistung immer kleiner als die zugeführte Leistung ist.

Das Leistungsschild

Jedes Gerät bzw. jede Maschine muss eindeutig identifizierbar sein. Diese Identifikation wird über das Leistungsschild erreicht. Natürlich ist das Schild genormt und sollte über die folgenden Betriebsdaten der Maschine Auskunft erteilen:

- Hersteller, Firmenzeichen
- Typ der Maschine
- Stromart
- Arbeitsweise
- Seriennummer/Fertigungsnummer
- Schaltart der Wicklung(en)
- Nennspannung
- Nennleistung
- Nennbetriebsart
- Leistungsfaktor
- Drehrichtung
- Nenndrehzahl
- Nennfrequenz
- Schutzart
- Gewicht

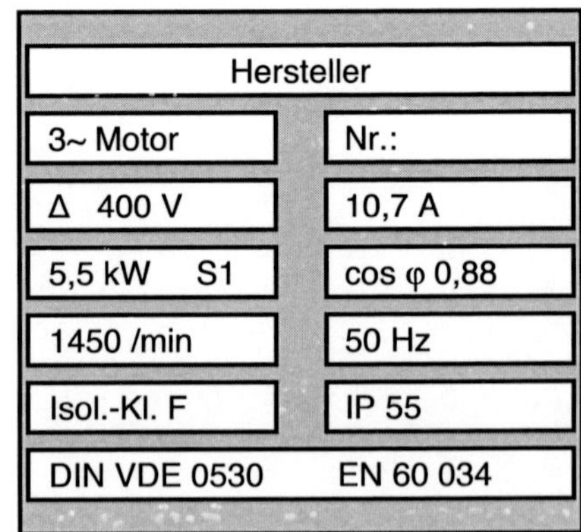

Abb. 126: Das Leistungsschild

3.2.6 Aufbau elektrischer Maschinen

Bei der Konstruktion kommt es darauf an, das Kraftwirkungsgesetz und das Induktionsgesetz möglichst gut zur Wirkung zu bringen. Dazu müssen die elektrischen Leiter und magnetischen Feldlinien senkrecht aufeinander stehen. Außerdem muss die Bewegung der Leiter senkrecht zu beiden erfolgen. Dadurch, dass in der Praxis meist Drehbewegungen erforderlich sind (Motoren) oder eine Drehbewegung in elektrische Energie umgewandelt werden soll (Generatoren), ist man bestrebt, rotierende Maschinen zu bauen.

Als günstig hat sich die folgende Konstruktionsweise herausgestellt:
Die Maschine besteht aus einem feststehenden Eisenteil (Ständer oder Stator) und einem zylindrischen drehbaren Eisenteil (Läufer, Anker oder Rotor). Zwischen beiden Teilen befindet sich ein möglichst kleiner Luftspalt, um dem magnetischen Feld kleinstmöglichen Widerstand entgegenzusetzen. Durch diesen bis auf den minimalen Luftspalt geschlossenen Eisenkreis wird ein starkes magnetisches Feld mit der Flussdichte B erreicht.

Bei kleineren elektrischen Maschinen wird das magnetische Feld durch einen Dauermagneten realisiert, bei größeren wird es durch eine Wicklung (Spule) auf dem Ständereisen, die sogenannte Erregerwicklung, erzeugt, die von einem Gleichstrom, dem Erregerstrom, durchflossen ist. Unmittelbar unter der Oberfläche des Läufers werden die Leiter in axialer Richtung angeordnet.

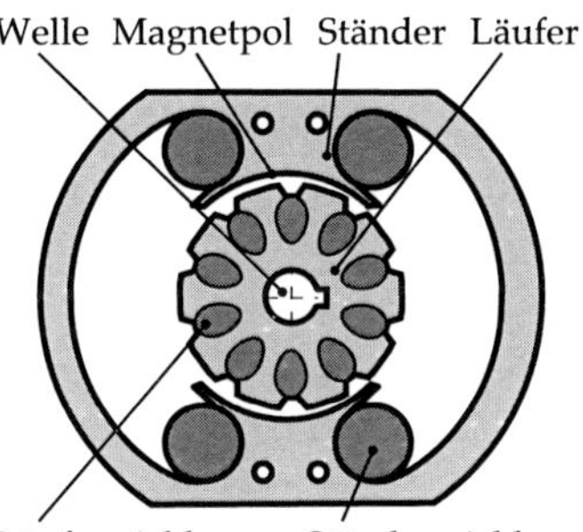

Abb. 127: Schema rotierende elektrische Maschine

Die Leiter werden vom Strom durchflossen, der die Kraft nach dem Kraftwirkungsgesetz bildet. Die Kraft auf die Leiter ist tangential gerichtet, weil die Feldlinien auf dem kürzesten Weg (also radial) durch den Luftspalt verlaufen. Aus dieser Kraftwirkung ergibt sich das Drehmoment M der Maschine.
Jenes Drehmoment ergibt sich aus der Summe der Kräfte F auf die Leiter des Läufers multipliziert mit dem Radius r, also dem Abstand der Leiter von der Achse des Läufers zu: $M = F \cdot r$

Die Kraft lässt sich (siehe Kraftwirkungsgesetz) schreiben als: $F = B \cdot I \cdot l \cdot z$

Also folgt für das Drehmoment: $M = B \cdot I \cdot l \cdot z \cdot r$

Und mit $B = \frac{\Phi}{A}$: $M = \frac{\Phi}{A} \cdot I \cdot l \cdot z \cdot r$

Nun fassen wir die Größen, die durch die Konstruktion der Maschine vorgegeben und für uns als Anwender nicht beeinflussbar sind (die Länge des wirksamen Leiters im Magnetfeld *l*, die Anzahl der Leiter *z*, der Radius des Rotors *r* und die Fläche *A*, die vom magnetischen Fuß durchdringt wird), zu einer Motorkonstante *k* zusammen:

$$k = \frac{l \cdot z \cdot r}{A}$$

Für das Drehmoment einer elektrischen Maschine gilt: $M = k \cdot I \cdot \Phi$

Mit der Motorkonstanten $k = \frac{l \cdot z \cdot r}{A}$

Die Motorkonstante ist ein Faktor ohne Einheit: $[k] = \frac{\mathrm{m} \cdot \mathrm{m}}{\mathrm{m}^2}$

Das Drehmoment wird in Nm angegeben: $[M] = \mathrm{A} \cdot \mathrm{Vs} = \mathrm{W} \cdot \mathrm{s} = \mathrm{Nm}$

Da sowohl das Kraftwirkungsgesetz als auch das Induktionsgesetz der Bewegung immer gleichzeitig wirken, müssen wir uns nun noch mit dem Entstehen der Induktionsspannung U_i beschäftigen. Diese entsteht immer dann, wenn sich der Läufer bewegt.

Mit dem Induktionsgesetz verfahren wir folgendermaßen:

$$U_i = B \cdot v \cdot l \cdot z = \frac{\Phi}{A} \cdot I \cdot l \cdot z$$

Da es sich bei der Bewegung des Rotors – wie der Name bereits andeutet – um eine Drehbewegung handelt, lässt sich die Geschwindigkeit *v* des Leiters aus der Drehzahl des Rotors bestimmen.

Der Umfang des Rotors ist: $U = 2 \cdot \pi \cdot r$,

also ist die Umlaufgeschwindigkeit: $v = 2 \cdot \pi \cdot r \cdot n$ $\qquad U_i = \frac{\Phi}{A} \cdot 2 \cdot \pi \cdot r \cdot n \cdot l \cdot z$,

und mit unserer Motorkonstanten $k = \frac{l \cdot z \cdot r}{A}$ folgt demnach: $U_i = 2 \cdot \pi \cdot k \cdot n \cdot \Phi$

Für die Induktionsspannung einer elektrischen Maschine gilt: $U_i = 2 \cdot \pi \cdot k \cdot n \cdot \Phi$

Mit der Motorkonstanten $k = \frac{l \cdot z \cdot r}{A}$

Die Motorkonstante ist ein Faktor ohne Einheit: $[k] = \frac{\mathrm{m} \cdot \mathrm{m}}{\mathrm{m}^2}$

Die Induktionsspannung wird in Volt angegeben: $[U_i] = \frac{1}{\mathrm{s}} \cdot \mathrm{Vs} = \mathrm{V}$

Auf diesen zugegebenermaßen sehr theoretischen Grundlagen bauen alle elektrischen Maschinen auf, wie wir im Folgenden sehen werden.

3.3 Stromwendermotoren

3.3.1 Wirkungsweise von Stromwendermotoren

Maschinen mit Stromwender sind üblicherweise Gleichstrommaschinen. Diese Maschinen haben unabhängig von ihrer Verwendung als Generator oder Motor den gleichen Aufbau und die gleichen Anschlussbezeichnungen.

Gleichstrommotoren entwickeln ein hohes Anzugsdrehmoment und erlauben eine stufenlose Drehzahlregelung. Ihre Drehzahl kann weit über der von Drehfeldmotoren liegen.

Aus dem vorherigen Kapitel entnehmen wir, dass das Drehmoment eines Gleichstrommotors vom Läuferstrom und von der Größe des Erregerfeldes abhängig ist:

$$M = k \cdot I \cdot \Phi$$

Allerdings wurde ebenfalls deutlich, dass auch eine Spannung erzeugt wird. Diese ist unpraktischerweise gemäß der Lenzschen Regel der angelegten Spannung genau entgegengesetzt. Wir nennen sie deshalb auch Gegenspannung:

$$U_i = 2 \cdot \pi \cdot k \cdot n \cdot \Phi$$

Der aufgenommene Strom I_A des Motors ergibt sich daher aus der Differenz der beiden Spannungen (Klemmenspannung U_K und induzierte Gegenspannung U_0) und der Größe des inneren Widerstandes R_i der Maschine:

$$I_A = \frac{\mathrm{U}_K - \mathrm{U}_0}{\mathrm{R}_1}$$

Durch Umstellen der Gleichung folgt:

$$\mathrm{U}_K = \mathrm{U}_0 + I_A \cdot \mathrm{R}_1 \quad \text{(Motorgleichung)}$$

Betrachtet man einen Gleichstromgenerator, so stellt man fest, dass die Ausgangsspannung bei Belastung immer kleiner als die Induktionsspannung ist, nämlich genau um den Betrag $I_A \cdot R_1$, da der Laststrom am Innenwiderstand einen Spannungsfall verursacht.

Für den Generator gilt demnach:

$$U_K = U_0 - I_A \cdot R_1 \quad \text{(Generatorgleichung)}$$

Es zeigt sich, dass die beiden Gleichungen bis auf das Vorzeichen des inneren Spannungsfalls identisch sind.

Die Wirkungsweise von Gleichstrommotoren beruht darauf, dass auf einen stromdurchflossenen Leiter im Anker eine Kraft gemäß 3.2.1 wirkt, die den Anker in die sogenannte neutrale Zone dreht. In dieser Zone entsteht kein Drehmoment. Der Anker dreht sich aufgrund seiner Bewegungsenergie weiter über die neutrale Zone hinaus. Nun muss die Stromrichtung in der Leiterschlaufe umgekehrt werden, damit man eine fortlaufende Drehbewegung erhält. Diese Umpolung übernimmt der Stromwender oder auch Kommutator. Um ein gleichmäßiges und hohes Drehmoment zu erhalten, wird der Anker mit mehreren auf seinem Umfang verteilten Spulen ausgestattet.
Diese Ankerspulen sind mit den Stromwenderlamellen so verbunden, dass die Spulenseiten unter einem Erregerpol die gleiche Stromrichtung haben.

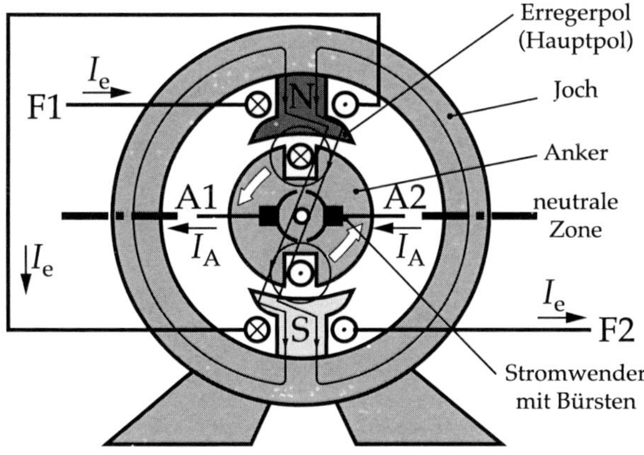

Abb. 128: Gleichstrommaschine

3.3.2 Anlassen von Gleichstrommotoren

Wie wir aus den vorangegangenen Kapiteln wissen, erzeugt jeder Motor ein Drehmoment und eine Gegenspannung. Diese Gegenspannung bestimmt das Anlaufverhalten eines Gleichstrommotors. Darum möchte ich mich mit diesem Anlaufverhalten noch etwas näher beschäftigen.

Die Stromaufnahme eines Gleichstrommotors wird durch die uns bereits vertraute Gleichung bestimmt:

$$I_A = \frac{U_K - U_0}{R_i}$$

Da im Anlaufmoment die Gegenspannung U_0 fehlt – sie entsteht ja erst durch die Drehbewegung des Ankers –, wird der Anlaufstrom nur durch den sehr kleinen Innenwiderstand R_i des Motors bestimmt:

$$I_A = \frac{U_K}{R_i}$$

Aus diesem Grund muss der Einschaltstrom von Gleichstrommotoren größerer Leistung (ab 0,7 kW) durch einen Vorwiderstand R_A, dem sogenannten Anlasswiderstand (oder einfach Anlasser), begrenzt werden.

$$I_A = \frac{U_K}{R_i + R_A}$$

Nach den geltenden Vorschriften muss dieser Anlasser so bemessen sein, dass der Einschaltstrom das 1,5-fache des Nennstroms nicht übersteigt. Dieser Anlasser wird mit steigender Drehzahl stufenweise verringert und beim Erreichen der Nenndrehzahl kurzgeschlossen.

Der Anlasswiderstand lässt sich mit folgender Gleichung berechnen:

$$R_A = \frac{U_K}{1{,}5 \cdot I_A} - R_i$$

Um diese theoretische Betrachtung mit Leben zu füllen, hier ein Rechenbeispiel zur Verdeutlichung:

Ein Gleichstrommotor für den Nennstrom 45,5 A und die Nennspannung 230 V hat den Ankerwiderstand 0,4 Ω.
Wie groß ist der Anlaufstrom bei direktem Anschalten?
Wie groß muss der Anlasswiderstand sein?

Lösung:
Als Innenwiderstand nehmen wir den Ankerwiderstand an:

$$I_A = \frac{U_K}{R_i} = \frac{230\,\text{V}}{0{,}4\,\Omega} = 575\,\text{A}$$

Der Anlasser berechnet sich wie folgt:

$$R_A = \frac{U_K}{1{,}5 \cdot I_N} - R_i = \frac{230\,\text{V}}{1{,}5 \cdot 45{,}5\,\text{A}} - 0{,}4\,\Omega = 2{,}9\,\Omega$$

3.3.3 Steuerung der Drehzahl

Die Gleichung zur Berechnung der Drehzahl ergibt sich aus den alten Bekannten:

$$U_K = U_0 - I \cdot (R_i + R_A)$$

$$U_i = 2 \cdot \pi \cdot k \cdot n \cdot \Phi$$

Da wir U_i in der Motorgleichung mit U_0 bezeichnet haben, folgt durch Einsetzen und anschließendes Auflösen nach n:

$$U_K = (2 \cdot \pi \cdot k \cdot n \cdot \Phi) - I \cdot (R_i + R_A)$$

Drehzahlabhängigkeit bei Stromwendermotoren:

$$n = \frac{U_K - I \cdot (R_i + R_A)}{2 \cdot \pi \cdot k \cdot \Phi}$$

Wie man erkennt, kann die Drehzahl durch die folgenden Möglichkeiten verstellt werden:

- Veränderung der angelegten Spannung U_K
- Veränderung des Vorwiderstandes R_A und damit Veränderung der Spannung
- Veränderung des magnetischen Flusses Φ

Alle drei aufgezeigten Möglichkeiten werden in der Praxis angewendet.

Drehzahlveränderung durch Netzspannungsänderung

Verringert man die Netzspannung, so verringert sich auch die Drehzahl. Diese Maßnahme ist dann vorteilhaft, wenn der Motor über eine eigene Spannungsquelle von veränderlicher Größe verfügt.
Ein günstiges und wirtschaftliches Verfahren ist das Verändern der Spannung mit Hilfe von gesteuerten Gleichrichtern (z. B. Thyristoren). Hierbei entstehen fast keine Verluste, und da sich der Widerstand des Läufers nicht ändert, entfällt die Leistungsabhängigkeit.

Drehzahlveränderung durch Vorwiderstand

Vergrößert man den Widerstand des Läuferkreises durch einen Vorwiderstand, so erhält man eine Drehzahlverringerung. Hier entsteht jedoch ein Leistungsverlust. Außerdem haben Vorwiderstände hohe Wärmeverluste zur Folge. Bei etwa der halben Nenndrehzahl wird bereits die Hälfte der zugeführten Leistung im Vorwiderstand in Wärme umgewandelt!

Drehzahlveränderung durch Änderung des Magnetflusses

Die Ankergegenspannung ist vom Erregerfluss und der Drehzahl abhängig. Wird der Erregerfluss geschwächt, so steigt die Drehzahl entsprechend an, damit bei unveränderter Ankerspannung auch die Ankergegenspannung ihre Größe beibehält. U_0 wird kleiner, U_K bleibt gleich, also steigt I an.
Durch Schwächung des Erregerfeldes kann die Motordrehzahl über die Bemessungsdrehzahl hinaus erhöht werden. Feldschwächung erreicht man durch Feldsteller. Das sind Widerstände, die in den Erregerstromkreis geschaltet werden.
Diese Feldschwächung hat allerdings ihre Grenzen, denn erstens wird der Betrieb des Motors durch ein zu kleines Erregerfeld instabil und zweitens steigt die Drehzahl u. U. so stark an, dass der Anker zerreißt. Man sagt: Der Motor geht durch. Allerdings steigt natürlich der Strom auch stark an, so dass Schutzeinrichtungen ansprechen sollten. Darauf sollte man sich jedoch keinesfalls verlassen und Gleichspannungsmotoren niemals ganz entregen… .

Übrigens:
Gleichstrommotoren für kleine Betriebsdrehzahlen benötigen Fremdkühlung!

Steuerung der Drehrichtung
Die Drehrichtung ist abhängig von der Stromrichtung im Läufer und der Richtung des Erregerfeldes. Eine Änderung der Drehrichtung kann demnach durch

- Spannungsumpolung am Läufer oder
- Umpolung des Erregerfeldes

erreicht werden.

Werden beide Möglichkeiten zugleich angewendet, ändert sich natürlich gar nichts ...

3.3.4 Arten von Gleichstrommotoren

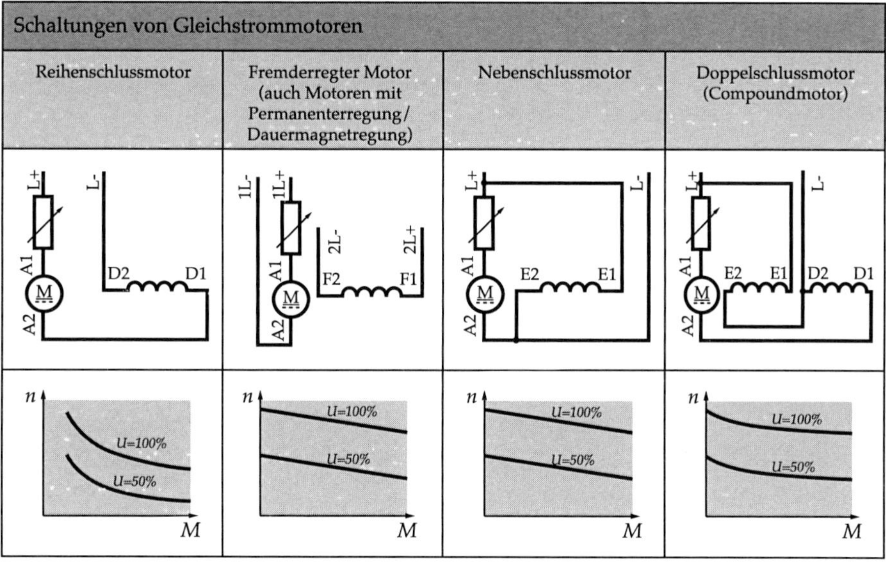

Schaltungen von Gleichstrommotoren			
Reihenschlussmotor	Fremderregter Motor (auch Motoren mit Permanenterregung/ Dauermagnetregung)	Nebenschlussmotor	Doppelschlussmotor (Compoundmotor)

Tab. 13: Tabelle Arten von Gleichstrommotoren

Reihenschlussmotor

Beim Reihenschlussmotor ist die Erregerwicklung in Reihe zum Anker geschaltet. Zum Anlassen und zur Drehzahlsteuerung wird ein Anlasswiderstand vorgeschaltet. Beim Reihenschlussmotor fließt der gesamte Ankerstrom auch durch die Erregerwicklung. Reihenschlussmotoren haben von allen Motoren das größte Anzugsmoment.
Während des Hochlaufens ohne Belastung nehmen der Ankerstrom und der Erregerstrom mit zunehmender Drehzahl ab. Die daraus resultierende Schwächung des Erregerfeldes steigert die Drehzahl bis zur Zerstörung des Motors. Reihenschlussmotoren gehen im Leerlauf durch. Daher dürfen sie nicht ohne Last betrieben und nicht über Riemen belastet werden, weil der Riemen abspringen oder reißen könnte.
Bei Belastung nimmt der Ankerstrom und damit auch der Erregerstrom stark zu: Die Drehzahl verringert sich stark, während das Drehmoment zunimmt.
Die Drehzahl von Reihenschlussmotoren ist stark lastabhängig.
Reihenschlussmotoren werden hauptsächlich bei Elektrofahrzeugen verwendet, z. B. Straßenbahnen, Fernbahnen, Elektrokarren oder auch bei Hebezeugen und Autoanlassern.

Fremderregter Motor

Beim fremderregten Motor wird der Erregerstrom von einer unabhängigen Spannungsquelle geliefert. Motoren mit einem Dauermagneten sind ebenfalls als fremderregte Motoren anzusehen.
Durch die Unabhängigkeit von Erregerfeld und Ankerspannung ist die Drehzahl bei Lastschwankungen extrem stabil (noch stabiler als bei Nebenschlussmotoren). Diese Motoren werden für Antriebe verwendet, deren Drehzahl in großem Umfang lastunabhängig gesteuert wird, wie bei Fräs- und anderen Werkzeugmaschinen.

Nebenschlussmotor

Beim Nebenschlussmotor liegt die Erregerwicklung parallel zum Anker. Im Leerlauf wie auch unter Belastung verhält sich der Nebenschlussmotor wie ein fremderregter Motor. Motoren, die im Leerlauf nicht durchgehen und deren Drehzahl bei Belastung nur wenig abfällt, nennt man Motoren mit Nebenschlussverhalten.
Bei Nebenschlussmotoren ist wie bei fremderregten Motoren darauf zu achten, dass die Erregung im Betrieb nicht abgeschaltet wird, da sonst der Anker durch das schwache Resterregerfeld unzulässig hohe Drehzahlen erreicht. Sie werden für Antriebe wie fremderregte Motoren verwendet.

Doppelschlussmotor

Der Doppelschluss stellt eine Vereinigung von Nebenschluss- und Reihenschlussmotoren dar. Demzufolge liegt sein Betriebsverhalten zwischen denen der beiden genannten Motoren.
Aufgrund der potentiell unterschiedlichen Drehzahl-Drehmoment-Charakteristik verfügt dieser Motor entweder über Reihenschluss- oder Nebenschlussverhalten und wird zu speziellen Antriebszwecken Verwendung finden. Doppelschlussmotoren mit vorwiegendem Nebenschlussverhalten finden Anwendung bei Arbeitsmaschinen mit Schwungmassen wie Pressen, Stanzen oder Walzen. Motoren mit überwiegendem Reihenschlussverhalten werden dann eingesetzt, wenn eine Entlastung möglich ist.

3.3.5 Universalmotor

Ändert sich bei einem Reihenschlussmotor die Stromrichtung, so werden die Magnetfelder vom Anker und von der Erregerwicklung gleichzeitig umgepolt. Daher können Reihenschlussmotoren auch an Wechselspannung betrieben werden. Nebenschlussmotoren sind für Wechselspannungsbetrieb ungeeignet, da durch die hohe Windungszahl der Erregerwicklung ein großer Blindwiderstand auftritt. Dadurch wird der Erregerstrom sehr klein und wirkt darüber hinaus phasenverschoben zum Ankerstrom.

Universalmotoren werden meist nur für den Wechselspannungsbetrieb gebaut. Sie haben Leistungen bis ca. 1,5 kW und finden hauptsächlich Anwendung in Haushalts- und Gartengeräten (Bohrmaschine, Staubsauger, Mixer, Rasenmäher).
Das Betriebsverhalten entspricht weitgehend dem des Gleichstrom-Reihenschlussmotors. Die Motordrehzahl ist frequenzunabhängig und kann bis etwa 30.000 1/min erreichen. Durch die feste Verbindung mit einem Getriebe oder Lüfterblättern besteht normalerweise keine Durchgehgefahr.

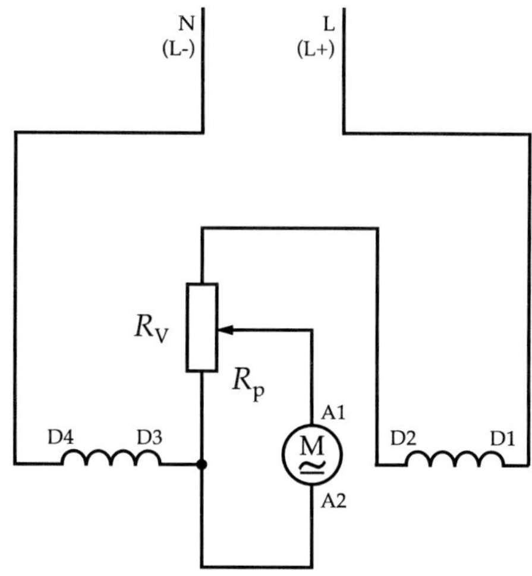

Abb. 129: Universalmotor

Universalmotoren haben bei kleiner Baugröße eine große Leistung. Ihre Drehzahl ist stark lastabhängig, das Drehmoment ist hoch. Wie bei Gleichstrommotoren ist die Drehzahl von der Motorspannung abhängig. Eine einfache Drehzahlsteuerung ermöglicht einen Vorwiderstand. Etwas feinstufiger arbeitet die Barkhausenschaltung. Hierbei ist ein Potenziometer parallel zur Läuferwicklung geschaltet. Durch den über den Parallelwiderstand Rp fließenden Strom wird bei Leerlauf das Erregerfeld verstärkt. Die Leerlaufdrehzahl wird damit begrenzt und auf diese Weise ein Durchgehen verhindert.
An den Bürsten entstehen hochfrequente Störimpulse. Die unterteilte Erregerwicklung wirkt als Drosselspule und verringert die Funkstörung. Zusätzlich sind Entstörkondensatoren erforderlich.

Wechselstrom-Reihenschlussmotoren werden auch für große Leistungen gebaut. Ihr Einsatz im öffentlichen Versorgungsnetz ist jedoch durch ihre unsymmetrische Netzbelastung begrenzt. Als Wechselstrom-Bahnmotoren haben sie Leistungen von mehreren hundert kW. Dabei wird in den Lokomotiven die Betriebsspannung des Fahrleitungsnetzes mit Regeltransformatoren auf 250V – 500V heruntertransformiert. Diese niedrige Motorspannung und die geringe Frequenz von 16,66 Hz erleichtern die Kommutierung.

3.4 Drehfeldmotoren

3.4.1 Dreiphasen-Asynchronmaschine

Die weitaus überwiegende Zahl der eingesetzten elektrischen Maschinen ist vom Typ der Asynchronmaschine. Diese weist im Vergleich zu den bisher besprochenen Maschinentypen einige Vorzüge auf und findet nicht umsonst Anwendung bei (fast) allen Rigging-Motoren. Bei vergleichbarer Leistung kostet die Asynchronmaschine deutlich weniger und ist kleiner und leichter als z. B. Gleichstrom-Maschinen. Asynchronmaschinen sind besonders zuverlässig, robust, wartungsarm und widerstandsfähig gegenüber Umgebungseinflüssen.
Als Nachteil ist vor allem zu nennen, dass die Drehzahl einer Asynchronmaschine von der Frequenz des Drehstromes abhängt. Somit ist es nur mit Hilfe der Leistungselektronik gut möglich, Asynchronmaschinen in der Drehzahl zu verstellen und sie auch in geregelten Antrieben einzusetzen.

Asynchronmaschinen besitzen einen Stator, der eine dreisträngige Wicklung trägt, die wiederum mit einem symmetrischen Drehstrom gespeist wird. Dadurch erhält man einen umlaufenden Strombelag und ein umlaufendes Feld – ein Drehfeld. Der Läufer (in seiner Urform) ist mit einer ebenfalls dreisträngigen Wicklung versehen. Das Drehfeld läuft mit zur Netzfrequenz synchroner Drehzahl n_s um. Der Läufer mit den Läuferwicklungen dreht sich mit der Drehzahl n, welche geringer ist als die Drehzahl n_s. Nur wenn es eine Relativbewegung zwischen dem Drehfeld und der Läuferwicklung gibt (also der Läufer nicht mit n_s gedreht wird), werden nach dem Induktionsgesetz in der Läuferwicklung Spannungen induziert. Damit diese Spannungen einen möglichst großen Strom antreiben können, werden die Läuferwicklungen kurzgeschlossen. Deshalb wird dieser Maschinentyp auch „Asynchronmaschine mit Kurzschlussläufer“ genannt.
Aus konstruktiver und wirtschaftlicher Sicht hat der Einsatz weniger Windungen Vorteile; man kann auch nur eine einzige Windung nutzen. Dazu werden im Läufer Nuten mit einer Leichtmetall-Legierung gefüllt oder bei größeren Maschinen fertige Stäbe eingeschoben. Die so entstandenen Läuferstäbe werden im gleichen Vorgang an beiden Enden mit einem Kurzschlussring verbunden. Würde man nachträglich das Eisen des Läufers entfernen, blieben die Läuferstäbe mit den sie verbindenden Kurzschlussringen übrig. Sie hätten die Gestalt eines runden Käfigs. Daher nennt man diesen Typ *Käfigläufermaschine*.

Dieser am häufigsten eingesetzte Maschinentyp bietet einige Vorteile:

- Der Läufer muss nicht gewickelt werden: Dies ist ein entscheidender Kostenfaktor.
- Im Läufer besitzen die Stäbe keine Isolation, die die Grenztemperatur bestimmen würde.
- Der Läufer muss nicht direkt gekühlt werden. Die kritische Wärme entsteht im bewickelten Ständer. Von dort ist sie über außen am Gehäuse angebrachte Kühlrippen leicht abzuleiten.
- Eine geschlossene Bauart ist möglich, da keine Kühlluft durch das Innere der Maschine zu leiten ist.

Der Läufer wird aus einzelnen runden Blechen „gestapelt". Da diese Bleche durch Stanzen hergestellt werden, stanzt man die Nuten gleich in die Bleche hinein. Somit ist es nicht nötig, die Nuten und damit die Form der Läuferstäbe rund auszuführen. Es hat sich gezeigt, dass mit Stäben, die rechteck- oder keilförmig sind, oder gar mit zwei ineinander liegenden Käfigen das Anlaufdrehmoment erhöht werden kann. Die Spannungen werden unabhängig von der Lage des Läufers immer dort induziert, wo der magnetische Fluss maximal ist. Damit muss sich im Läufer die Richtung der induzierten Spannung (und damit auch die Richtung des Stroms) ebenfalls unabhängig von der Winkelstellung des Läufers synchron mit dem Drehfeld drehen. So wird auch bei diesem Maschinentyp unabhängig von der Winkelstellung des Läufers eine bestimmte räumliche Zuordnung der Richtungen von Strom und Fluss (die zusammen das Drehmoment der Maschine entsprechend dem Kraftwirkungsgesetz bilden) eingehalten. Dadurch wird ein gleichbleibendes Drehmoment möglich.

Der magnetische Fluss in der Maschine muss bei Betrieb mit konstanter Spannung und konstanter Frequenz ebenfalls konstant sein, da er in der Ständerwicklung eine gleichbleibende Spannung induzieren muss, die wiederum der Netzspannung das Gleichgewicht hält. Der Spannungsfall über dem Ohmschen Wicklungswiderstand kann hier ohne nennenswerten Fehler vernachlässigt werden.

Der mit der Drehzahl n_s rotierende Fluss induziert auch in den Läuferwicklungen eine Spannung. Dabei ist jedoch zu beachten, dass diese Spannung von der relativen Geschwindigkeit zwischen den Leitern der Läuferwicklung und dem Fluss und damit von der Differenz zwischen n_s und n abhängt. Demzufolge wird bei Stillstand ($n = 0$) eine relativ große Spannung im Läufer induziert.

Wird der Läufer jedoch synchron mit dem Drehfeld gedreht, bei einer Netzfrequenz von 50Hz also mit 3000 Umdrehungen je Minute, ergibt sich eine induzierte Spannung Null.

Zwischen diesen beiden Extremen bildet sich in Abhängigkeit von der Drehzahl n ein linearer Verlauf.

Nur bei Stillstand des Läufers hat die induzierte Spannung im Läufer die gleiche Frequenz wie die anliegende Netzspannung. Die Frequenz im Läufer richtet sich danach, mit welcher Frequenz sich der Fluss an den Leitern der Läuferwicklung verändert. Nur bei Stillstand ist dies die Ständerfrequenz. Wird der Läufer langsamer als der Fluss gedreht, ändert sich der Fluss an jedem Leiter im Läufer langsamer als durch die Ständerfrequenz vorgegeben. Wird schließlich der Läufer genau so schnell wie das Drehfeld gedreht, ändert sich der Fluss überhaupt nicht mehr. Dann wird allerdings auch keine Spannung mehr induziert.

Im Betrieb einer Asynchronmaschine entstehen Leistungsverluste. Ein Teil der zugeführten elektrischen Energie wird in Wärme umgewandelt. Man unterscheidet Kupferverluste und Eisenverluste.
Die Wicklungen der Maschine besitzen einen (wenn auch möglichst kleinen) Ohmschen Widerstand, der einen Spannungsfall verursacht. Die Wärmeleistung ist bekannterweise gleich dem Produkt von Strom und Spannung ($P = U \cdot I$). Die Bezeichnung „Kupferverlustleistung“ weist darauf hin, dass sie in den Wicklungen entsteht. Auch im Eisen der Maschine entsteht eine Verlustleistung, die sogenannte Eisenverlustleistung. Sie entsteht durch die ständige Ummagnetisierung des Eisens und hängt von der verwendeten Metall-Legierung, Frequenz und Spannung ab. Sie tritt bereits im Leerlauf auf und wird deshalb auch „Leerlaufverlustleistung“ genannt.
Mit sinkender Frequenz nimmt sie ab, weil das Eisen dann je Zeiteinheit weniger häufig ummagnetisiert wird.

Durch die Verlustleistung entsteht Wärme, die aus der Maschine abgeführt werden muss. Dies geschieht bei Asynchronmaschinen meist durch Kühlrippen außen am Gehäuse, durch die ein Radiallüfter Luft leitet.

Ist die Lüfterscheibe, wie bei Standardmaschinen üblich, auf der Maschinenwelle befestigt, ist die Intensität des Luftstroms von der Drehzahl abhängig. Wird diese z.B. durch einen Frequenzumrichter vermindert, kann die Maschine nicht mehr voll belastet werden, um eine zu starke Erwärmung zu vermeiden.

Eine Asynchronmaschine erwärmt sich um so stärker, je mehr sie belastet wird. Der Hersteller gibt eine Nennleistung an. Bei Maschinen für den Dauerbetrieb führt die permanente Belastung mit Nennleistung dazu, dass sich die jeweilige

Maschine bis zu ihrer zulässigen Temperatur erwärmt. Soll also für einen Antrieb, der im Dauerbetrieb läuft, ein Motor ausgewählt werden, muss dessen Nennleistung mindestens so groß sein wie die geforderte Leistung.

Wird eine Maschine ständig mit einer Leistung belastet, welche die Nennleistung übersteigt, treten aufgrund der zu hohen Temperatur Schäden an der Wicklungsisolation auf. Die zulässigen Temperaturen für Wicklungen betragen heute bis zu 150 °C. Da allerdings die Erwärmung der Wicklung einige Zeit dauert, ist es durchaus zulässig, Maschinen für einen begrenzten Zeitraum zu überlasten. Allerdings ist dies nur so lange ratsam, wie die Temperatur den zulässigen Wert noch nicht überschritten hat. Von dieser Maßnahme wird bei vielen Antrieben Gebrauch gemacht, die nur kurzzeitig betrieben werden (z.B. Garagentorantriebe, Küchenmaschinen) oder die periodisch mit Pausen betrieben werden (z.B. Laufkräne, Aufzüge). Dies trifft in der Regel auch auf unsere Rigging-Motoren zu.

Wird eine stillstehende Asynchronmaschine an das Netz geschaltet, entnimmt sie diesem einen relativ großen Strom. Man rechnet, je nach Größe und Ausführung, mit einem Anlaufstrom vom 5- bis 8-fachen Nennstrom. Damit ist ein direkter Anlauf nur bei kleinen Asynchronmaschinen zulässig. Bei Maschinen mit großer Nennleistung würde der große Strom zu einer unzulässigen Spannungsabsenkung im Netz führen. Mit einem Frequenzumrichter kann dieses Problem vollständig beseitigt werden. Geht es jedoch nur um den Anlauf der Asynchronmaschine, gibt es auch weniger aufwändige Möglichkeiten.

Alle Verfahren, den Anlaufstrom herabzusetzen, beruhen darauf, die Spannung zu senken. Da die Wirk- und Blindwiderstände der Maschine von der Spannung unabhängig sind, sinkt der Strom im gleichen Maße wie die Spannung. Dies hat allerdings den Nachteil, dass das Drehmoment ebenfalls sinkt. Da dies insbesondere das Anlaufdrehmoment betrifft, ist bei der Anwendung solcher Verfahren grundsätzlich zu prüfen, ob das Drehmoment für den Anlauf ausreichend ist.

Das ist bei Maschinen wie Pumpen und Lüftern zumeist der Fall, da diese bei kleinen Drehzahlen auch nur ein geringes Drehmoment verlangen. Das kann z.B. bei Förderbändern der Fall sein, wenn garantiert ist, dass diese beim Anlauf nicht beladen sind. Bei Hebezeugen, Kränen und Aufzügen ist dies jedoch problematisch, da solche Anlagen unter voller Last anlaufen müssen.

Bei der Asynchronmaschine verringern sich mit sinkender Spannung der Fluss und der Strom gleichermaßen. Da beide zur Bildung des Drehmoments beitragen (Kraftwirkungsgesetz), sinkt das Drehmoment und damit auch das Anlaufdrehmoment quadratisch mit der Spannung. So stehen beispielsweise bei halber Spannung nur noch 25 % des Drehmoments zur Verfügung.

Eine durchaus übliche, günstige und auch bewährte Methode, den Anlaufstrom zu senken, ist die Stern-Dreieck-Umschaltung. Es genügt der zusätzliche Anschluss von zwei Schaltgeräten (z. B. Schützen) oder die Verwendung eines speziellen Stern-Dreieck-Anlassers.

In den meisten Maschinen sind die drei Ständerwicklungen nicht intern verschaltet, sondern alle sechs Anschlussleitungen nach außen an den sogenannten Motor-Klemmblock geführt.

Zu beachten ist dabei, dass die sechs Anschlüsse versetzt am Klemmblock anliegen – im Gegensatz zur linken Darstellung.

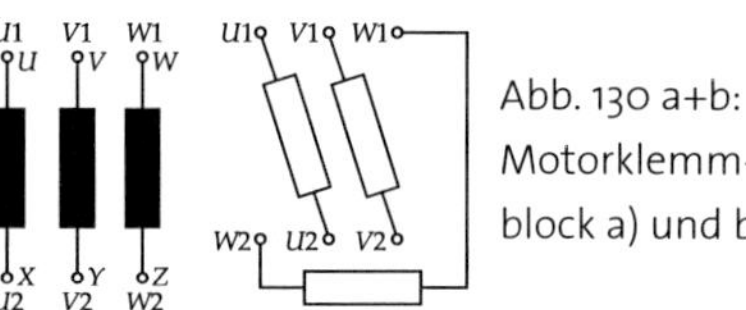

Abb. 130 a+b: Motorklemmblock a) und b)

So können die Wicklungen durch Brücken leicht auf zwei verschiedene Arten angeschlossen werden:

Sternschaltung:
Werden die drei unteren Anschlüsse verbunden, entsteht die so genannte Sternschaltung. Jede der drei Wicklungen liegt an 230V an.

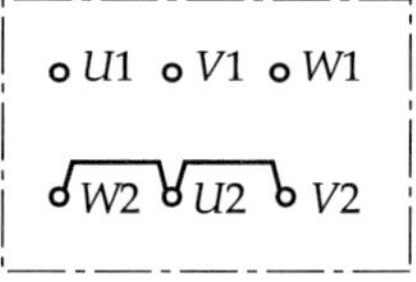

Abb. 131: Motorklemmblock bei Sternschaltung

Netzspannung 400V
Motorspannung 230V

Dreieckschaltung:
Werden die beiden jeweils übereinander liegenden Anschlüsse verbunden, entsteht die Dreieckschaltung. Bei dieser liegt jeder Wicklungsstrang an 400V an. Dadurch ist natürlich auch der Strom in jeder Wicklung um das 1,73-fache ($\sqrt{3}$) größer.

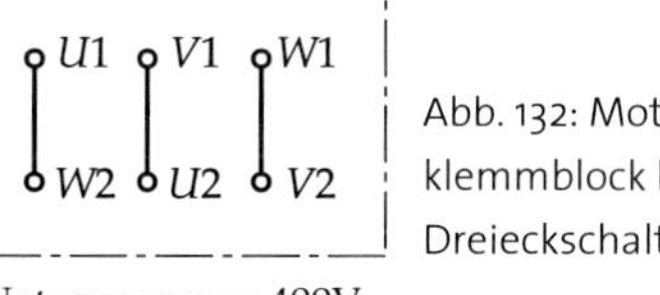

Abb. 132: Motorklemmblock bei Dreieckschaltung

Netzspannung 400V
Motorspannung 400V Δ

Asynchronmaschinen nehmen durch den großen Anlaufstrom keinen Schaden. Dessen Verminderung mit Hilfe des Stern-Dreieck-Anlaufs hat zum Ziel, die Belastung des Netzes auf ein zulässiges Maß zu senken. Für die Anwendung des Stern-Dreieck-Anlaufs muss die Netzspannung der Nennspannung der Asynchronmaschine in einer Dreieckschaltung entsprechen.

3.4.2 Sonderbauformen

Um spezielle Anforderungen an elektrische Antriebe erfüllen zu können, wurden bis vor einigen Jahren viele unterschiedliche Ausführungen elektrischer Maschinen entwickelt. Diese wurden von den im vorhergehenden Kapitel erklärten Grundformen abgeleitet, um Regelungsaufgaben ohne Elektronik lösen zu können.
Mit Entwicklung der Leistungselektronik haben diese Maschinen jedoch an Bedeutung verloren und sind in Vergessenheit geraten. Einige Sonderbauformen haben jedoch überlebt oder wurden gerade erst mit Hilfe der schnell fortschreitenden Entwicklung der Leistungselektronik konstruiert. Gründe dafür sind besonders preisgünstige und robuste Lösungen für meist ungesteuerte Antriebe, z. B. bei der Einphasen-Asynchronmaschine und dem Spaltpolmotor.

Im Folgenden möchte ich zwei wichtige Sonderausführungen vorstellen. Dabei handelt es sich jedoch nicht um neue Wirkprinzipien. Alle diese Ausführungen können auf die bereits besprochenen Maschinen zurückgeführt werden.

Einphasen-Asynchronmaschine

Asynchronmaschinen werden aus einem dreiphasigen Netz gespeist. Wird der Anschluss einer Phase unterbrochen – dies könnte etwa durch das Auslösen einer Sicherung oder durch einen Fehler in der Zuleitung verursacht werden – ändern sich die Verhältnisse. Die Maschine wird mit einer Wechselspannung gespeist, es fließt über die verbliebenen Phasen ein Wechselstrom. Statt eines Drehfeldes bildet sich ein Wechselfeld in der Maschine aus. Das Drehmoment im Stillstand ist gleich Null. Die Maschine kann also nicht selbst anlaufen.
Tritt die einphasige Speisung durch den Ausfall einer der drei Außenleiter allerdings während des Betriebs ein, wird die Maschine in der bisherigen Richtung weiterlaufen. Da die Drehzahl von der Frequenz abhängt, ist nur ein unwesentliches Absinken der Drehzahl zu erwarten. Die Maschine stellt damit nahezu die gleiche mechanische Leistung zur Verfügung wie zuvor bei dreiphasiger Speisung. Da diese Leistung aus dem elektrischen Netz entnommen wird, eine Phase aber ausgefallen ist, muss der Strom in den verbleibenden Phasen ansteigen. Dies könnte zu einer unzulässig großen Erwärmung der betroffenen Wicklungen führen. In diesem Fall muss die Motorschutzeinrichtung die Maschine ausschalten.

Der einphasige Betrieb einer Drehstrom-Asynchronmaschine ist allgemein eine ungewollte Ausnahmeerscheinung, vor der die Maschine zu schützen ist. Bei kleiner Leistung ist es jedoch oft wünschenswert, die Asynchronmaschine an üblichen einphasigen Stromkreisen zu betreiben. Allerdings sollte eine Möglichkeit gefunden werden, diese Maschine dann auch an Wechselspannung anlaufen zu lassen.

Der Selbstanlauf kann relativ einfach ermöglicht werden, wenn über einen Kondensator ein phasenverschobener Strom erzeugt wird, der an den freibleibenden Anschluss angelegt wird. Dadurch entsteht aus dem Wechselfeld wieder ein Drehfeld. Dieses ist nicht ideal „rund", sondern eher „elliptisch", da der Kondensator bekanntermaßen nur eine maximale Phasenverschiebung von 90° und nicht die eigentlich erforderliche Phasenverschiebung von 120° erzeugen kann. Dies ist allerdings ausreichend zum selbstständigen Anlauf der Maschine. Eine solche Schaltung wird Steinmetz-Schaltung genannt. Sie ist auch bei Maschinen in einer Dreieck-Schaltung möglich. Allerdings ist bei ihrer Anwendung die Belastung der Maschine gegenüber dem Nenndrehmoment zu reduzieren. Der Wirkungsgrad ist deutlich kleiner als beim dreiphasigen Betrieb.

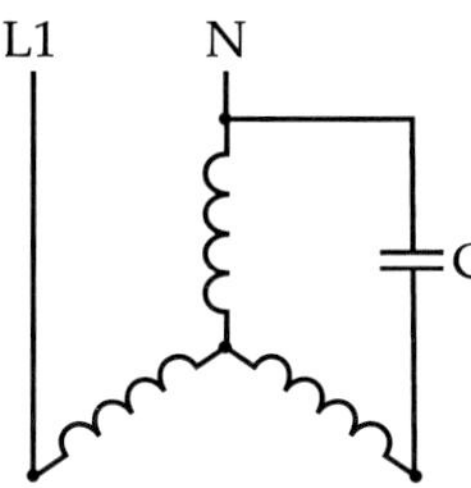

Der wechselstromtaugliche Kondensator muss eine beträchtliche Kapazität haben, die mit der Leistung der Maschine ansteigt. Diese Schaltung ist für größere Leistungen ungeeignet. Abgesehen davon, sollten größere Leistungen wegen der symmetrischen Belastung des Netzes ohnehin dreiphasig angeschlossen werden.

Abb. 133: Steinmetz-Schaltung

Bessere Ergebnisse können erzielt werden, wenn die Maschine speziell für den einphasigen Betrieb hergestellt wurde. Solche Maschinen besitzen dann nur zwei Wicklungsstränge, die um 90° versetzt angeordnet sind. Sie werden vorzugsweise für den Antrieb von Einrichtungen verwendet, die am Einphasennetz betrieben werden und deren Drehzahl nicht verstellt werden muss. Die Anwendung erfolgt meist für Nennleistungen unter 3 kW.

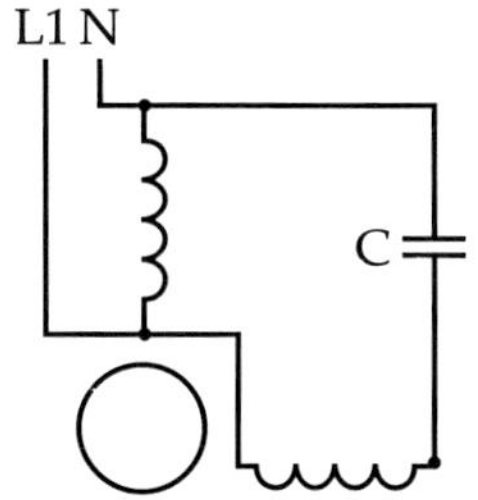

Das erforderliche Anlauf-Drehmoment soll klein sein oder im Leerlauf erfolgen. Beispiele sind kleinere Pumpen, z. B. Umwälzpumpen bei der Warmwasserheizung sowie Gartenpumpen, Elektro-Rasenmäher und der Kompressormotor im Kühlschrank.

Abb. 134: einphasige Asynchronmaschine

Spaltpolmotor

Nicht nur mit Hilfe eines Kondensators, sondern auch durch die Wirkung des magnetischen Feldes selbst kann ein angenähertes Drehfeld erzeugt werden. Man nutzt dazu die Erscheinung, dass in einem induktiven Stromkreis der Strom zeitlich verzögert zur Spannung fließt. (Bei Induktivitäten, Ströme sich verspäten ...)
Technisch genutzt wird dies im so genannten Spaltpolmotor. Der Name ist aufgrund der besonderen Gestaltung der Ständerpole dieser Maschine entstanden. Der Ständer eines Spaltpolmotors ist zur Verminderung der Eisenverluste aus einem Stapel von gestanzten Dynamoblechen gefertigt. Er besitzt zwei ausgeprägte Pole, die bewickelt sind. Die Wicklungen werden entsprechend an eine Wechselspannung angeschlossen.

Der Läufer besteht meist aus einem topfförmigen Hohlzylinder aus Kupfer oder Aluminium, der einseitig gelagert ist. In diesem Hohlzylinder werden wie bei der Asynchronmaschine Spannungen induziert, die den das Drehmoment bildenden Strom erzeugen sollen.

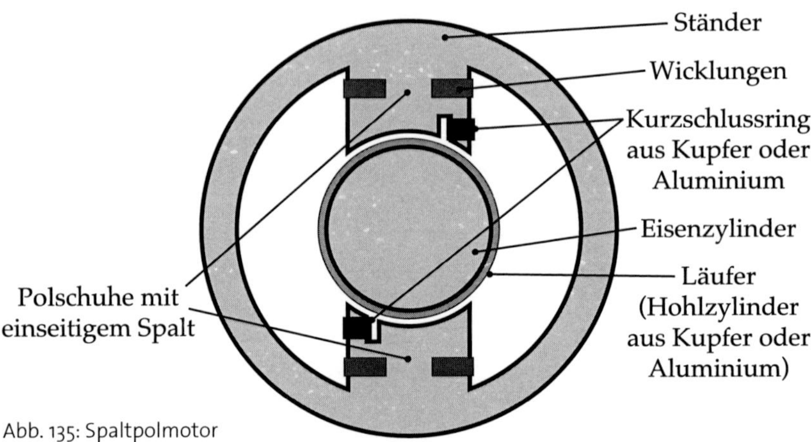

Abb. 135: Spaltpolmotor

Da nur Wechselstrom durch die Ständerwicklung fließt, entsteht lediglich ein Wechselfeld. Auch dieser Motor kann zunächst also kein Anlaufdrehmoment erzeugen. Das dazu erforderliche (angenäherte) Drehfeld wird hier dadurch erzielt, dass die Polschuhe jeweils einen einseitigen Spalt erhalten. Um den nun entstandenen kleineren abgetrennten Teil des Polschuhs wird ein Kurzschlussring aus Kupfer oder Aluminium gepresst. Da ein Teil des magnetischen Wechselfeldes diese Kurzschlussringe passiert, wird in ihnen ebenfalls eine Spannung induziert, die ihrerseits einen Strom antreibt.

Aufgrund der Induktivität dieses Kurzschlussrings fließt dieser Strom phasenverschoben zum ursächlichen Wechselfeld und verursacht in den Ringen nun wieder ein magnetisches Feld, phasenverschoben zum ursprünglichen Wechselfeld. So entsteht durch die Überlagerung der beiden Felder ein angenähertes Drehfeld. Dieses Feld ändert seine Amplitude während eines Umlaufs sehr stark. Es reicht jedoch aus, um ein relativ kleines Anlaufdrehmoment zu erzeugen.

Die Anwendung des Spaltpolmotors ist auf solche Fälle begrenzt, die nur ein sehr kleines Anlaufdrehmoment erfordern. Dies ist z. B. bei kleinen Ventilatoren der Fall, wo auch eine längere Anlaufzeit in Kauf genommen werden kann.
Der Hauptvorteil ist hier die besonders kostengünstige Lösung, da auf den verhältnismäßig teuren Betriebskondensator der Einphasen-Asynchronmaschine verzichtet werden kann. Der Wirkungsgrad des Spaltpolmotors ist allerdings äußerst gering, so dass er nur für kleinste Nennleistungen technisch sinnvoll ist.

3.5 Ruhende elektrische Maschinen

Unter diesem Oberbegriff fasst man Transformatoren zusammen. Ruhende elektrische Maschinen sind entweder Wechselstromtransformatoren (Einphasentransformatoren) oder Drehstromtransformatoren (Dreiphasentransformatoren).
Transformatoren können elektrische Energie in eine solche mit anderer Spannung und Stromstärke umformen. Die Frequenz bleibt allerdings immer gleich!

3.5.1 Einphasentransformatoren

Der Einphasentrafo besteht im Prinzip aus zwei Spulen, die sich auf einem gemeinsamen Kern aus magnetisierbarem Material befinden. Dieser Kern ist in den meisten Fällen aus vielen dünnen Blechen (Elektroblechen) zusammengesetzt.

Die Eingangswicklung (Primärwicklung, Oberspannungsseite) nimmt elektrische Energie auf. Diese wird über die magnetische Wirkung (magnetischer Wechselfluss) an den Kern weitergegeben. Da der Primärstrom ständig seine Größe und Richtung ändert, ändert sich natürlich auch Größe und Richtung des magnetischen Flusses mit der Frequenz der Eingangsspannung. So wird dann in der Ausgangswicklung (Sekundärwicklung, Unterspannungsseite) wiederum eine Spannung erzeugt (Induktionsgesetz, Induktion der Ruhe).

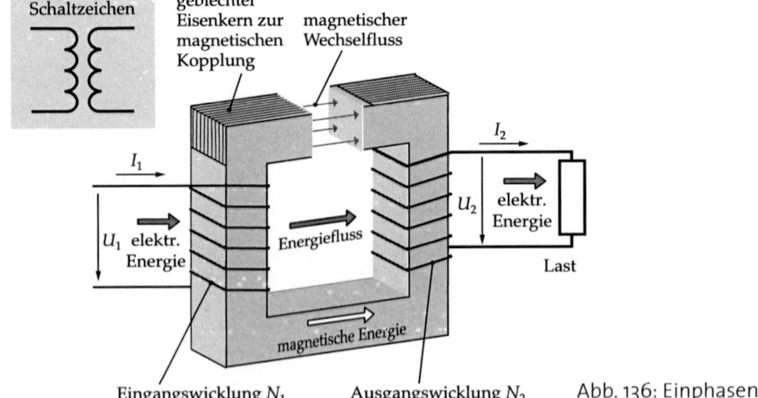

Abb. 136: Einphasen-Transformator

Das Induktionsgesetz (Induktion der Ruhe)
Wir erinnern uns: Eine Induktionsspannung entsteht dann, wenn sich in einer Spule der magnetische Fluss ändert. Die induzierte Spannung U_i ist umso größer, je größer die Windungszahl N der Spule, je stärker die Flussänderung und je kürzer die Zeitdauer ist, in der diese Flussänderung erfolgt.

$$U_i = N \cdot \frac{\Delta\Phi}{\Delta t}$$

3.5.2 Übersetzungen

Für einen idealen Trafo mit 100%iger Kopplung ohne Verluste gilt: $\Phi_1 = \Phi_2$

Primärseite: $U_{i1} = N_1 \cdot \frac{\Delta\Phi}{\Delta t}$ Sekundärseite: $U_{i2} = N_2 \cdot \frac{\Delta\Phi}{\Delta t}$

Gleichsetzen ergibt: $\frac{U_1}{N_1} = \frac{U_2}{N_2}$

Beim idealen Transformator ohne Belastung verhalten sich die Spannungen wie die Windungszahlen.

Das Verhältnis von Eingangsspannung zu Ausgangsspannung nennt man das Übersetzungsverhältnis $ü$.

$$ü = \frac{U_1}{U_2} \qquad ü = \frac{N_1}{N_2}$$

Weiterhin ist bei einem idealen Trafo die Eingangsleistung so groß wie die Ausgangsleistung:

$$U_1 \cdot I_1 = U_2 \cdot I_2 \qquad \frac{U_1}{U_2} = \frac{I_2}{I_1} \qquad \frac{I_1}{I_2} = \frac{N_2}{N_1}$$

Beim belasteten Trafo verhalten sich die Ströme den Windungszahlen entgegengesetzt.

$$ü = \frac{N_1}{N_2} = \frac{I_2}{I_1}$$

Wirkungsgrad von Transformatoren

Unter dem Wirkungsgrad η (griechisches kleines Eta) eines Trafos versteht man das Verhältnis von abgegebener Wirkleistung zu aufgenommener bzw. zugeführter Wirkleistung.

Der Wirkungsgrad von Transformatoren ist das Verhältnis von abgegebener Leistung zu aufgenommener Leistung:

$$\eta = \frac{P_{ab}}{P_{zu}}$$

Es handelt sich demnach um eine Zahl zwischen 0 und 1, da die abgegebene Leistung immer kleiner als die zugeführte Leistung ist (die Differenz sind die unvermeidbaren Verluste). Bei den Verlusten handelt es sich hauptsächlich um Eisen- und Wicklungsverluste.

Eisenverluste, auch Magnetisierungsverluste genannt, entstehen durch das ständige Ummagnetisieren des Blechpaketes.

Die Wicklungsverluste entstehen durch den Ohmschen Widerstand der Spule.

$$P_{VWi} = I^2 \cdot R_{Cu}$$

Beide Verlustleistungen werden in Wärme umgewandelt. Deshalb ist bei Transformatoren immer auf ausreichende Luftzirkulation bzw. Kühlung zu achten.

Kleintransformatoren

Kleintransformatoren haben Bemessungsleistungen bis 16 kVA, Eingangsspannungen bis 1000 V und Frequenzen bis 500 Hz.

Kleintransformatoren werden durch folgende Symbole gekennzeichnet:

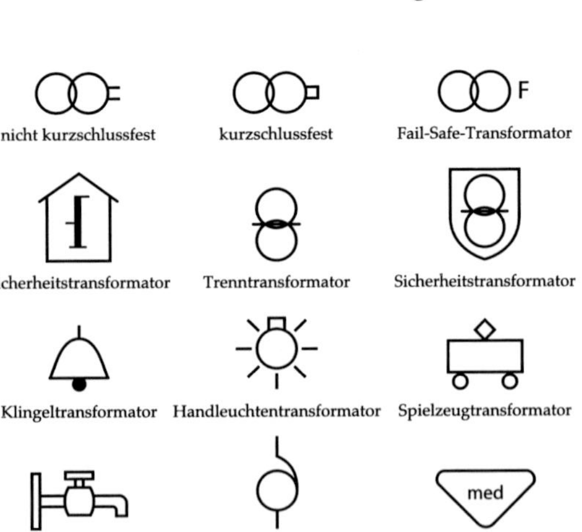

Abb. 137: Tabelle Übersicht Kleintransformatoren

Beispiele für Arten von Kleintransformatoren

Trenntransformatoren
sind Transformatoren mit elektrisch (galvanisch) getrennten Wicklungen und dienen der Schutztrennung gemäß DIN VDE 0100.
Die höchstzulässige Nenn-Sekundärspannung beträgt 250 V bei Wechselspannungs-Trenntrafos und 400 V bei Drehstrom-Trenntrafos.
Der höchstzulässige Nenn-Sekundärstrom beträgt 16 A.
Die Eingangswicklung muss besonders sicher gegen eine unbeabsichtigte Verbindung mit der Ausgangswicklung sein. Dies wird durch getrennte Spulenkörper oder Spulenkörper mit Trennwand erreicht.
Ortsveränderliche Trenntrafos müssen schutzisoliert sein (Schutzklasse II) und zum Anschluss eine fest angebaute Schutzkontakt-Steckdose ohne Schutzkontakt haben. An einen Trenntrafo darf jeweils nur ein einzelnes Gerät angeschlossen werden. Sollen ausnahmsweise mehrere Geräte betrieben werden, so muss ein örtlicher erdfreier Potenzialausgleich hergestellt werden.

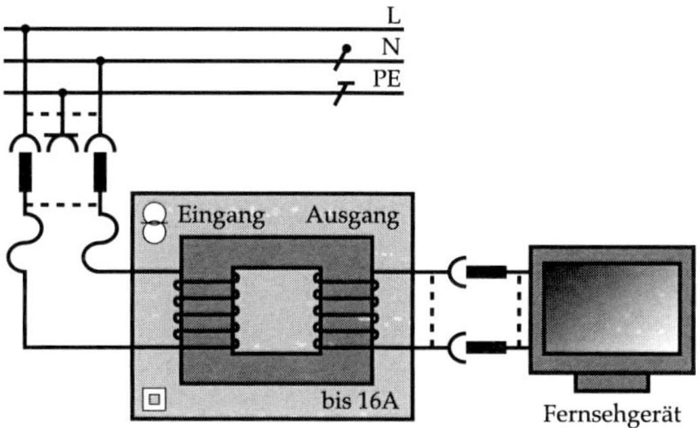

Abb. 138: ortsveränderlicher Trenntrafo

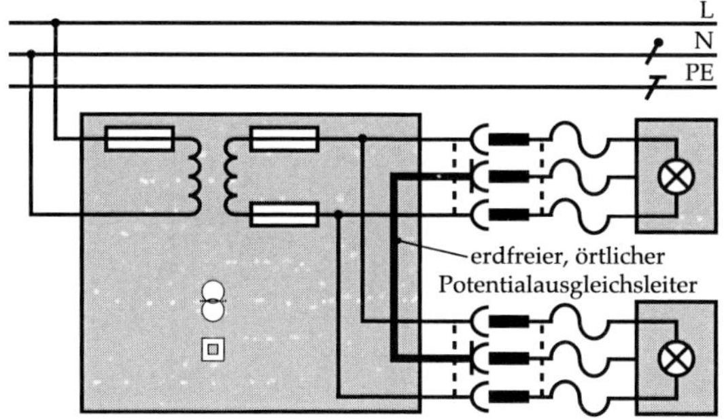

Abb. 139: ortsfester Trenntrafo

Netzanschlusstransformatoren
haben eine oder mehrere Ausgangswicklungen, die von der Eingangswicklung elektrisch getrennt sind. Sie werden z.B. zum Anschluss von Effektgeräten verwendet. Häufig sind sie bereits im Gerät eingebaut.

Spielzeugtransformatoren
sind für elektrisch betriebenes Spielzeug vorgeschrieben (Eisenbahn, Carrerabahn ...). Die Bemessungs-Ausgangsspannung darf nicht über 24V und die Leistung nicht über 200VA liegen. Auch Spielzeugtransformatoren müssen schutzisoliert sein.

3.5.3 Drehstromtransformatoren

Dreiphasenwechselspannung lässt sich entweder mit drei gleichen Einphasen-Transformatoren übertragen, wenn deren Eingangs- und Ausgangswicklungen in Stern- oder Dreieckschaltung miteinander verbunden sind, oder auch mit einem Drehstromtransformator, der einen gemeinsamen Eisenkörper für alle Wicklungen besitzt.
Drehstromtransformatoren großer Leistung haben meist einen Ölkessel, in dem der Eisenkern und die Wicklungen untergebracht sind. Öl kühlt besser als Luft, es isoliert besser und verhindert das Eindringen von Feuchtigkeit. Durch die Erwärmung kann sich das Öl stark ausdehnen, weshalb ein Ausdehnungsgefäß angebracht ist, das nur zum Teil mit Öl gefüllt ist. Wo Öltransformatoren nicht zugelassen sind (beispielsweise in Versammlungsstätten), werden Trockentransformatoren (Gießharztransformatoren) verwendet. Die Oberspannungsseite besteht aus drei Wicklungen, die entweder in Sternschaltung oder in Dreieckschaltung verkettet werden können. Dementsprechend können auch die drei Stränge der Unterspannungsseite verschaltet werden.
Eine Sonderform der Verschaltung auf der Unterspannungsseite ist die sogenannte Zickzack-Schaltung.

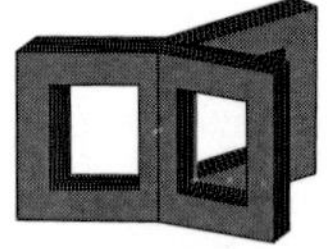
a) Kern aus 3 U-Kernen

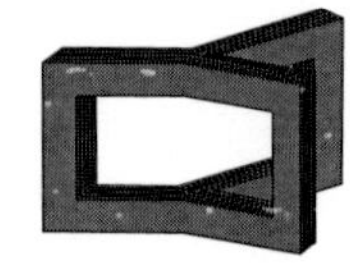
b) mittlerer Schenkel weggelassen

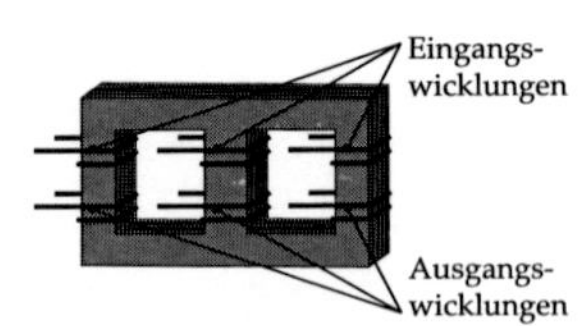

c) Schenkel in 1 Ebene gebracht

Abb. 140 a-c: Entstehung des Eisenkerns von Drehstromtrafos a) bis c)

Gebräuchliche Schaltgruppen für Drehstrom-Leistungstranformatoren (DIN VDE 0532)

Bezeichnung		Zeigerbild	Schaltungsbild (bei gleichem Wickelsinn der Spulen)	Zeigerbild Unter-spannung	Über-setzung $U_1 : U_2$	Schalt-zeichen
Kenn-zahl	Schalt-gruppe	Ober-spannung	Ober-spannung / Unter-spannung			
0	Yy0	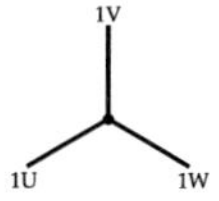	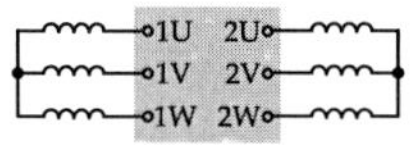	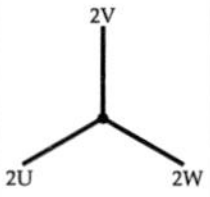	$\frac{N_1}{N_2}$	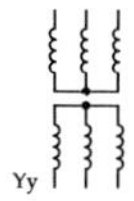
5	Dy5	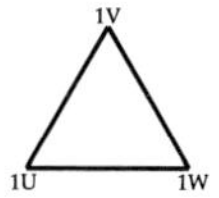	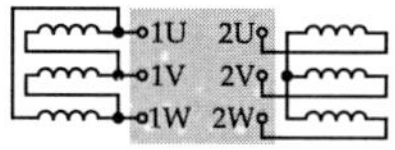	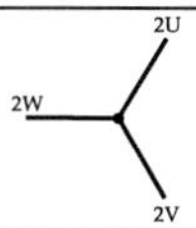	$\frac{N_1}{\sqrt{3} \cdot N_2}$	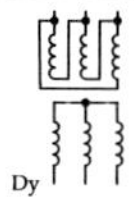
5	Yd5	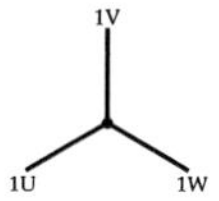	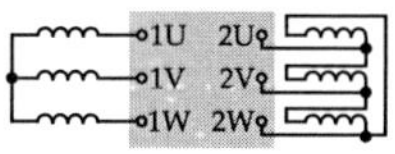	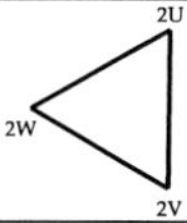	$\frac{\sqrt{3} \cdot N_1}{N_2}$	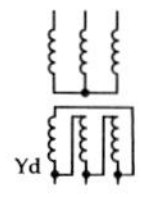
5	Yz5	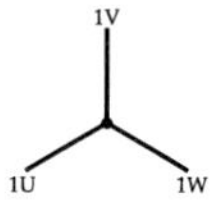	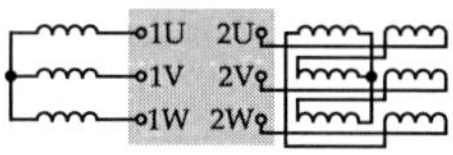	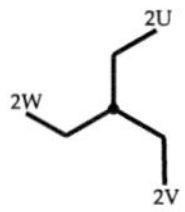	$\frac{2N_1}{\sqrt{3} \cdot N_2}$	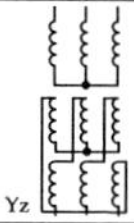

Tab. 14: Tabelle Übersicht Schaltgruppen für Drehstrom-Leistungstransformatoren

Schaltgruppenangaben bestehen immer aus Kombinationen von Buchstaben und Zahlen:

- Der erste (Groß-)Buchstabe für die Oberspannungsseite ist entweder ein Y (für Sternschaltung) oder ein D (für Dreieckschaltung).
- Der zweite (Klein-)Buchstabe ist für die Unterspannungsseite, man findet y (Sternschaltung), d (Dreieckschaltung) oder z (Zickzackschaltung).
- Ein n deutet an, dass bei der Sternschaltung der Neutralleiter aus dem Transformator herausgeführt ist.
- Danach folgt eine Zahl, die die Phasenverschiebung von der Oberspannung zur Unterspannung in Vielfachen von 30° angibt (z. B. 0: 0°, 5: 150°).

Beispiel:
Erklären Sie die Schaltgruppenangabe Dyn5.
D – Oberspannung im Dreieck
y – Unterspannung im Stern
n – Sternpunkt (Neutralleiter) herausgeführt
5 – Phasenverschiebung beträgt $5 \cdot 30° = 150°$

Unsymmetrische Belastung von Drehstromtransformatoren

Im Niederspannungsnetz treten bekanntermaßen häufig unsymmetrische Belastungsfälle auf, bei denen im Neutralleiter der Ausgleichsstrom fließt. Diese Unsymmetrie überträgt sich natürlich auch bei Transformatoren und führt zu Fehlfunktionen und Spannungsverschiebungen.

Bei einem Trafo der Schaltgruppe Yyn fließt bei einphasiger Belastung der Unterspannungsseite in allen Strängen der Oberspannungsseite Strom. Da die Eisenschenkel dieser Stränge jedoch ausgangsseitig nicht belastet werden, steigt in ihnen die Flussdichte stark an und die magnetische Streuung nimmt zu. Als Folge steigt die Ausgangsspannung in den unbelasteten Strängen an und nimmt im belasteten Strang ab.

Transformatoren in Yyn-Schaltung sind für unsymmetrische/einphasige Belastung nicht geeignet.

Bei einem Transformator der Schaltgruppe Dyn ist eine einphasige Belastung möglich, da der Strom auf der Oberspannungsseite nur im Strang des ausgangsseitig belasteten Schenkels fließt.

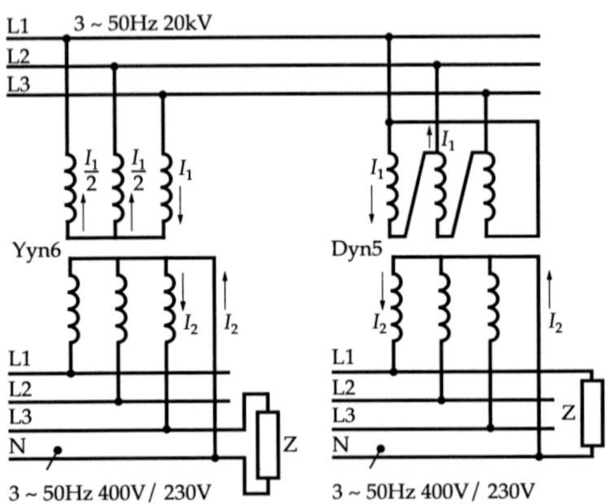

Abb. 141: unsymmetrische Belastung von Drehstromtrafos

Einphasige Belastung bei einem oberspannungsseitig in Stern geschalteten Transformator ist nur möglich, wenn jeder Strang der Unterspannungswicklung gleichmäßig auf zwei Schenkel verteilt ist. Das Zeigerbild der Unterspannung ist dann zickzackförmig. Daher erhält diese Schaltgruppe ihren Namen.

Die stromdurchflossenen Wicklungshälften befinden sich auf zwei Eisenschenkeln, deren Oberspannungswicklungen ebenfalls stromdurchflossen sind.

Die Schaltgruppe Yzn eignet sich für stark unsymmetrische Last (Schieflast) und wird deswegen bei Verteilungstransformatoren mittlerer und kleiner Leistung eingesetzt.

Der Neutralleiter ist voll belastbar; allerdings ist die Herstellung der Zickzackschaltung sehr aufwändig.

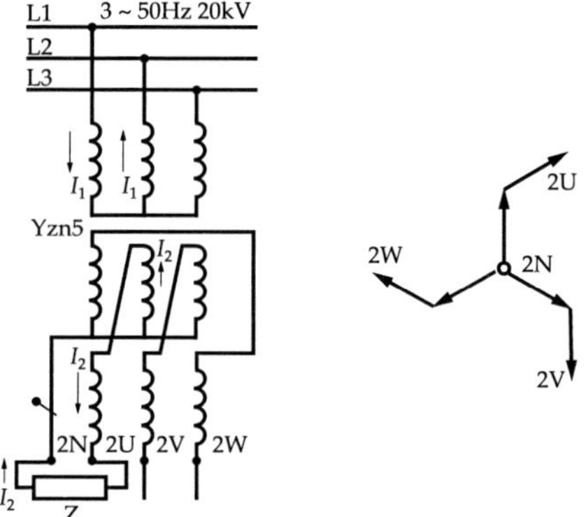

Abb. 142 a+b: Die Zickzackschaltung a) und b)

Kapitel 4

Gefährdung durch elektrischen Strom – Schutzmassnahmen

4.1 Personenschäden durch elektrische Anlagen

Obwohl infolge der enorm gestiegenen Zuverlässigkeit elektrischer Anlagen die Zahl der Elektrounfälle in Europa erheblich gesunken ist, sterben immer noch viele hundert Menschen durch eben diese Unfälle. Insbesondere als Elektrofachkraft, die an elektrischen Anlagen und Betriebsmitteln arbeitet, muss man sich über die möglichen Gefahren im Klaren sein und wissen, wie man sich selbst und Andere (Laien) zuverlässig und unter allen Umständen schützen kann.

Personenschäden treten vorwiegend auf:

- in nicht ordnungsgemäß errichteten elektrischen Anlagen
- durch schlecht gewartete elektrische Anlagen
- durch unsachgemäßen Umgang mit elektrischen Betriebsmitteln / Anlagen
- durch Überlastung von (Teilen) der elektrischen Anlage
- durch Bedienung bzw. Reparatur / Änderung / Erweiterung von bestehenden elektrischen Anlagen von nicht ausgebildeten oder nicht unterwiesenen Personen.

Die meisten Stromunfälle ereignen sich im Niederspannungsbereich, also bis zu einer Nennspannung von 1000 V.
Dabei muss man sich bewusst sein, dass technische Mängel nur noch selten die Unfallursache sind. Auffallend häufig ist dies hingegen fehlerhaftes Verhalten.
Wenn fehlerhafte oder defekte Arbeitsmittel zum Unfall führen, liegt in der Regel ein organisatorischer Mangel vor: Der Defekt wurde nicht rechtzeitig erkannt und behoben. So ereignen sich Unfälle oft beim Arbeiten in der Nähe spannungführender Teile, weil man Abdeckungen oder Abschrankungen vergessen hat oder die elektrische Gefährdung von vornherein nicht richtig erkannt und beurteilt wurde. In der Regel ist es jedoch keineswegs der ahnungslose Praktikant, der sich (im besten Fall) nur die Finger verbrennt: Unter den elektrotechnischen Laien trifft es vor allem Betriebsleiter, Ingenieure und Meister. Doch ihre qualifizierten Kollegen sind nicht etwa erwartungsgemäß auf der sicheren Seite, sondern verunglücken etwa doppelt so häufig.
Das liegt zum einen daran, dass die höher qualifizierten Fachkräfte verstärkt bei besonders komplexen und schwierigen Installations- und Wartungsarbeiten eingesetzt werden. Doch eine weitere Unfallursache ist Nachlässigkeit: Man hat sich gerade aufgrund der langjährigen Tätigkeit und Erfahrung an die Gefahr gewöhnt, nimmt sie nicht mehr so bewusst wahr und unterschätzt daher die Risiken.

Die Folgen eines (kleinen) elektrischen Unfalls können höchst dramatisch sein:

· Verbrennungen
· Verlust des Sehvermögens
· Verlust von Körperteilen
· Tod

Die Wahrscheinlichkeit eines tödlichen Ausgangs ist bei einem Stromunfall übrigens mehr als 25 Mal höher als bei anderen Arbeitsunfällen.

Fließt Strom durch den menschlichen Körper treffen zumindest drei der bereits bekannten fünf Wirkungen des elektrischen Stroms zu:

4.1.1 Wärmewirkung

Wenn Strom durch einen Widerstand fließt, wird dieser Widerstand erwärmt. Im Falle einer lockeren Klemme ist der Übergangswiderstand zwischen Leiter und Klemme groß. Im Vergleich zum relativ kleinen Leitungswiderstand erzeugt dann der durchfließende Strom an der Übergangsstelle eine große Leistung und damit Wärme ($P = I^2 \cdot R$ – je größer R desto größer P). Diese Tatsache ist natürlich besonders wichtig für den Stromfluss durch unseren Körper. Wird (zufällig) ein stromführendes Teil berührt, ist der Übergangswiderstand zwischen Haut und Gegenstand relativ groß. Die Folge sind Verbrennungserscheinungen (Brandblasen) an den Ein- und Austrittstellen des Stroms (sogenannte Strommarken). Diese treten allerdings nicht immer auf (auch nicht bei tödlichen Unfällen).

Große elektrothermische Verbrennungen sind durch tiefgreifende Zerstörung der Haut und stromdurchflossener Gewebeteile (Muskulatur und Gefäße) gekennzeichnet. Unmittelbar nach einen Unfall ist die volle Ausdehnung der Auswirkungen oft nicht zu erkennen. Dem behandelnden Arzt sollte deswegen immer mitgeteilt werden, dass die Verbrennungen durch elektrischen Strom entstanden sind.
Lichtbogenverbrennungen entstehen allein durch die Wärme des Lichtbogens (Temperaturen von deutlich über 4000° C). Diese Verbrennungen sind oft nur oberflächliche Verbrennungen ohne Tiefenwirkung, aber leider umso großflächiger!

Neben diesen offensichtlichen und schmerzhaften Erscheinungen gibt es weitere Auswirkungen, die nicht immer sofort bemerkt werden. Unser Körper wird durch den Stromfluss entlang des Stromweges durch ihn hindurch erwärmt. Dies kann je nach Stärke und Dauer dazu führen, dass das Eiweiß im Körper gerinnt (bereits ab etwa 41° C). Die Folgen sind Verstopfungen der Blutgefäße (Thrombose), Vergiftungserscheinungen und schließlich das Platzen der roten Blutkörperchen, womit auch die Sauerstoffversorgung des Körpers nicht mehr sichergestellt ist.

4.1.2 Chemische Wirkung

Leitet man elektrischen Strom durch Flüssigkeiten, so werden diese zersetzt (Elektrolyse). Dies passiert auch beim menschlichen Körper, der zu ca. 70 % aus mit Mineralien und Salzen angereicherten Flüssigkeiten besteht. Besonders gefährdet sind hierbei die einzelnen Zellen, die durch das Zersetzen der Zellflüssigkeit absterben. Die Folgen sind starke Vergiftungserscheinungen sowie Leber- und Nierenschäden. Diese Wirkung des elektrischen Stroms tritt allerdings hauptsächlich bei Gleichstrom auf, der in der Veranstaltungstechnik in gefährlicher Stärke kaum vorkommt.

4.1.3 Physiologische Wirkung

Der Organismus benutzt ständig Elektrizität, um Sinneseindrücke an das Gehirn zu melden bzw., um von dort Steuersignale an Nerven und dadurch an die Muskeln zu senden. Diese Spannungsimpulse bewegen sich in der Größenordnung von 10–50 μV in den Nerven und bis zu 0,5–1 mV in den Muskeln. Werden Muskeln durch von außen anliegende Spannungen angeregt, die weit höher liegen als die körpereigenen Spannungen, werden diese überlagert und normale Abläufe gestört (z.B. verkrampfen sich Muskeln). Dies hat u.U. zur Folge, dass man wegen starker Verkrampfung der Hand ein stromführendes Teil nicht mehr loslassen kann oder dass durch eine Verkrampfung des Zwerchfells bzw. der Bauch- oder Brustmuskulatur die Atmung aussetzt.

Das Steuerzentrum (Sinusknoten) unseres Herzens liegt in seiner Mitte, deshalb sind Fremdströme über das Herz sehr gefährlich. Unsere Netzspannung hat eine Frequenz von 50 Hz, das Herz würde also 100 Mal in der Sekunde Befehle zum Zusammenziehen bekommen, das ist ca. 80 Mal schneller als normal! Die Folge ist rasendes, oberflächliches Arbeiten: Es wird kein Blut mehr befördert, das Herz pumpt also nicht mehr (Herzflimmern oder Herzkammerflimmern) und der Körper wird nicht mehr mit Blut versorgt. Die Überbelastung des Herzens führt in der Folge zum Herzstillstand und häufig zum Tod.

Der Betrag eines konstanten Gleichstroms muss zwei- bis viermal größer als der Effektivwert eines Wechselstroms sein, um die gleiche Reizung von Nerven und Muskeln sowie Herzvorhof- oder Herzkammerflimmern auszulösen.
Beim Herzvorhof- oder Herzkammerflimmern kommt es zu völlig ungeordnetem, örtlich und zeitlich unkoordiniertem Zusammenziehen der einzelnen Herzmuskelfasern. Daraus folgt häufig ein Kreislaufstillstand. Mit Versagen des Blutkreislaufs entfällt der Sauerstofftransport zu den Körperzellen. Wichtige Steuer- und Überwachungszentren des Gehirns können einen Sauerstoffmangel nur sehr kurze Zeit (max. 3–5 Minuten) ertragen, ohne dass dies zu irreparablen Schäden oder sogar zum Tod führt.

Zeit-Stromstärke-Bereiche

Wie man anhand der grafisch dargestellten Zeit-Strom-Gefährdungsbereiche erkennen kann (siehe nächste Seite), gibt es vier unterschiedlich gefährliche Bereiche. Darüberhinaus erkennt man die Unterschiede zwischen Gleich- und Wechselstrom. Bei der Darstellung wird von einem Stromweg durch den menschlichen Körper von Hand zu Hand bzw. von Hand zu Fuß ausgegangen.

1. Wahrnehmbarkeitsschwelle (W_{DC}, W_{AC}):
Die Wahrnehmbarkeitsschwelle ist der Minimalwert des Stroms, der von einer durchströmten Person wahrgenommen wird. Stromstärken unterhalb dieser Grenze werden in der Regel nicht bemerkt.
Stromstärken oberhalb dieser Grenze haben bis zur Loslass-Schwelle in den meisten Fällen keine schädliche Wirkung.

2. Loslass-Schwelle (L_{DC}, L_{AC}):
Die Loslass-Schwelle ist der Maximalwert des Stroms, bei dem eine Person die spannungsführenden Teile noch loslassen kann. Oberhalb dieser Grenze ist der Mensch aufgrund der starken Muskelverkrampfungen nicht mehr in der Lage, sich selbstständig von der Gefahrenstelle zu lösen (Klebenbleiben). Darüber hinaus kommt es zu Atembeschwerden durch Verkrampfung der Brust- und Bauchmuskulatur (Zwerchfell) und zur Steigerung des Blutdrucks. Außerdem können Unregelmäßigkeiten beim Herzschlag auftreten.

3. Schwelle des Herzkammerflimmerns (H_{DC}, H_{AC}):
Bei Stromstärken oberhalb dieser Schwelle kann Herzkammerflimmern auftreten. Dabei besteht zunehmend Lebensgefahr.

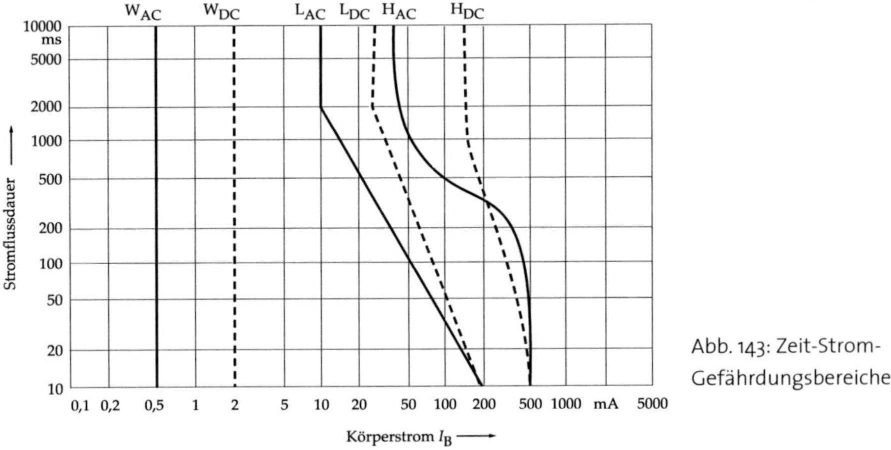

Abb. 143: Zeit-Strom-Gefährdungsbereiche

Die Gefährdung des Menschen hängt entscheidend von der Stromstärke der Körperströme, von der Einwirkdauer, vom Weg durch den Körper und weiterhin von der Frequenz ab. Wechselströme bis etwa 500 Hz sind besonders gefährlich. Darüber hinaus wird es weniger gefährlich, weil sich die Muskeln so schnell nicht stimulieren lassen. Allerdings entfällt die Reizwirkung erst ab ca. 10 kHz! Im Gegensatz zum Nachlassen der physiologischen Wirkung stellt man jedoch fest, dass der wärmeerzeugende Effekt mit steigender Frequenz zunimmt.

4.1.4 Schädigung der Augen

Je nach Dauer und Intensität der Einwirkung können folgende Schäden auftreten:

- Lidschwellungen
- Hornhauttrübungen
- Linsentrübungen
- Glaskörpertrübungen
- Netzhautblutungen

4.1.5 Schäden durch Lichtbögen

Ein Lichtbogen ist ein Kurzschluss und somit elektrisch leitend – solange der Lichtbogen steht und mit einem Körper Verbindung hat, fließt ein Strom, dessen Stärke nur durch den Widerstand des Körpers begrenzt wird.
Schäden durch Lichtbögen betreffen fast ausschließlich Personen, die an elektrischen Anlagen arbeiten. Während eine Körperdurchströmung noch glimpflich verlaufen kann, führen Lichtbogenunfälle ausnahmslos zu Gesundheitsschäden,

oftmals mit verheerenden Folgen. Diese machen seit Jahrzehnten 40% aller Stromunfälle aus. Die Beachtung der Normen zum Arbeiten an elektrischen Anlagen sowie das Tragen von PSA ist daher unbedingt erforderlich, auch wenn dies von Anderen (Profis???) belächelt wird.

Eine Untersuchung der Verteilung der Verbrennungen nach Lichtbogenunfällen gibt Aufschluss darüber, wie effektiv die PSA eingesetzt werden kann:

- Unterkörper, Rumpf und Oberarme sind meist weniger von Verbrennungen betroffen. Sie sind in der Regel von der Arbeitskleidung bedeckt.
- In etwa jedem zweiten Fall kommt es zu Verbrennungen an Kopf, Hals, Unterarmen und Händen. Experten schließen daraus, dass bei Arbeiten im Gefährdungsbereich elektrischer Anlagen häufig kein Helm mit Gesichtsschutz, keine Arbeitsjacke und keine Handschuhe getragen werden.

Größte Vorsicht ist im Rahmen von Spannungsmessungen in Verteilungen erforderlich. Gerade beim Verwenden von Vielfachmessgeräten ist die Verwechslung von Messbereichen leicht möglich. Dann schützen auch evtl. eingebaute Sicherungen nicht zuverlässig. Die Messgeräte können explodieren oder anfangen zu brennen. Möglichst sollte in Verteilungen nur mit einem zweipoligen Spannungsprüfer nach VDE 0680 (Duspol) gemessen werden.
Neben den direkten Auswirkungen der Hitze eines Lichtbogens entwickelt dieser auch eine große Helligkeit, sodass Menschen in der Nähe geblendet bzw. geblitzt werden. Sie verlieren dann ihr Sehvermögen, meist über das Erlöschen des Lichtbogens hinaus.
Durch den starken Anstieg der Temperatur um mehrere 1000 K wird das Leitermaterial (Kupfer oder Aluminium) so schnell zum Schmelzen gebracht, dass es mit hoher Geschwindigkeit aus der Schmelze herauskatapultiert wird. Das kann zu sehr tiefen und u.U. lebensgefährlichen Einbrennungen in Haut und Muskulatur führen.

4.1.6 Mechanische Sekundärschäden

Sollten die zuvor beschriebenen Schäden nicht oder nur in geringem Ausmaß auftreten, können weitere Gefährdungen auftreten:

- Unfälle durch Schreckwirkungen (Sturz ...),
- Explosionen, vor allem in den Bereichen Chemie oder Bergbau und in Operationsräumen und
- Fehlfunktionen von Maschinen (unbeabsichtigte Bewegung).

4.2 Erste Hilfe bei Stromunfällen

Eine Besonderheit bei Stromunfällen ist das Auftreten des Herzkammerflimmerns. Das bedeutet, dass der Sauerstofftransport im Körper nicht mehr gewährleistet ist. Wichtig ist daher, dass nach Eintritt eines elektrischen Unfalls mit Körperdurchströmung sofort Erste Hilfe eingeleitet wird.

Das bedeutet im Einzelnen:
- frühestmögliche Alarmierung des Rettungsdienstes bzw. Notarztes
- sofortiger Beginn mit der Herz-Lungen-Wiederbelebung
- frühe Defibrillation

4.2.1 Ablauf der Ersten Hilfe

In jedem Fall ist zunächst für eine Stromunterbrechung zu sorgen. Der eigenen Sicherheit kommt jedoch bei Unfällen mit elektrischem Strom eine große Bedeutung zu. Keinesfalls sollte der Helfer sich selbst in Gefahr bringen. Bei Unfällen mit Niederspannung (unter 1000 V) ist in der Regel eine Trennung des Verunfallten von den stromführenden Teilen möglich.

Dies kann geschehen durch:
- Ziehen des Netzsteckers,
- Abschalten der Sicherung,
- Ausschalten von Hauptschaltern,
- Wegziehen des Verletzten an Bekleidungsstücken,
- Wegdrücken/Abdrücken des Verunfallten mit isolierenden Hilfsmitteln (z. B. Holzlatte) oder
- das Stellen auf eine isolierende Unterlage (mehrfach geschichtete Platten aus Holz, Glas o. Ä.), Hände mit Tüchern (Kleidungsstücken) umwickeln und den Verunglückten fortreißen.

Bei Hochspannungsunfällen muss durch den Helfer grundsätzlich sofort ein Notruf abgesetzt werden. Weitere Maßnahmen sind erst nach Eintreffen des Fachpersonals möglich, dass die erforderlichen Freischaltungen und evtl. Erdungsmaßnahmen in den Anlagen durchführen muss. Keinesfalls darf der Helfer hier selbst tätig werden.

Nach der Trennung des Verunfallten von den spannungsführenden Teilen ist sofort die Ruhelage herzustellen. Die weiteren Maßnahmen richten sich dann nach dem Zustand des Verletzten.

Diese können sein:
· Atemspende,
· Herz-Lungen-Wiederbelebung,
· stabile Seitenlage,
· Schocklagerung,
· keimfreies Abdecken von Brandwunden,
· Versorgung anderer Wunden.

Generell sollte der Notruf schnellstmöglich abgesetzt werden. Auf einen Unfall mit elektrischem Strom sollte bereits bei der Alarmierung des Rettungsdienstes hingewiesen werden.

4.2.2 Erste Hilfe bei Unfällen mit Verbrennungen

Elektrisch bedingte Verbrennungen (innere und äußere) treten beim Stromunfall vergleichsweise häufig auf. Das Ausmaß der Schädigungen ist – außer bei Lichtbogenunfällen – unmittelbar nach dem Unfall wegen der Fortleitung des Stroms über die Blutgefäße nicht sicher einzuschätzen. Diese Verletzungsart betrifft nicht nur die Haut, sondern ebenfalls das darunter liegende Gewebe. Auch beim Stromunfall mit erheblichen Verbrennungen kann Herz- und Atemstillstand durch den Stromdurchgang hervorgerufen werden.

4.2.3 Ablauf der Erste-Hilfe-Maßnahmen

· Gegebenenfalls sofort den Strom abschalten.
· Brennende Kleidung sofort mit Wasser, durch Einwickeln in Decken (Löschdecke), (feuchte) Tücher oder Ähnliches, aber auch notfalls durch Rollen des Verunfallten am Boden löschen.
· Die Kleidung über der Brandwunde entfernen, sofern sie nicht festklebt.
· Bei einer umschriebenen (gegen die Umgebung abgegrenzten) Verbrennung an den Gliedmaßen kann dieser Gliedmaßenteil sofort in kaltes Wasser eingetaucht oder unter fließendes Wasser gehalten werden, bis eine Schmerzlinderung eintritt (ca. 10–15 Minuten). Anschließend ist die Brandwunde keimfrei mit einem Verbandtuch abzudecken. Die erste Handlung nach einer Verbrennung

sollte – wenn möglich – im blitzartigen Abkühlen der verbrannten Partien bestehen. Hier zählen Sekunden, denn solange das Gewebe über 52° C warm ist, wird es geschädigt. Großflächige Verbrennungen am Körperstamm vorsichtig mit Wasser kühlen. Dann ebenfalls mit einem Verbandtuch keimfreie abdecken.

- Das Auftragen von Öl, Salben, Puder o. Ä. ist verboten.
- Der Verletzte sollte zusätzlich mit einer Wolldecke bedeckt werden, die jedoch die Brandwunden nicht berühren darf.
- Einem bewusstlosen Verletzten darf auf keinen Fall Flüssigkeit eingeflößt werden. Beruhigungs- und Schmerzmittel sowie andere Medikamente dürfen nur durch einen Arzt verabreicht werden.

4.2.4 Grundsätze

Personen, die eine Körperdurchströmung erlitten haben, sollten – unabhängig von ihrem Befinden – unverzüglich unter Einsatz von Rettungsdienst und Notarzt in ein Krankenhaus überführt werden. Das gefährliche Herzkammerflimmern kann auch noch einige Zeit nach Abschalten des Stroms auftreten. Hier kann der Notarzt dann schnell helfen. Im Krankenhaus sollte dann für eine angemessene Zeit eine Beobachtung und Messung der Herzströme (EKG) erfolgen. Durch die Körperdurchströmung kann es im Körper zu Verbrennungen von Gewebe gekommen sein. Hierdurch sind im Blut Giftstoffe vorhanden, die von den Nieren evtl. nicht abgebaut werden können. Es kommt nach einigen Tagen durch die Giftstoffe im Blut zu einem Organversagen, in den meisten Fällen mit Todesfolge. Durch eine Blutuntersuchung muss abgeklärt werden, ob Giftstoffe vorhanden sind. Evtl. muss eine Blutwäsche (Dialyse) erfolgen.

4.3 Die fünf Sicherheitsregeln beim Arbeiten an elektrischen Anlagen und Geräten

Generell ist das Arbeiten an unter Spannung stehenden Betriebsmitteln oder Anlagen verboten. Nach den TRBS 2131, der VDE 0105 Teil 100 bzw. der BGV A3 gelten zusammengefasst die folgenden Regeln immer, bei Anlagen unter 1000 V sind einige Erleichterungen gültig.

In den mit Abstand meisten Fällen, in denen Elektrofachkräfte einen Elektrounfall erleiden, liegt ein Verstoß gegen eine, oft sogar mehrere dieser fünf „goldenen" Regeln vor.
Übrigens: Seitens der Berufsgenossenschaften werden Verstöße gegen die fünf Sicherheitsregeln üblicherweise mindestens als grob fahrlässig eingestuft.

1. Freischalten
Es müssen alle Teile der Anlage freigeschaltet werden, an denen gearbeitet werden soll. Der Netzstecker muss gezogen werden.
Sicherungseinsätze müssen entfernt und Leitungsschutzschalter abgeschaltet werden.
Kondensatoren, deren selbsttätige Entladung nicht gewährleistet ist, sind mit geeigneten Mitteln zu entladen.

2. Gegen Wiedereinschalten sichern
Nur die in der Anlage tätigen Menschen können das betreffende Anlageteil wieder in Betrieb setzen. Durch irrtümliche oder versehentliche Wiedereinschaltung einer Anlage können sich schwerwiegende Unfälle ereignen.
Für die Dauer der Arbeit muss ein Verbotsschild zuverlässig dort angebracht sein, wo ein Anlagenteil freigeschaltet worden ist oder unter Spannung gesetzt werden kann.

Zum Freischalten benutzte Sicherungseinsätze müssen herausgenommen und sicher verwahrt oder durch Schraubkappen bzw. Blindeinsätze, die nur mit besonderem Werkzeug zu entfernen sind, ersetzt werden.

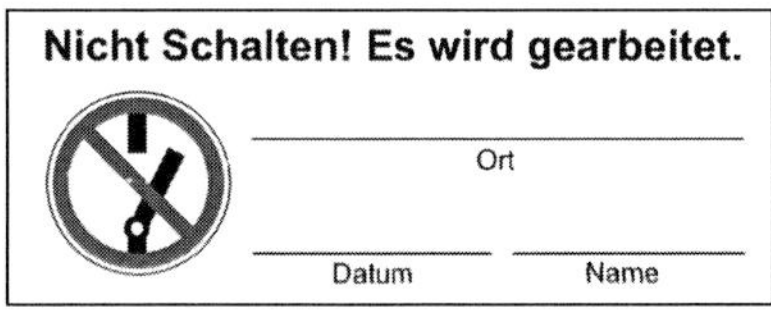

Abb. 144: Schild „Gegen Wiedereinschalten sichern"

Zum Freischalten verwendete fest eingebaute Leitungsschutzschalter sind durch geeignete Maßnahmen (z. B. Klebefolien) gegen ein Wiedereinschalten zu sichern.

3. Spannungsfreiheit feststellen
Durch Messung mit Messgerät oder vorzugsweise zweipoligem Spannungsprüfer ist sich zu vergewissern, dass keine Spannung gegen Erde am betreffenden Anlageteil vorhanden ist. Spannungsprüfer sind vor Benutzung auf einwandfreie Funktion zu überprüfen. In jedem Fall muss die Spannungsfreiheit an der Arbeitsstelle allpolig festgestellt werden.
Die Spannungsfreiheit darf nur durch eine Elektrofachkraft oder eine unterwiesene Person festgestellt werden.

Abb. 145: Zweipoliger Spannungsprüfer („Duspol")

4. Erden und Kurzschließen
Außenleiter werden untereinander und mit der Betriebserde (durch spezielle Verbindungsleitungen) miteinander verbunden. In Anlagen sowie für schutzisolierte Freileitungen mit Nennspannungen bis 1 kV darf vom Erden und Kurzschließen abgesehen werden, wenn der spannungsfreie Zustand gemäß der Maßnahmen 1., 2. und 3. sichergestellt ist.
Ggf. ist persönliche Schutzausrüstung (Helm mit Gesichtsschutz, eng anliegende Kleidung, Handschuhe) zu tragen.

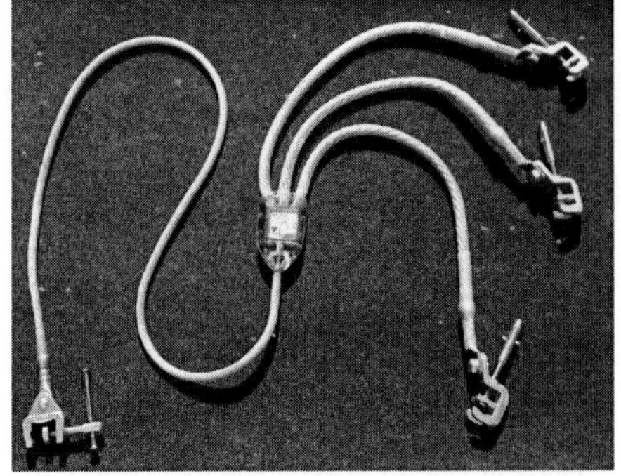

Abb. 146: Vorrichtung zum Erden und Kurzschließen

5. Benachbarte, unter Spannung stehende Teile abdecken
Benachbarte, unter Spannung stehende Teile sind durch feste und zuverlässig angebrachte isolierende Abdeckungen gegen zufälliges Berühren zu sichern, wenn aus zwingenden Gründen das Herstellen des spannungsfreien Zustandes nicht möglich ist.

4.4 Definitionen und wichtige Begriffe der VDE-Bestimmungen

Um sich in der Welt der genormten Elektrotechnik unmissverständlich auszudrücken, ist es zunächst notwendig, einige Grundbegriffe einzuführen. Ich beschränke mich hierbei auf die in der Veranstaltungstechnik wichtigsten Begriffe. Eine fast vollständige Übersicht bietet der Teil 200 der DIN VDE 0100.

4.4.1 Fehlerarten in elektrischen Anlagen

Kurzschluss

Wenn eine Verbindung von zwei blanken, gegeneinander unter Spannung stehenden Leitern durch einen Fehler auftritt und ansonsten kein Nutzwiderstand im Stromkreis liegt, nennt man diesen Fehler einen Kurzschluss.

Körperschluss

Ein Körperschluss liegt dann vor, wenn ein elektrischer Leiter durch einen Fehler das (metallische) Gehäuse (den Körper) eines elektrischen Betriebsmittels berührt und dadurch eine leitende Verbindung entsteht.

Leiterschluss

Leiterschluss nennt man eine durch einen Fehler entstandene leitende Verbindung zwischen betriebsmäßig gegeneinander unter Spannung stehenden Teilen, wenn ein Nutzwiderstand oder Teile davon im Fehlerstromkreis liegen.

Erdschluss

Entsteht durch einen Lichtbogen oder einen Fehler eine leitende Verbindung zwischen einem Außenleiter und der Erde bzw. geerdeten Teilen, so wird dieser Fehler Erdschluss genannt.

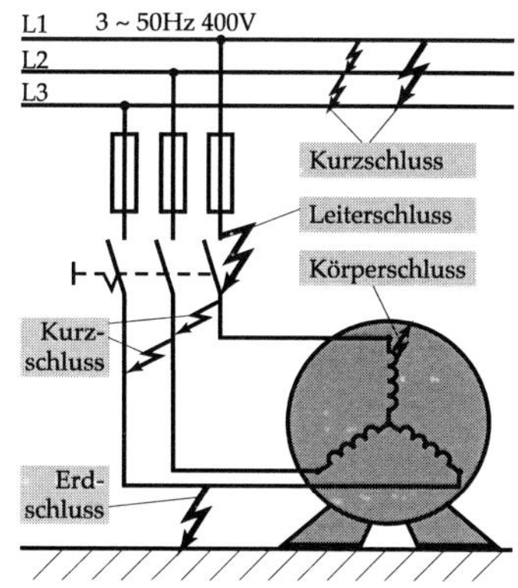

Abb. 147: Grafik Fehlerarten

Überlaststrom (eines elektrischen Stromkreises)

Überlaststrom nennt man einen Überstrom, der in einem (fehlerfreien) Stromkreis entsteht und nicht durch einen Kurzschluss oder einen Erdschluss hervorgerufen wird.

4.4.2 Der Fehlerstromkreis

Grundsätzlich gibt es zwei Gefahrenquellen, die zu einer Körperdurchströmung eines Menschen führen können. Erstens besteht die Gefahr eines Stromschlags immer dann, wenn aktive, d.h. unter Spannung stehende Bauteile (absichtlich oder unabsichtlich) berührt werden. Zweitens besteht eine deutlich größere Gefahr immer dann, wenn leitende (metallische) Teile berührt werden, die durch einen Fehler unter Spannung stehen (Gehäuse von elektrischen Geräten, Gerüste, Traversen ...).

Direktes Berühren

Das unmittelbare Berühren von unter Spannung stehenden Teilen (aktive Teile) durch Personen oder Nutztiere (Haustiere) nennt man direktes Berühren.

Indirektes Berühren

Das Berühren von Körpern elektrischer Betriebsmittel durch Personen oder Nutztiere (Haustiere), die infolge eines Fehlers unter Spannung stehen, nennt man indirektes Berühren.

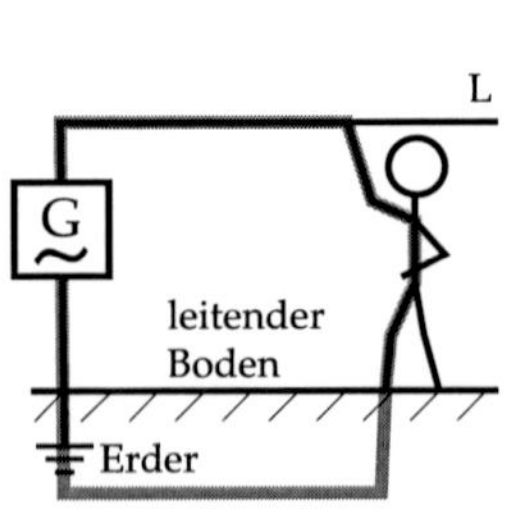

Abb. 148: Direktes Berühren

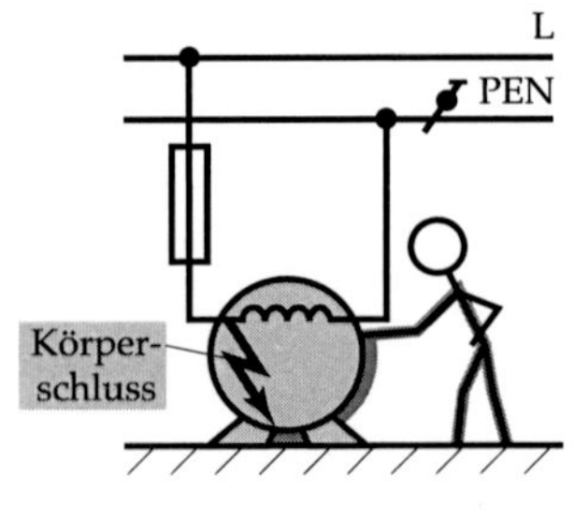

Abb. 149: Indirektes Berühren

Unabhängig davon besteht der sich ergebende Fehlerstromkreis aus folgenden Widerständen:

- Leitungswiderstand
- Fehlerwiderstand im / am Gerät
- Übergangswiderstand Gerät zum Menschen
- Mensch
- Übergangswiderstand vom Menschen zum Standort
- Widerstand des Standortes zur Erde

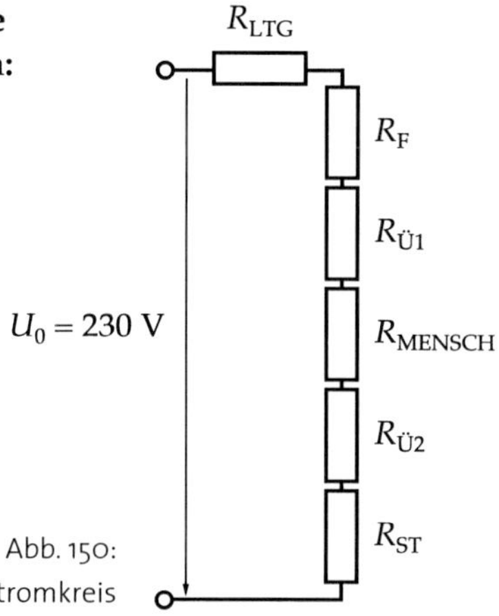

Abb. 150:
Der Fehlerstromkreis

Es handelt sich demnach um eine Reihenschaltung von sechs Widerständen, wovon wir jedoch lediglich zwei beeinflussen können, nämlich jeweils die Übergangswiderstände von bzw. zu uns. Daher ist es besonders wichtig, auf sinnvollen Schutz zu achten. Selbstverständlich sind Vorsicht im Umgang mit elektrischen Geräten sowie geeignete Ausrüstung (Werkzeug und Kleidung) unbedingt notwendig. Vor allem Schuhe können den Übergangswiderstand maßgeblich beeinflussen. Während Ledersohlen im Allgemeinen eher niederohmig sind, haben Gummisohlen generell einen hohen Widerstand.
Vorhandene Schutzeinrichtungen müssen außerdem so bemessen sein, dass sie in ausreichend kurzer Zeit bei auftretenden Fehlerströmen abschalten können.

4.4.3 Der Körperwiderstand

Der Körperwiderstand des Menschen bewegt sich in einem großen Bereich und ist vor allem von zwei Faktoren abhängig: vom Körperbau und von der Hautbeschaffenheit.
Bei kleinen Spannungen ist die Hautbeschaffenheit der entscheidende Faktor, da sie als Isolator wirkt. Bei hohen Spannungen wird die Haut durchschlagen. Dann wirkt nur noch der innere Körperwiderstand, der unabhängig von der anliegenden Spannung bei etwa 750 Ω liegt. Der Isolationsdurchschlag der Haut beginnt bei ca. 20 V (dünne, feuchte Haut) und kann bei horniger Haut bis zu 200 V betragen.

Untersuchungen haben ergeben, dass der Körperwiderstand bei unserer Netzwechselspannung vereinfacht mit 1000 Ω angenommen werden kann und sich wie folgt darstellen lässt. Dabei wird von einem Widerstand von 500 Ω pro Extremität ausgegangen:

Aus dieser Erkenntnis und den Fakten aus Kapitel 4.1.3 lässt sich erklären, auf welcher Grundlage maximal zulässige Berührungsspannungen international festgelegt werden konnten.

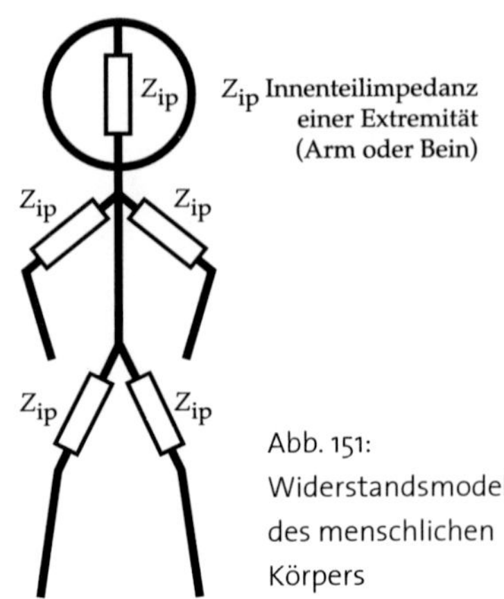

Abb. 151: Widerstandsmodell des menschlichen Körpers

4.4.4 Die Berührungsspannung

Die Berührungsspannung ist diejenige Spannung, die zwischen gleichzeitig berührbaren Teilen während eines Isolationsfehlers auftreten kann. Sie wird mit U_B oder auch mit U_T (Index T für Touch) bezeichnet.
Die höchstzulässige Berührungsspannung U_L (Index L für Limit) ist die Spannung, die im Fehlerfall zeitlich unbegrenzt bestehen bleiben darf.
Unter normalen Bedingungen beträgt sie

U_L = 50 V bei Wechselspannungen bzw. 120 V bei Gleichspannungen.

Unter besonderen Bedingungen, z. B. in medizinischen Anlagen, bei Kinderspielzeug oder Anlagen mit Nutztieren (Rinder, Schafe, Pferde, ...) ist sie mit

U_L = 25 V bei Wechselspannungen bzw. 60 V bei Gleichspannungen

festgelegt.

Zu beachten ist jedoch, dass gemäß der TRBS 2131 eine elektrische Gefährdung bereits immer dann vorliegt, wenn die Spannung zwischen einem aktiven Teil und Erde oder zwischen aktiven Teilen höher als 25 V Wechselspannung oder 60 V Gleichspannung beträgt.

4.4.5 Systemformen und deren Kennzeichnung

Die verschiedenen in der Praxis zur Verteilung von elektrischer Energie vorkommenden Verteilungssysteme im Niederspannungsbereich (Drehstromnetze) werden international durch Buchstaben bezeichnet. Nach DIN VDE 0100, Teil 300, unterscheidet man die folgenden Systemformen:

TN-Systeme

Das TN-System wird vorwiegend in dicht besiedelten Gebieten bei Erdverkabelung angewendet. Es hat den Vorteil, dass dann der Erdungswiderstand durch die Parallelschaltung vieler Erder sehr klein wird und der Ausfall eines Erders keinen negativen Einfluss hat. Ein Nachteil ist, dass eine Fehlerspannung, die in einer Anlage entsteht, in das gesamte Netz verschleppt wird. Besonders bei Bruch des PEN-Leiters kann der Schutzleiter eine unzulässig hohe Berührungsspannung annehmen. Je nachdem, wie ein TN-System aufgebaut ist, unterscheidet man die folgenden drei Versionen:

1. TN-C-System

Hier sind der Neutralleiter und der Schutzleiter im gesamten Netz zu einem PEN-Leiter zusammengefasst.

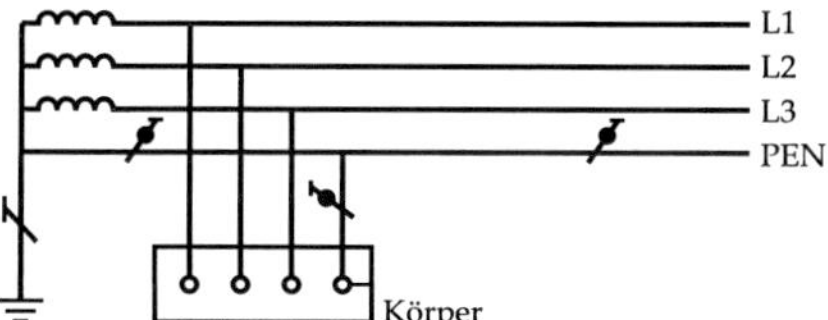

Abb. 152: TN-C-System

2. TN-S-System

Wenn der Schutzleiter und der Neutralleiter im gesamten System getrennt voneinander verlegt sind, nennt man dieses TN-S-System.

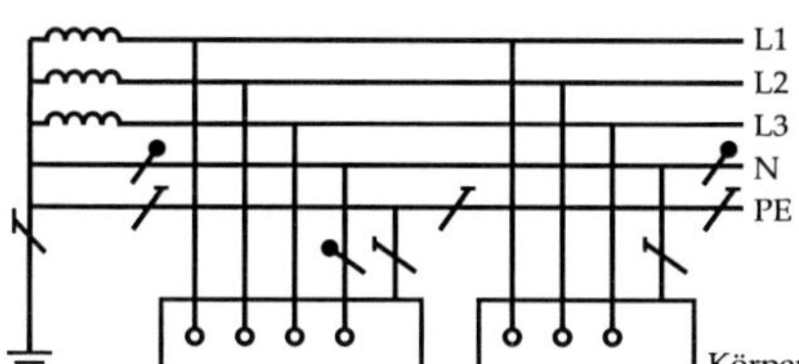

Abb. 153: TN-S-System

3. TN-C-S-System

Die Kombination aus den beiden zuvor genannten Systemen, wenn also bis zu einem bestimmten Punkt der Anlage ein PEN-Leiter verlegt wird, der dann in einen N- und einen PE-Leiter aufgetrennt wird, heißt TN-C-S-System.

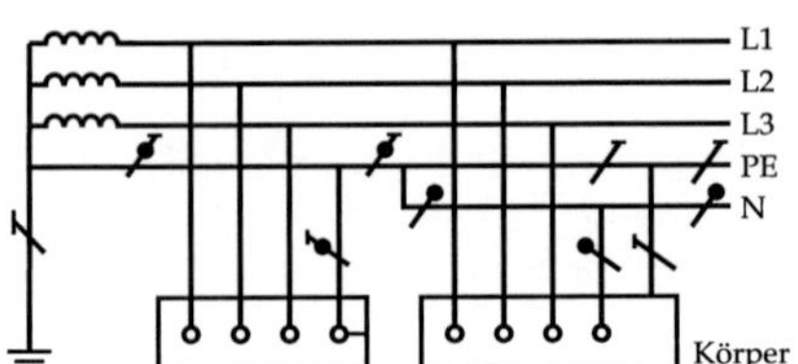

Abb. 154: TN-C-S-System

TT-System

Das TT-System wird vorwiegend in ländlichen bzw. dünn besiedelten Gebieten (früher vor allem in Freileitungsnetzen) eingesetzt. Es hat den Vorteil, dass eine Fehlerspannung nicht in andere Anlagen verschleppt werden kann. PE und N sind immer getrennt. Nachteilig ist, dass meist nur ein Erder in der Anlage vorhanden ist, der unter keinen Umständen ausfallen darf.

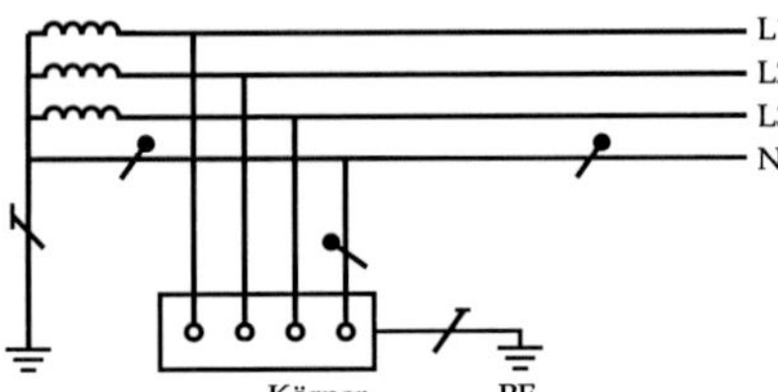

Abb. 155: TT-System

IT-System

In einem IT-System ist der Sternpunkt von der Erde isoliert. Nur die Körper der elektrischen Anlage werden mit eigenen Erdern betrieben. Das IT-System wird besonders in den Industriezweigen Chemie, Stahl und Bergbau sowie in medizinisch genutzten Räumen verwendet. Es hat den Vorteil, dass beim ersten Körperschluss nicht abgeschaltet werden muss und dadurch eine hohe Betriebssicherheit gewährleistet ist.

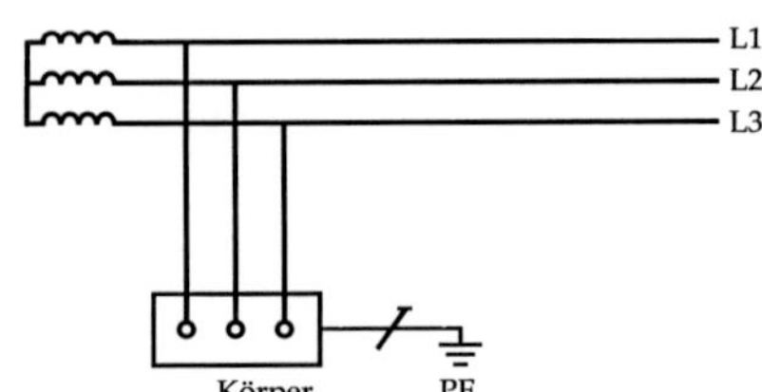

Abb. 156: IT-System ohne N-Leiter

Anmerkung: Das IT-System gibt es auch mit Neutralleiter.

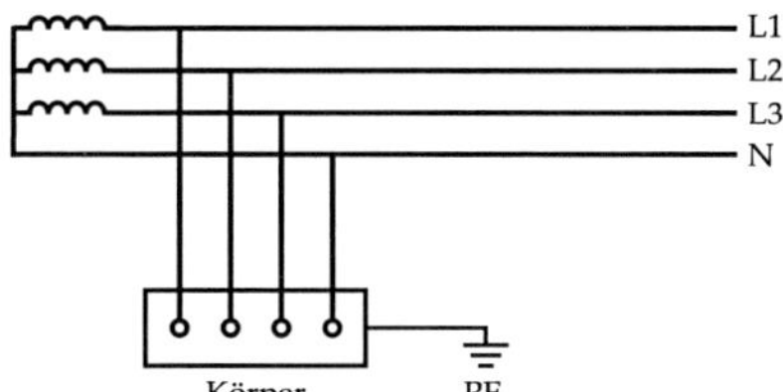

Abb. 157: IT-System mit N-Leiter

Erläuterung der Buchstaben

1. Buchstabe:
Erdungsbedingung der speisenden Stromquelle
T: direkte Erdung des Sternpunktes (Terra)
I: Isolierung des Sternpunktes gegen Erde (isoliert)

2. Buchstabe:
Erdungsbedingungen der Körper der geerdeten Anlagen
T: direkte Erdung der Körper (Terra)
N: Verbindung der Körper mit dem Sternpunkt (Neutralleiter)

Weitere Buchstaben:
Folgen nach einem Bindestrich und treffen eine Aussage über die Anordnung von Neutralleiter und Schutzleiter:
S: Neutralleiter und Schutzleiter sind separat verlegt (separat)
C: Neutralleiter und Schutzleiter sind zusammengefasst/kombiniert (combined)

4.4.6 Schutzklassen

Für viele elektrische Betriebsmittel (Geräte) ist eine Einteilung in Schutzklassen vorgenommen worden. Bisher gilt diese hauptsächlich für Haushaltsgeräte. Eine Ausweitung auf (alle) anderen Geräte gestaltet sich z. Zt. schwierig, nicht zuletzt wegen der Einführung europäischer Normungen.
Die Schutzklasse eines Gerätes gibt an, welche Maßnahmen getroffen werden sollten, um bestmöglichen Schutz gegen elektrischen Schlag zu erreichen.

Schutzklasse 0

Geräte der Schutzklasse 0 sind Betriebsmittel, bei denen der Schutz gegen elektrischen Schlag lediglich auf der Basisisolierung beruht und ein Schutzleiter nicht angeschlossen werden kann. Es wird davon ausgegangen, dass der Schutz beim Versagen der Basisisolierung durch die Umgebung gewährleistet wird. Betriebsmittel der Schutzklasse 0 sind in Deutschland seit über 30 Jahren nicht zugelassen, kommen aber bei ausländischen Fabrikaten durchaus noch vor.

Schutzklasse I (Schutzleiter)

Der Schutz wird erreicht, wenn zusätzlich zur Basisisolierung die berührbaren metallenen Teile des Betriebsmittels mit dem Schutzleiter der Elektroinstallation verbunden werden. Dies verhindert das Bestehenbleiben einer gefährlichen Berührungsspannung bei Versagen der Basisisolierung.

Beispiele:
Geräte mit Schuko- oder CEE–Stecker wie Endstufen, Dimmer, Motoren, ...

Kennzeichen für den Schutzleiteranschluss:

Abb. 158: Kennzeichen Schutzleiteranschluss

Schutzklasse II (doppelte Isolierung)

Bei diesen Betriebsmitteln wird der Schutz nicht nur durch eine Basisisolierung, sondern außerdem durch eine doppelte oder verstärkte Isolierung erreicht. Dies wird auch als Schutzisolierung bezeichnet und verhindert das Zustandekommen einer gefährlichen Berührungsspannung.
Diese Betriebsmittel sind somit unabhängig von den sonst getroffenen Schutzmaßnahmen des Netzes. Betriebsmittel der Schutzklasse II dürfen nicht an den Schutzleiter angeschlossen werden.

Beispiele:
Geräte mit Eurostecker, Bohrmaschine, Hifi-Geräte

Kennzeichen:

Abb. 159: Kennzeichen Schutzklasse II

Schutzklasse III ELV (Kleinspannung)

Betriebsmittel der Schutzklasse III (früher Schutzkleinspannung) sind Betriebsmittel, bei denen der Schutz gegen elektrischen Schlag durch SELV (safety extra-low voltage) oder PELV (protective extra-low voltage) erzielt wird.
SELV ist eine besonders wirksame Schutzmaßnahme, weil sie zwei Prinzipien (Schutz durch Trennung und Schutz durch Kleinspannung) vereinigt. Für PELV gilt das Prinzip der Schutztrennung nicht mehr. Deshalb dürfen aktive Teile mit dem Schutzleiter verbunden sein. Sie ist als eine Sonderform der Kleinspannung anzusehen und wird vor allem dann angewendet, wenn aus betrieblichen Gründen eine Kleinspannung erforderlich ist, aber nicht alle Bedingungen der Schutzkleinspannung erfüllt werden können. Dies ist z.B. in Mess- oder Steuerstromkreisen oder bei Fernmeldeanlagen der Fall. Das Zustandekommen einer gefährlichen Berührungsspannung wird durch Verwendung kleiner Nennspannungen verhindert. Als Kleinspannung gelten Werte unterhalb der maximal zulässigen Berührungsspannung.

Beispiele:
Geräte mit Batterie- oder Trafobetrieb, Spielzeugeisenbahn, Akkuschrauber

Kennzeichen: 

Abb. 160: Kennzeichen Schutzklasse III

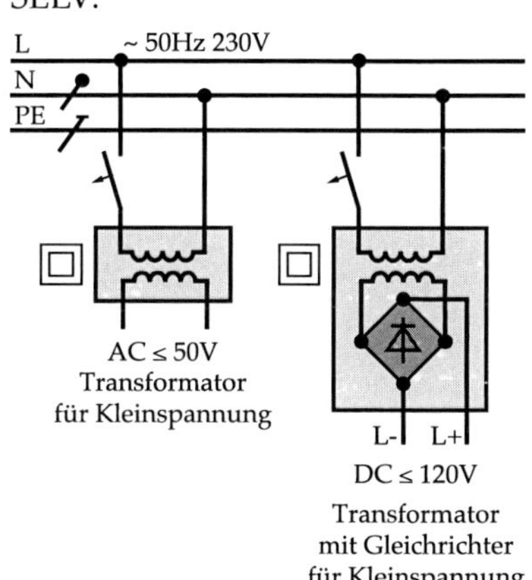

Abb. 161: SELV

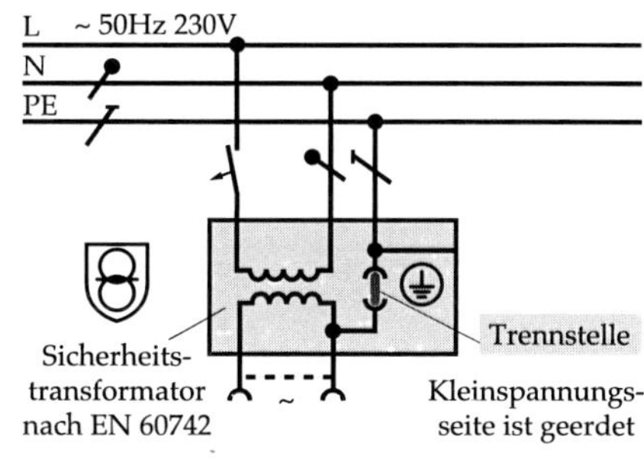

Abb. 162: PELV

4.4.7 Schutzarten

Nicht zu verwechseln mit den Schutzklassen sind die Schutzarten. Sie beziehen sich unter anderem auf den Schutz gegen direktes Berühren bei elektrischen Betriebsmitteln. Die Schutzarten sind in der DIN 40 050 bzw. DIN VDE 0470 niedergelegt. Die Schutzart eines Gerätes trifft Aussagen über den Schutz vor dem Eindringen von Fremdkörpern bzw. Wasser. Sie wird üblicherweise auf dem Betriebsmittel durch den IP-Code (international protection Code) oder durch Symbole gekennzeichnet.

IP Schutzarten (IP-Code) - Schutzarten durch Gehäuse
Kurzzeichen: IP gefolgt von zwei Kennziffern z.B. IP 65

Schutz gegen Eindringen von Festkörpern und Staub		
1. Ziffer		
0		nicht geschützt
1		Schutz gegen Fremdkörper ø ≥ 50 mm
2		Schutz gegen Fremdkörper ø ≥ 12,5 mm
3	2,5 mm	Schutz gegen Fremdkörper ø ≥ 2,5 mm
4	1,0 mm	Schutz gegen Fremdkörper ø ≥ 1 mm
5		staubgeschützt
6		staubdicht

Wird eine von beiden Kennziffern nicht benötigt, so wird sie durch ein "X" ersetzt, z.B. IP X8.
Die beiden Kennziffern können durch zwei weitere Buchstaben ergänzt werden, wobei der erste den Berührungsschutz kennzeichnet (A Handrücken, B Finger, C Werkzeug, D Draht).
Der zweite Buchstabe ergänzt spezielle Prüfbedingungen oder steht für besondere Betriebsmittelklassen.

IP engl. „International Protection" (internationale Schutzart).

Schutz gegen Eindringen von Wasser		
2. Ziffer		
0		nicht geschützt
1		Schutz gegen senkrecht fallende Tropfen
2		Schutz gegen schräg fallende Tropfen (bis 15°)
3		Schutz gegen Sprühwasser (bis 60° Neigung)
4		Schutz gegen Spritzwasser aus jeder Richtung
5		Schutz gegen Strahlwasser aus jeder Richtung
6		Schutz gegen starkes Strahlwasser aus jeder Richtung
7		Schutz gegen zeitweiliges Untertauchen
8		Schutz gegen dauerndes Untertauchen

Tab. 15: Tabelle IP - Code

4.4.8 Überstromschutzeinrichtungen

Schmelzsicherungen

Schmelzsicherungen bestehen im wesentlichen aus einem Draht oder einem Metallstreifen, der bei Überströmen durchbrennt und so den Stromkreis unterbricht. Hierbei ist eine Zeitabhängigkeit zu beachten, d.h. je größer der Überstrom, desto schneller brennt die Sicherung durch. Ist sie durchgebrannt, muss sie durch Sicherungen der gleichen Bauart und technischen Daten ausgetauscht werden. Keineswegs dürfen die Sicherungen geflickt oder durch andere Typen bzw. gar Alufolie o. Ä. ausgetauscht werden, auch nicht vorübergehend!

Der auf der Sicherung angegebene Bemessungsstrom ist die Nennstromstärke I_n. Mit dieser Stromstärke darf eine Sicherung dauernd belastet werden, ohne dass sie dabei auslöst oder die Funktion des Stromkreises nachteilig beeinträchtigt.

Zu den Schmelzsicherungen gehören

- Feinsicherungen
- DIAZED-Sicherungen (D-System)
- NEOZED-Sicherungen (DO-System)
- NH-Sicherungen

1. Feinsicherungen

Bei diesen Sicherungen ist der Schmelzdraht in einem Glasröhrchen untergebracht. Sie werden zum Schutz von elektronischen Geräten oder Bauteilen verwendet. Der Nennstrombereich liegt zwischen 0,001 A und 16 A.

Da diese Sicherungen häufig zum Schutz von elektronischen Bauteilen verwendet werden, dürfen sie niemals durch Sicherungen mit einem anderen Nennstrom oder einer anderen Charakteristik ausgetauscht werden, weil sonst (erheblich) teurere Bauteile nicht mehr korrekt geschützt und folglich zerstört werden können.

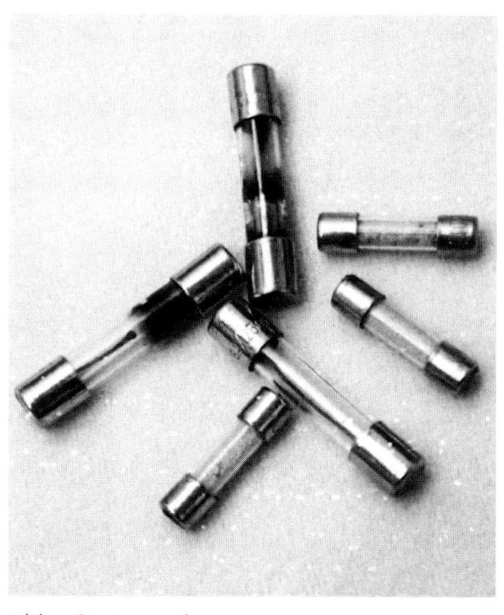

Abb. 163: Feinsicherungen

Bei Feinsicherungen wird die Zeitabhängigkeit abgestuft in

Kurzbezeichnung	Auslöseverhalten	Minimaler Auslösestrom
FF	Superflink	$2{,}0 \cdot I_n$
F	Flink	$4{,}5 \cdot I_n$
M(T)	Mittelträge (normal)	$8{,}5 \cdot I_n$
T	Träge	$15 \cdot I_n$
TT	Superträge	$30 \cdot I_n$

Tab. 16: Tabelle Charakteristiken von Feinsicherungen

2. DIAZED-Sicherungen

Normgerecht wird diese Sicherung als D-System bezeichnet und wird bzw. wurde hauptsächlich in Haus- und Gewerbeinstallationen für Nennstromstärken von 2 A bis 100 A eingesetzt. Das D-System ist dreiteilig und besteht aus einem Sicherungssockel, dem Sicherungseinsatz und der Schraubkappe. Je nach Nennstrom haben die Sicherungseinsätze und die Passschrauben, die in den Sockel eingesetzt werden, unterschiedliche Durchmesser, um zu vermeiden, dass Sicherungen mit höherem Nennstrom eingesetzt werden. Die Schraubkappe ist mit einem Fenster versehen. Damit erhält man durch einen Kennmelder, der beim Auslösen der Sicherung abfallen soll, eine optische Kontrolle über den Zustand der Sicherung.

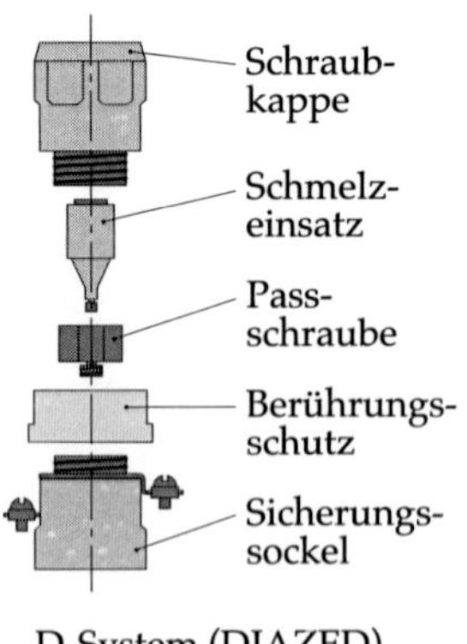

Abb. 164 a+b: DIAZED a) und b)

Die unterschiedlichen Nennstromstärken sind zusätzlich durch eine Farbcodierung zu erkennen, die am Kennmelder angebracht ist.

Nennstrom in A	Kennfarbe
2	Rosa
4	Braun
6	Grün
10	Rot
16	Grau
20	Blau
25	Gelb
32/35	Schwarz
50	Weiß
63	Kupfer
80	Silber
100	Rot

Tab. 17: Tabelle Kennfarben DIAZED/ NEOZED

Das D-System wird überwiegend bis zu Nennstromstärken von 63 A eingesetzt, weil es gemäß der DIN VDE 0105 bis zu dieser Grenze von Laien benutzt werden darf.
Im Gegensatz zu den Bezeichnungen der Feinsicherungen werden DIAZED-Sicherungen durch die Angabe der Betriebsklasse gekennzeichnet. Die Bezeichnung erfolgt durch eine Buchstabenkombination aus einem Klein- und einem Großbuchstaben:

Der erste (Klein-)Buchstabe bezeichnet die Funktionsklasse:
- g bedeutet Ganzbereichs-Sicherungseinsatz,
- a bedeutet Teilbereichs-Sicherungseinsatz.

Ganzbereichssicherungen schützen gegen Überlastung und Kurzschluss, während Teilbereichssicherungen nur gegen Kurzschluss schützen.

Der zweite (Groß-)Buchstabe bezeichnet das Schutzobjekt:

- G bedeutet Sicherungseinsatz für allgemeine Anwendung
- M bedeutet Sicherungseinsatz für Motorstromkreise
- R bedeutet Sicherungseinsatz für Halbleiterschutz
- L bedeutet Sicherungseinsatz für Kabel- und Leitungsschutz
- B bedeutet Sicherungseinsatz für Bergbauanlagenschutz
- Tr bedeutet Sicherungseinsatz für Transformatorenschutz

In Bereichen, in denen das D- oder DO-System verwendet wird, benutzen wir ausschließlich gG- bzw. gL-Sicherungseinsätze. Diese Betriebsklassen sind europaweit harmonisiert.

3. NEOZED-Sicherungen

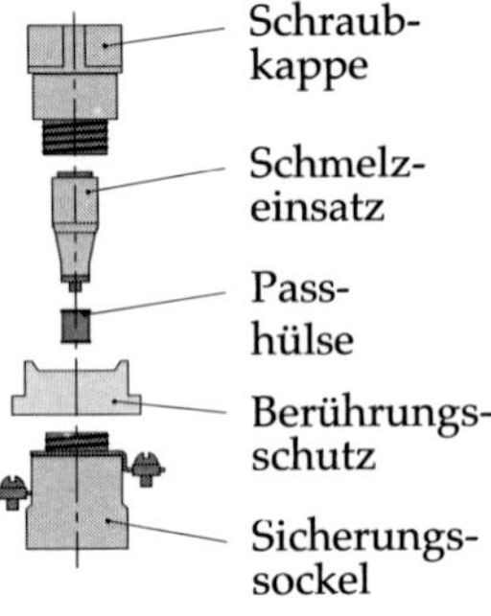

DO-System (NEOZED)

Bis auf etwas kleinere Abmessungen unterscheidet sich das DO-System nicht vom D-System. Es ist mit den gleichen Nennstromstärken und in den gleichen Betriebsklassen erhältlich.

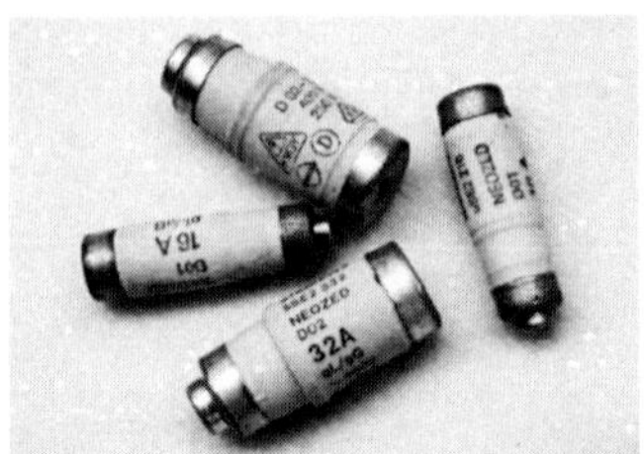

Abb. 165 a+b: NEOZED a) und b

4. NH-Sicherungen

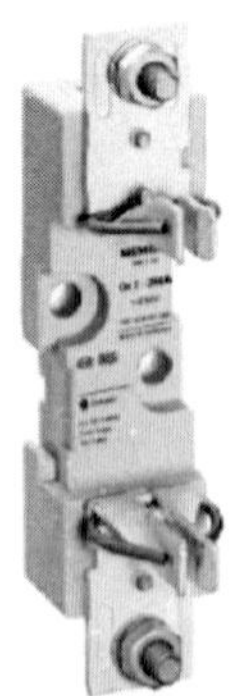

Das Niederspannungs-Hochleistungssicherungssystem besteht aus einem Sicherungsunterteil und dem Schmelzeinsatz.

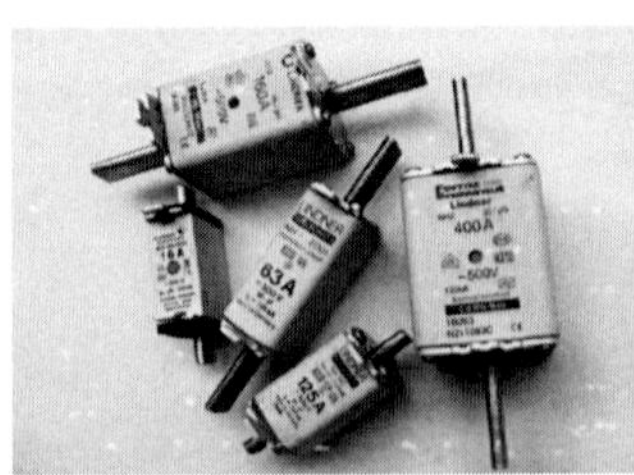

Abb. 166 a+b: NH-Sicherung a) und b)

NH-Sicherungen gibt es in den folgenden Baugrößen:

Baugröße / Länge in mm	Nennströme in A
00 / 80	6 – 100
0 / 125	6 – 160
1 / 135	80 – 250
2 / 150	125 – 400
3 / 150	315 – 630
4 / 200	500 – 1000
4a / 200	500 – 1250

Tab. 18: Tabelle Baugrößen von NH-Sicherungen

Die Betriebsklassen sind identisch mit denen des D- bzw. DO-Systems.

Da das NH-Sicherungssystem aufgrund der freiliegenden Messerkontakte über keinen Berührungsschutz verfügt und außerdem nicht gegen das Verwechseln der Sicherungseinsätze in bezug auf Nennstromstärken gesichert ist, darf es nur von einer Elektrofachkraft mit entsprechender vorgeschriebener Ausrüstung (NH-Ausziehgriff mit Unterarmstulpe, Gummimatte, Helm mit Gesichtsschutz, geeignete Kleidung aus Wolle oder Baumwolle) bedient werden.
Beim Ziehen eines Sicherungseinsatzes in einer Verteilung kann durch Berühren eines nicht freigeschalteten Nachbarstromkreises ein Querkurzschluss mit der Zündung eines Lichtbogens erfolgen. Dadurch kann sehr heißes, flüssiges Kontaktmetall verspritzt werden und schwere bis tödliche Verletzungen zur Folge haben.

Abb. 167: NH-Ausziehgriff mit Unterarmstulpe

Beispiel:
Kennlinie einer 13 A Schmelzsicherung vom Typ gG

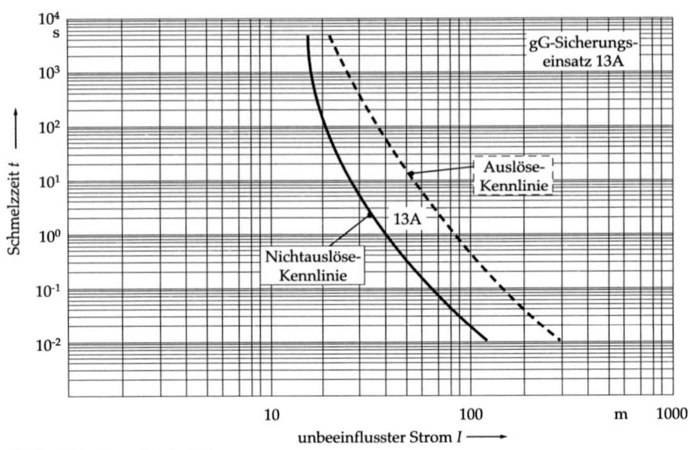

Abb. 168: Kennlinie gG

Sicherungsautomaten (Leitungsschutzschalter)

Leitungsschutzschalter oder auch MCB (miniature curcuit breaker) haben den Vorteil, dass man sie nach dem Auslösen nicht austauschen muss, sondern wieder einschalten kann. Außerdem sind sie aufgrund ihrer Konstruktion viel genauer und verfügen über zwei voneinander unabhängige Auslösemechanismen: einen thermischen Überlastschutz (Bimetall), der den Stromkreis bei einem Überlaststrom verzögert unterbricht, sowie einen elektromagnetischen Schnellauslöser zum Schutz gegen Kurzschluss.

Bei kleinen Überströmen schaltet der thermische Auslöser überlast-zeitabhängig ab. Bei hohen Überströmen oder Kurzschlüssen bewirkt ein elektromagnetischer Schnellauslöser das sofortige Abschalten des Stromkreises. Leitungsschutzschalter sind jedoch keine Geräteschalter und dienen also nicht dem betriebsmäßigen Ein- und Ausschalten von Geräten oder Stromkreisen.

Beispiel:
Sicherungsautomat

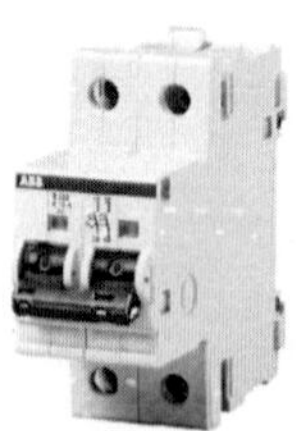

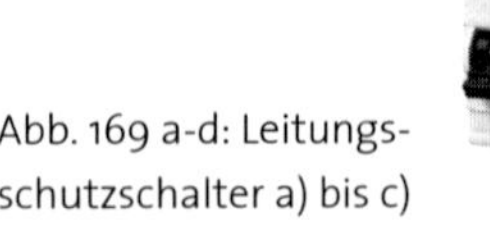
Abb. 169 a-d: Leitungsschutzschalter a) bis c)

Die verschiedenen Auslöse-Charakteristiken sind hier zusammengefasst:

Auslöse-charakteristik	Anwendungs-beispiele	Thermischer Überstrom-schutz	Aus-löse-zeit	Elektromagne-tischer Kurz-schlussschutz	Aus-löse-zeit
B	Licht- und Steck-dosenstromkreise in Hausinstallationen	1,13 – 1,45 · I_n	> 1 h < 1 h	3 – 5 · I_n	< 0,1 s
C	Stromkreise mit hohen Einschaltströmen von Scheinwerfern oder Verstärkern	1,13 – 1,45 · I_n	> 1 h < 1 h	5 – 10 · I_n	< 0,1 s
D	Transformatoren, Scheinwerfer	1,13 – 1,45 · I_n	> 1 h < 1 h	10 – 20 · I_n	< 0,1 s
K	Stromkreise mit sehr hohen Stromspitzen/ Einschaltströmen bei gleichzeitigem sensiblen thermischen Schutz	1,05 – 1,2 · I_n	> 1 h < 1 h	8 – 14 · I_n	< 0,1 s
Z	Halbleiterschutz	1,05 – 1,2 · I_n	> 1 h < 1 h	2 – 3 · I_n	< 0,1 s

Tab. 19: Tabelle Auslöse-Charakteristiken von Leitungsschutzschaltern

Beispiel:
Strom-Zeit-Kennlinien verschiedener Charakteristiken

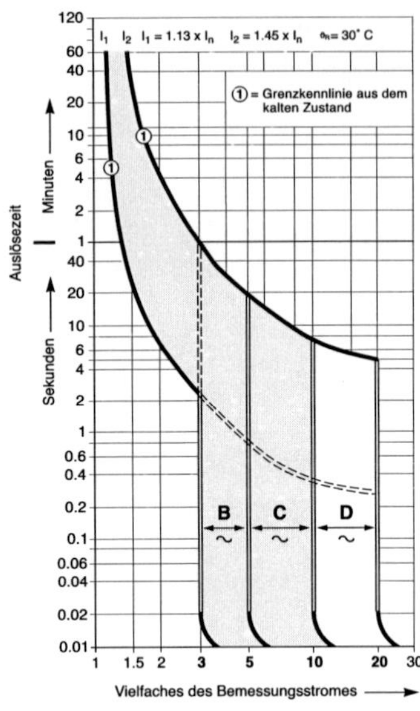

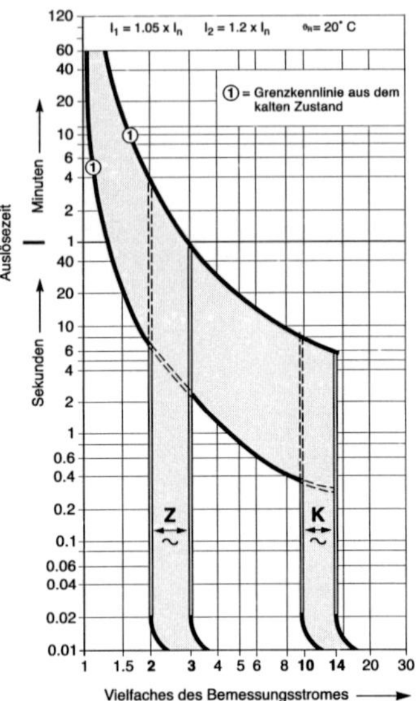

Abb. 170 a+b: Kennlinien von Leitungsschutzschaltern a) und b)

4.4.9 Selektivität

Generell wird in den VDE-Bestimmungen gefordert, dass die der Fehlerstelle am nächsten liegende Schutzeinrichtung den Fehler beheben muss. Dabei ist die Energieflussrichtung zu beachten. Selektivität liegt immer dann vor, wenn sich die Strom-Zeit-Kennlinien der einzelnen Schutzeinrichtungen nicht schneiden.

selektiv:

nicht selektiv:

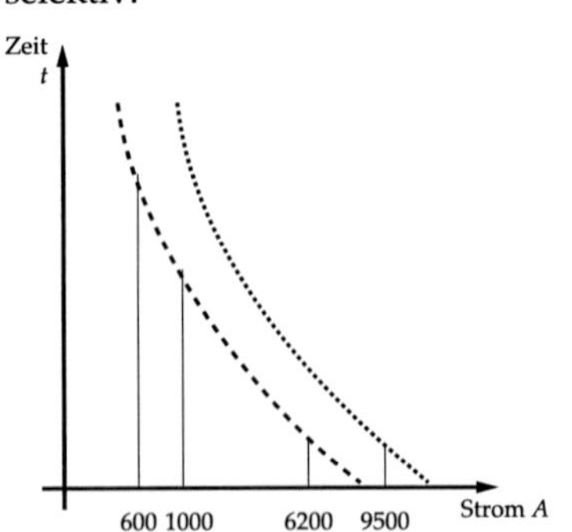

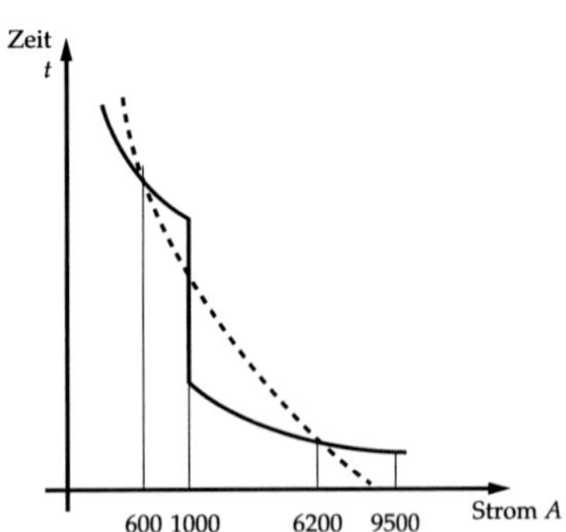

Abb. 171 a+b: Selektivität a) und b)

4.4.10 RCD (Fehlerstrom-Schutzschalter)

Aufgrund der hohen Auslösestromstärken, die erforderlich sind, um innerhalb der geforderten Zeit abzuschalten, können weder Schmelzsicherungen noch Leitungsschutzschalter den Menschen sicher vor gefährlichen Körperströmen schützen. Sie sind primär zum Geräte- und Leitungsschutz gedacht. Aus diesen Überlegungen und der Erkenntnis, dass bereits Stromstärken weit unter 1 A bei einer Körperdurchströmung für den Menschen lebensgefährlich sind, werden sogenannte Fehlerstrom-Schutzschalter (FI-Schutzschalter) entwickelt, die nach neuer Bezeichnung RCD (residual current protective device) genannt werden.

In unseren elektrischen Anlagen werden hauptsächlich die folgenden beiden Typen verwendet:

· Fehlerstrom-Schutzschalter ohne eingebaute Überstrom-Schutzeinrichtung: RCCB (**R**esidual **C**urrent operated **C**ircuit-**B**reaker without integral overcurrent protection)

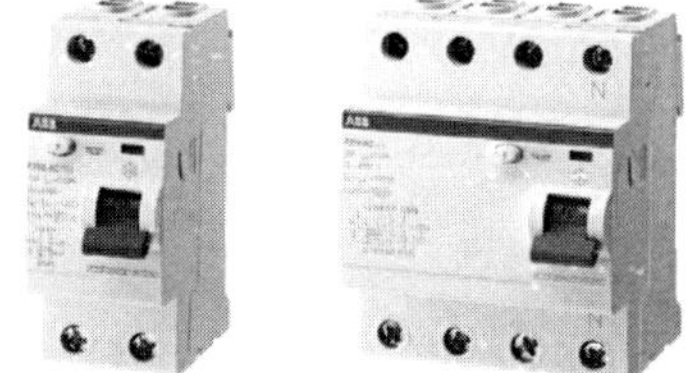

Abb. 172 a+b: RCCB a) und b)

· Fehlerstrom-Schutzschalter mit eingebauter Überstrom-Schutzeinrichtung: RCBO (**R**esidual **C**urrent operated **C**ircuit-**B**reaker with integral **o**vercurrent protection)

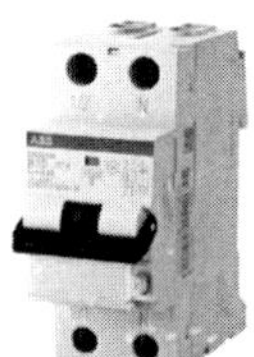

Abb. 173: BCBO

Die Funktionsweise eines RCD beruht auf der magnetischen Wirkung des elektrischen Stroms und darauf, dass sich gleich starke, aber entgegengesetzt wirkende Magnetfelder gegenseitig aufheben. In jedem fehlerfreien Stromkreis ist der hinfließende Strom exakt so groß wie der zurückfließende Strom (die Stromsumme ist Null). Jedoch sind beide Ströme entgegengesetzt, sodass sich die um die beiden Leiter entstehenden Magnetfelder gegenseitig aufheben. Es entsteht kein Magnetfeld. Dieses Prinzip funktioniert natürlich auch in drei- oder vier-Leiter-Drehstromsystemen, da auch in diesen Systemen die Stromsumme in jedem Moment gleich Null ist.

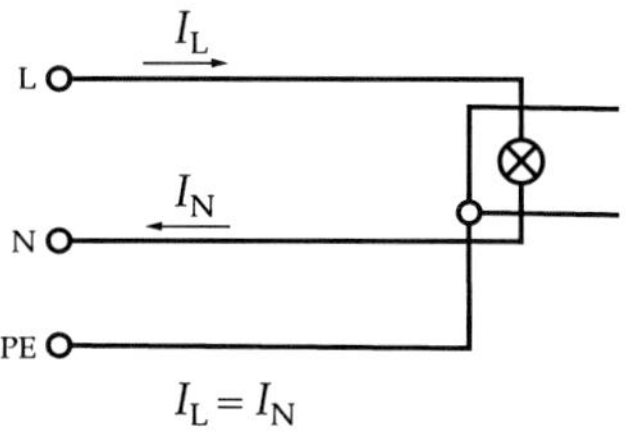

Abb. 174: Stromstärken in einem fehlerfreien Stromkreis

Entsteht nun aber ein Fehler (z.B. ein Isolationsfehler oder ein Körperschluss hinter dem RCD), der dazu führt, dass sich ein Stromweg über den Schutzleiter oder einen Menschen zur Erde hin bildet – also ein Fehlerstrom fließt –, heben sich die Stromstärken in den Hin- und Rückleitungen nicht mehr vollständig auf und es entsteht ein Differenz-Magnetfeld.

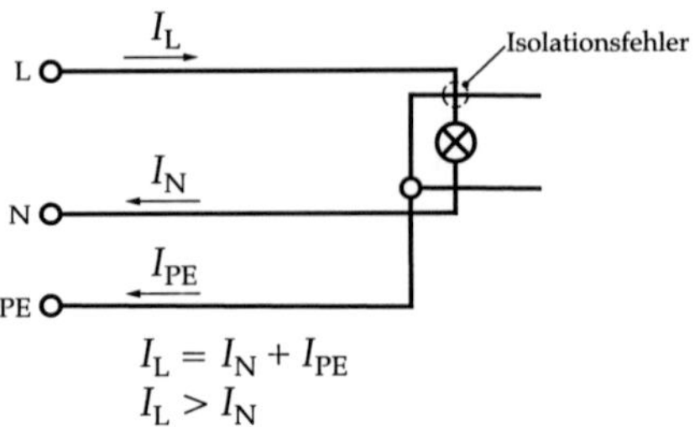

Abb. 175: Stromstärken in einem Stromkreis mit Isolationsfehler

Dieses Magnetfeld erzeugt in einer weiteren Wicklung im RCD eine Induktionsspannung, die dazu führt, dass beim Überschreiten einer festgelegten Grenze der Auslöser sämtliche Leitungen des RCD trennt. Diese Grenze ist durch den Bemessungsfehlerstrom $I_{\Delta n}$ auf jedem RCD angegeben. Da im Gegensatz zu Leitungsschutzschaltern, an denen – bedingt durch die hohen Kurzschlussströme – auch starke Elektromagnetische Felder entstehen, bei sehr geringen Fehlerströmen auch lediglich kleine Induktionsströme auftreten, wird zur sicheren Auslösung eine gespannte Feder benutzt, die durch einen Magneten gehalten wird. Wird das Magnetfeld dieses Magneten durch das bei einem Fehlerstrom entstehende Differenz-Magnetfeld nur ein wenig geschwächt, so reicht die Haltekraft des Magneten nicht mehr aus und die Federkraft trennt die Kontakte.

Beispiel:
Prinzipschaltbild Fehlerstrom-Schutzschalter

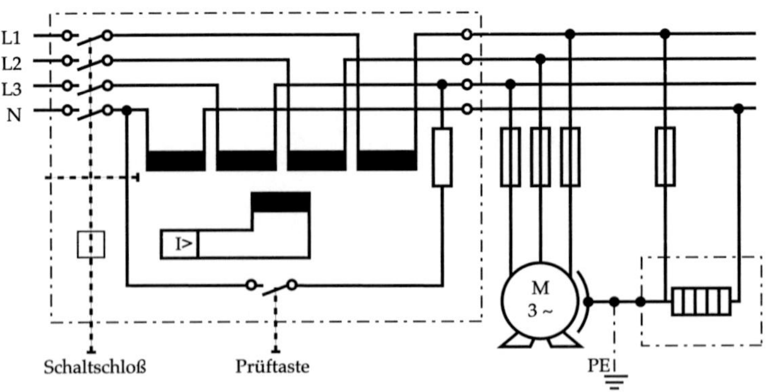

Abb. 176: Prinzipschaltbild RCD

Laut der DIN VDE 0100, Teil 711, ist der Fehlerstrom-Schutzschalter mit einem $I_{\Delta n} \leq 30$ mA Pflicht für Ausstellungen, Shows und Stände für Endstromkreise und Steckdosenstromkreise bis zu einem Nennstrom von 32 A.

RCD für Personenschutz müssen bei einem Fehlerstrom von $I_{\Delta n} \leq 30$ mA nach spätestens 0,3 s und bei 5-fachem Fehlerstrom nach spätestens 40 ms auslösen. Da diese empfindlichen Fehlerstrom-Schutzeinrichtungen allerdings auch schon bei geringen betriebsbedingten Ableitströmen auslösen können, sind empfindliche RCDs mit einem $I_{\Delta n} \leq 30$ mA nur sehr kleinen Teilen der Anlage zuzuordnen, damit es nicht zu unerwünschten Abschaltungen von großen Bereichen oder gar der gesamten Anlage kommt. Neben den gerade im Veranstaltungsbereich unangenehmen Nebenwirkungen bei Ausfällen von Licht- und/oder Ton-(Monitor-)Anlagen während eines Konzertes kann sich die Fehlersuche deutlich in die Länge ziehen und zu weiteren, noch unangenehmeren Folgen führen, wenn die Anlage nicht innerhalb der nächsten Minuten wieder in Betrieb zu nehmen ist.

Alle Fehlerstromschutzschalter mit einem größeren $I_{\Delta n}$ (z.B. 100 mA, 300 mA, 500 mA) sind Einrichtungen zum Geräte- bzw. Brandschutz, folglich zum Personenschutz nicht geeignet und daher nicht zugelassen. Da eine häufige Ursache von Bränden in Gebäuden das Auftreten von Ableitströmen aufgrund von beschädigten Isolationen oder fehlerhaften Klemmstellen oder Steckvorrichtungen ist, bieten RCDs mit einem $I_{\Delta n} = 300$ mA anerkannten Brandschutz.

Nach dem heutigen Stand der Brandverhütungsforschung ist ab einer Leistung von 60 W mit dem Entstehen von Bränden an leichtentzündlichen Stellen zu rechnen. Bei einer Spannung von 230 V entspricht dies einer Stromstärke von ca. 260 mA. Der tatsächliche Auslösestrom von RCDs mit einem Bemessungsstrom von 300 mA liegt in der Praxis bei etwa 200–250 mA.

Zur Sicherstellung der Selektivität mit mehreren RCDs in Reihe werden zeitverzögerte Modelle der Bauart S verwendet. Diese lösen nach spätestens 1 s aus und dürfen daher nur in Verteilungsstromkreisen eingesetzt werden.

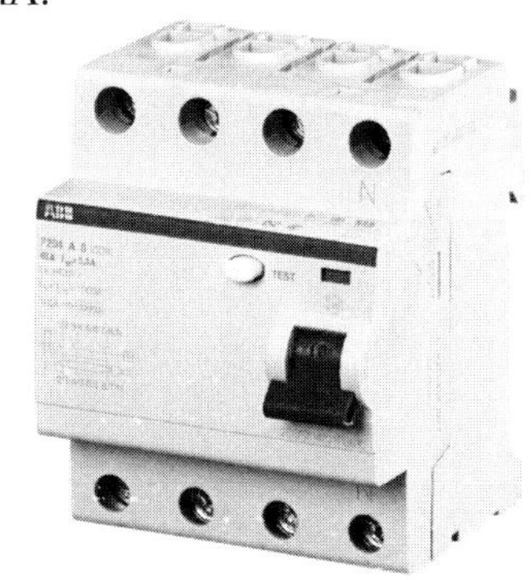

Abb. 177: selektiver RCD

4.5 Schutzmaßnahmen

Wie bereits erklärt, können Körperströme lebensgefährliche Auswirkungen auf Menschen und Tiere haben. Durch Schutzmaßnahmen muss deshalb versucht werden, diese Körperströme zu verhindern. Die zulässigen Schutzmaßnahmen und deren mögliche Ausführungen sind in der DIN VDE 0100 im Teil 410 festgelegt.
Generell wird gefordert, dass der Schutz gegen elektrischen Schlag durch eine Kombination aus Basisschutz (Schutz gegen direktes Berühren) und Fehlerschutz (Schutz gegen indirektes Berühren) gewährleistet wird.
In bestimmten Fällen ist darüber hinaus ein zusätzlicher Schutz notwendig.
Eine Schutzmaßnahme muss entweder aus einer geeigneten Kombination von zwei unabhängigen Schutzvorkehrungen (Basisschutz und Fehlerschutz) oder einer verstärkten Schutzvorkehrung, die Basisschutz und Fehlerschutz bewirkt, bestehen.

In jedem Teil einer elektrischen Anlage muss mindestens eine und dürfen aber mehrere Schutzmaßnahmen angewendet werden.

Allgemein erlaubt sind folgende Schutzmaßnahmen:
· Schutz durch Abschaltung der Stromversorgung
· Schutz durch doppelte oder verstärkte Isolation
· Schutz durch Schutztrennung
· Schutz durch SELV oder PELV

Für spezielle Anlagen bzw. unter besonderen Bedingungen entsprechend den Teilen der Gruppe 700 muss ein zusätzlicher Schutz angewendet werden. Dieser Hinweis ist für uns insofern interessant, dass vorübergehend errichtete elektrische Anlagen für Veranstaltungstechnik in diese Kategorie fallen.

Um den häufigen Diskussionen über das Einbeziehen von metallischen Kleinteilen, wie z. B. Schrauben, Nieten, Typenschildern und Ähnlichem, in den Fehlerschutz endgültig einen Riegel vorzuschieben, möchte ich an dieser Stelle auf einen wichtigen Satz in der VDE-Bestimmung verweisen:
Bei Körpern, die aufgrund ihrer Abmessungen (ca. 50 mm x 50 mm) oder ihrer Anordnung nicht umfasst werden oder in bedeutenden Kontakt mit einem Teil des menschlichen Körpers kommen können, dürfen die Vorkehrungen für den Fehlerschutz (d. h. auch das Anbringen eines Schutzleiters) entfallen.

4.5.1 Automatische Abschaltung der Stromversorgung

Dies ist sicherlich die am häufigsten angewendete Schutzmaßnahme. Hier wird der Basisschutz durch Isolierung der aktiven Teile bzw. durch ein Gehäuse (in der Normensprache heißt das: Abdeckung oder Umhüllung) gewährleistet. Der Fehlerschutz wird durch einen Schutzleiter erreicht, der alle gleichzeitig berührbaren Körper einzeln, gemeinsam oder in Gruppen mit demselben Erdungssystem verbindet. Für jeden Stromkreis muss ein eigener Schutzleiter vorhanden sein.
Gemäß der neuen Namensgebung wird diese Verbindung Schutzerdung (Erdung über den Schutzleiter) genannt. Da es früher (in den VDE- Bestimmungen von 1973) eine eigenständige Schutzmaßnahme mit der Bezeichnung Schutzerdung gab, ist eine Verwechslung nicht auszuschließen, jedoch unbedingt zu vermeiden, da diese Begriffe in keinerlei Zusammenhang stehen.
In jedem Gebäude müssen ferner Erdungsleiter und leitfähige Teile (z. B. Rohrleitungen, Zentralheizungs- und Klimasysteme und fremde leitfähige Teile der Gebäudekonstruktion, die bei üblichem Gebrauch berührt werden können) über eine Haupterdungsschiene zum Schutzpotenzialausgleich (Bezeichnung vor 2007: Hauptpotenzialausgleich) verbunden sein.

Im Falle eines Körperschlusses bzw. eines Kurzschlusses zwischen Außenleiter und einem Schutzleiter des Stromkreises muss die Stromversorgung des Außenleiters innerhalb einer geforderten Zeit durch eine Schutzeinrichtung automatisch unterbrochen werden.

Die maximalen Abschaltzeiten sind für Endstromkreise mit einem Nennstrom bis zu 32 A wie folgt festgelegt:

	50 V < U_0 ≤ 120 V	120 V < U_0 ≤ 230 V	230 V < U_0 ≤ 400 V	U_0 > 400 V
TN-Sytem	0,8 s	0,4 s	0,2 s	0,1 s
TT-System	0,3 s	0,2 s	0,07 s	0,04 s

Tab. 20: Tabelle Abschaltzeiten

Für Verteilungsstromkreise und alle anderen Stromkreise gilt eine Abschaltzeit von 5,0 s in TN-Systemen und von 1,0 s in TT-Systemen.
Wenn die maximalen Abschaltzeiten nicht mit Überstrom-Schutzeinrichtungen erreicht werden können, sind zusätzliche RCDs zu verwenden.

4.5.2 Schutzmaßnahmen in den Erdungssystemen

Erdungssystem und Schutzeinrichtung ergeben in ihrer Zuordnung eine Schutzmaßnahme. In jedem Erdungssystem sind mehrere Schutzmaßnahmen möglich. So kommen für das TN- und TT-System der Schutz durch Überstrom-Schutzeinrichtungen sowie durch RCD, und für das IT-System die Überstrom-Schutzeinrichtung, die RCDs sowie eine Isolationsüberwachungseinrichtung in Frage.

Für die Wirksamkeit der Schutzmaßnahmen ist grundsätzlich die Verwendung eines Schutzleiters erforderlich, an den alle Körper angeschlossen sein müssen. Eine Schutzeinrichtung muss den zu schützenden Teil der Anlage im Fehlerfall innerhalb der vorgeschriebenen Zeit abschalten, damit keine zu hohe Berührungsspannung bestehen bleiben kann.

Schutzmaßnahmen im TN-System

Schutzmaßnahmen im TN-System haben die Aufgabe, aus einem Körperschluss einen Kurzschluss zu machen und so die Schutzeinrichtungen zum Ansprechen zu bringen.

Im TN-System ist die Verwendung folgender Schutzeinrichtungen zulässig:
- Überstrom-Schutzeinrichtungen
- Fehlerstrom-Schutzeinrichtungen (RCD)

Dabei sind nach DIN VDE 0100, Teil 410 folgende Abschaltzeiten vorgeschrieben:

Nennspannung gegen Erde U_0	Steckdosenstromkreise, ortsveränderliche Betriebsmittel	Verteilungsstromkreise, ortsfeste Betriebsmittel
230 V	0,4 s	5 s
400 V	0,2 s	5 s
> 400 V	0,1 s	5 s

Tab. 21: Tabelle Abschaltzeiten im TN-System

Damit die Abschaltvorrichtung innerhalb dieser Zeiten sicher abschalten kann, muss der auftretende Fehlerstrom entsprechend den Kennlinien der Abschalteinrichtungen einen bestimmten Wert I_a annehmen. Dieser Strom kommt jedoch nur zustande, wenn der Widerstand der Fehlerschleife (die Schleifenimpedanz Z_s) nicht zu groß ist.

Für die Impedanz der Fehlerschleife muss gelten:

$$Z_s \leq \frac{U_0}{I_a}$$

Wird als Schutzeinrichtung zum Unterbrechen der Versorgungsspannung eine Sicherung benutzt, so muss sichergestellt sein, dass diese durch den auftretenden Fehlerstrom zuverlässig in der festgelegten Zeit abschaltet.

1. Beispiel:
In einer Anlage mit einer Nennspannung von 230 V betragen die Impedanz der Fehlerschleife 1,5 Ω und der Abschaltstrom der vorgeschalteten Sicherung 200 A. Ist der Schutz durch Abschaltung möglich?

$$Z_s \cdot I_a = 1{,}5\,\Omega \cdot 200\,\text{A} = 300\,\text{V} > 230\,\text{V}$$

Der Schutz durch Abschaltung ist nicht möglich!

Kann die Bedingung nicht erfüllt werden (siehe Beispiel), so muss ein zusätzlicher Potenzialausgleich vorgenommen werden oder der Schutz durch einen RCD realisiert werden. In diesem Fall ist für den Abschaltstrom I_a der Nennfehlerstrom $I_{\Delta n}$ des RCD einzusetzen.

2. Beispiel:
In einer Anlage mit einer Nennspannung von 230 V wird ein RCD mit
$I_{\Delta n} = 0{,}5$ A verwendet.
Wie groß darf die Schleifenimpedanz höchstens werden?

$$Z_s \leq \frac{U_0}{I_{\Delta n}} = \frac{230\,\text{V}}{0{,}5\,\text{A}} = 460\,\Omega$$

In dem Teil eines TN-Systems, in dem Neutralleiter und Schutzleiter gemeinsam als PEN-Leiter geführt sind, muss der Schutz durch Überstrom-Schutzeinrichtungen gesichert werden. In Teilen des TN-Systems, in dem Schutz- und Neutralleiter getrennt geführt sind, kann der Schutz durch Überstrom-Schutzeinrichtungen erfolgen, wenn sichergestellt ist, dass beim Auftreten eines Körperschlusses mit vernachlässigbarer Impedanz der Abschaltstrom der Sicherung innerhalb der geforderten Zeit erreicht wird.

TN-C-S-System mit Schutz durch Überstrom-Schutzeinrichtungen:

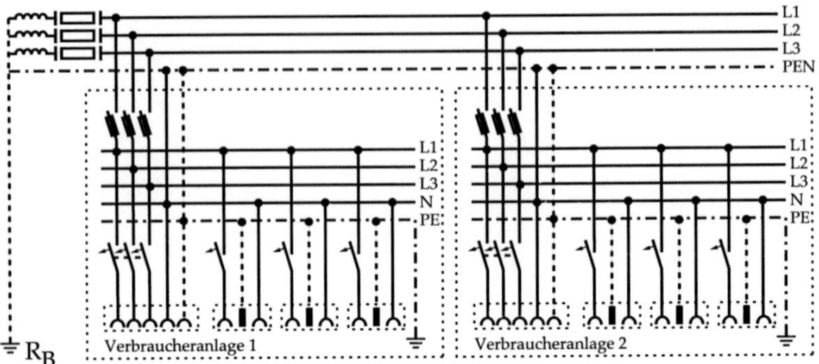

Abb. 178: TN-C-System mit Schutz durch Überstrom-Schutzeinrichtungen

Ersatzweise können in TN-Systemen auch Fehlerstrom-Schutzeinrichtungen zum Einsatz kommen. Diese Schutzmaßnahme wird angewendet, wenn entweder die Abschaltbedingungen für den Schutz durch Überstrom-Schutzeinrichtungen nicht gewährleistet sind, oder wenn einschlägige Vorschriften den Einsatz von Fehlerstrom-Schutzeinrichtungen fordern. Dieses betrifft neben Anlagen für Ausstellungen, Shows und Stände auch besondere Betriebsstätten und Räume, wie z.B. Schwimmbadanlagen, Badezimmer, medizinisch genutzte Räume, elektrische Anlagen im Freien, elektrische Anlagen auf Baustellen, fliegende Bauten oder Anlagen in der Landwirtschaft.

TN-S-System mit Schutz durch Fehlerstromschutzeinrichtungen (RCD):

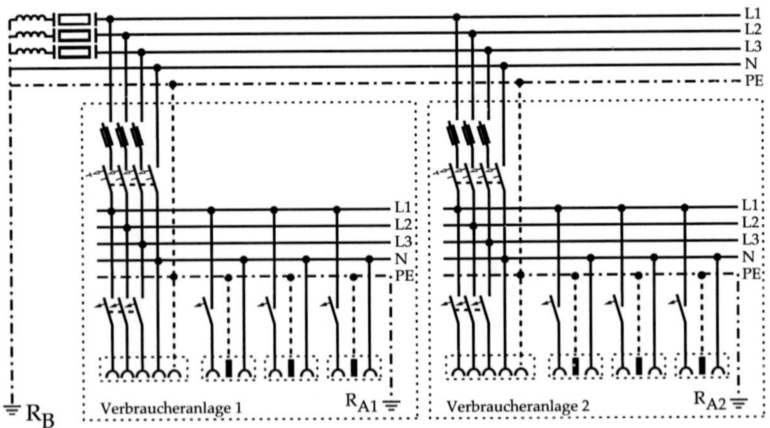

Abb. 179: TN-C-System mit Schutz durch RCD

Schutzmaßnahmen im TT-System

Schutzmaßnahmen im TT-System haben die Aufgabe, aus einem Körperschluss einen Erdschluss zu machen und dadurch die Schutzeinrichtungen zum Ansprechen zu bringen.

Im TT-System ist die Verwendung folgender Schutzeinrichtungen zulässig:
· Überstrom-Schutzeinrichtungen
· Fehlerstrom-Schutzeinrichtungen (RCD)

Dabei sind nach DIN VDE 0100, Teil 410 folgende Abschaltzeiten vorgeschrieben:

Nennspannung gegen Erde U_0	Steckdosenstromkreise, Endstromkreise bis 32 A, ortsveränderliche Betriebsmittel	Verteilungsstromkreise, Endstromkreise über 32 A
230 V	0,2 s	1 s

Tab. 22: Tabelle Abschaltzeiten im TT-System

Es gilt folgende Bedingung für die höchstzulässige Berührungsspannung U_L:

$$R_a \cdot I_a \leq U_L$$

Beispiel:
In einem TT-System beträgt der Erdungswiderstand 15 Ω.
Der Bemessungs-Differenzstrom des vorgeschalteten RCD ist 30 mA.
Die höchstzulässige Berührungsspannung beträgt 25 V.

Ist der Schutz ausreichend?

$$R_a \cdot I_a = 15\,\Omega \cdot 30\text{mA} = 450\text{mV} \leq 25\text{V}$$

Der Schutz ist ausreichend.

Alle Körper, die durch eine Schutzeinrichtung gemeinsam geschützt sind, müssen durch Schutzleiter an einem gemeinsamen Erder angeschlossen werden. Gleichzeitig berührbare Körper müssen an denselben Erder angeschlossen werden.

Ein TT-System mit Überstrom-Schutzeinrichtung entspricht der alten Schutzmaßnahme Schutzerdung. Sie lässt sich praktisch schwer verwirklichen, da nach der vorstehenden Gleichung ein sehr kleiner Erdungswiderstand R_A gefordert wird. Zu bedenken ist auch, dass der Betriebserder R_B ebenfalls Teil der Fehlerschleife ist. Auch hier muss ein entsprechend kleiner Erdungswiderstand gewährleistet sein. Früher wurden im TT-System oft Fehlerspannungs-Schutzeinrichtungen (FU) verwendet. Diese sind heute nur noch in bestehenden Anlagen zulässig (Bestandsschutz). Praktikabel und üblich ist im TT-System die Abschaltung mit Fehlerstrom-Schutzeinrichtungen. Als Abschaltstrom gilt hier der Nennbemessungsstrom des RCD, der um etwa das Tausendfache niedriger liegt als der Abschaltstrom der Überstrom-Schutzeinrichtung. Je kleiner der Auslösestrom gewählt wird, desto weniger aufwändig wird der Erder, desto empfindlicher wird jedoch die Schutzschaltung und löst daher bereits bei relativ hochohmigen Fehlern aus.

TT-System mit Schutz durch Fehlerstromschutzeinrichtungen (RCD):

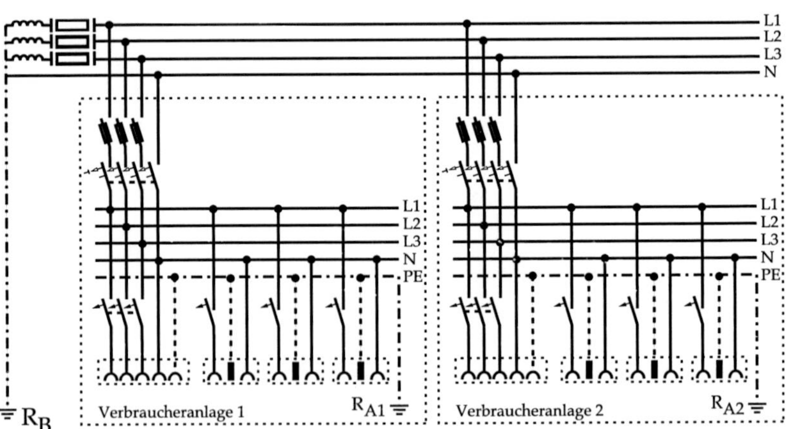

Abb. 180: TT-System mit Schutz durch RCD

Schutzmaßnahmen im IT-System

IT-Systeme müssen entweder gegen Erde isoliert oder über eine ausreichend hohe Impedanz geerdet werden. Diese Netze gibt es ausschließlich in kleinen, begrenzten, überschaubaren Anlagen mit eigenem Trafo oder Generator (Bergwerke, Hüttenwerke, eigene Firmen-Netze) und teilweise in Krankenhäusern (Intensivstationen, Operationsräume). Der Fehlerstrom beim Auftreten nur eines Körper- oder Erdschlusses ist nicht vorhanden bzw. äußerst niedrig. Eine Abschaltung ist nicht erforderlich. Es müssen jedoch Maßnahmen getroffen werden, um beim Auftreten eines weiteren Fehlers Gefahren zu vermeiden. IT-Systeme müssen ständig durch eine Elektrofachkraft überwacht werden.

- Kein aktiver Leiter der Anlage darf direkt geerdet werden.
- Körper müssen einzeln, gruppenweise oder in ihrer Gesamtheit mit einem Schutzleiter verbunden werden.

IT-System mit Isolationsüberwachung:

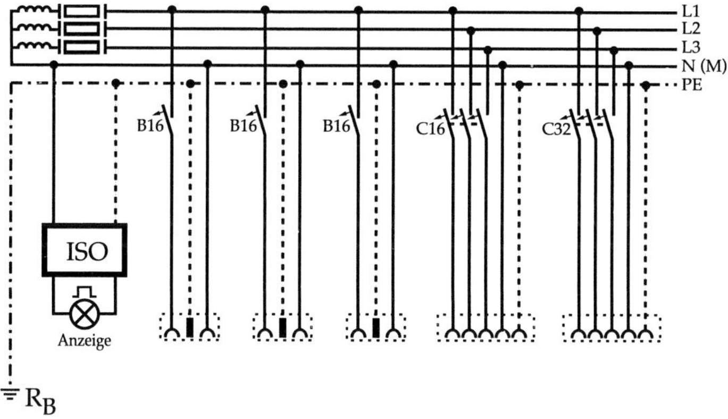

Abb. 181: IT-System mit Schutz durch Isolationsüberwachung

In der gesamten Anlage muss:

- entweder ein zusätzlicher Potenzialausgleich und eine Isolationsüberwachungseinrichtung vorgesehen werden (dies ist der übliche Fall) oder
- es müssen die Bedingungen des Schutzes durch Überstromauslösung wie im TN-System erfüllt sein, um im Fall von zwei Fehlern das Bestehenbleiben von zu hohen Berührungsspannungen zu verhindern.

Nach dem Auftreten des ersten Fehlers müssen folgende Bedingungen für die Abschaltung der Stromversorgung im Falle eines zweiten Fehlers erfüllt werden:

- Wenn die Körper in Gruppen oder einzeln geerdet sind, gelten für den Schutz die Bedingungen wie im TT-System.
- Wenn die Körper untereinander über einen Schutzleiter gemeinsam geerdet sind, gelten die Bedingungen für das TN-System.

Der Normalfall im IT-System ist die Isolationsüberwachungseinrichtung. Oft werden aber noch weitere Schutzformen überlagert, meistens Überstrom-Schutzeinrichtungen und Fehlerstrom-Schutzeinrichtungen, um im Fall des zweiten Fehlers die Abschaltung zu gewährleisten.
Bei Betrieb eines IT-Systems sollte bei einer Fehlermeldung durch das Isolationsüberwachungsgerät schnellstmöglichst das fehlerhafte Gerät gesucht werden und bis zur Instandsetzung nicht mehr in Betrieb genommen werden.

4.5.3 Schutztrennung

Die Schutzmaßnahme Schutztrennung basiert auf folgendem Prinzip: Ein einzelnes Elektrogerät bzw. eine räumlich eng begrenzte elektrische Anlage wird auf besondere Weise von anderen Teilen galvanisch getrennt und potenzialfrei gehalten, z. B. durch einen Trenntransformator. Dadurch kann im Fehlerfall keine gefährliche Berührungsspannung entstehen. Ein wichtiger Vorteil der Schutztrennung liegt in ihrer Unabhängigkeit von anderen Schutzmaßnahmen. Damit dieser Vorteil nicht verloren geht, ist eine absichtliche Verbindung mit Erde bzw. Schutzleitern anderer Körper, die in eine andere Schutzmaßnahme einbezogen sind, nicht zulässig.
Mit der Schutztrennung ist damit eine Schutzmaßnahme vorhanden, die bei Anschluss nur eines elektrischen Betriebsmittels einen hochwertigen Schutz bietet.

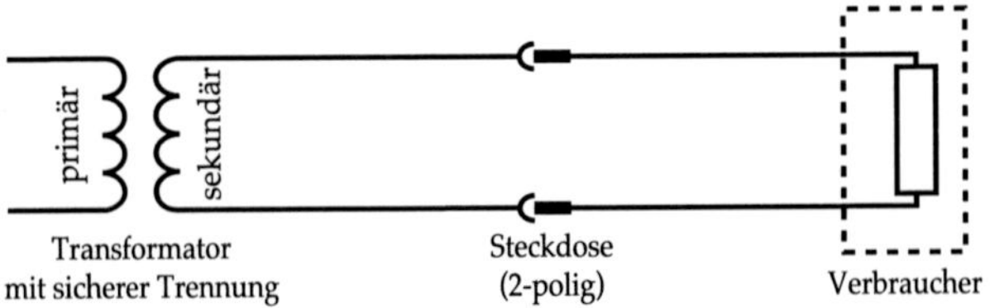

Abb. 182: Schutztrennung

Für die Anwendung bei mobilen Stromerzeugern müssen zudem folgende Voraussetzungen erfüllt sein:

- Zur Versorgung muss ein Motorgenerator mit entsprechend isolierten Wicklungen nach VDE 0530 oder eine gleichwertige Sicherheit verwendet werden.
- Die aktiven Teile des Sekundärstromkreises dürfen weder mit einem anderen Stromkreis noch mit Erde verbunden werden.
- Sofern der Ersatzstromerzeuger nicht schutzisoliert ausgeführt ist, muss sein Körper mit dem Potenzialausgleichsleiter verbunden sein.

Schutztrennung mit mehreren Verbrauchern

Der erhöhte Schutzwert der Schutztrennung geht verloren, wenn mehrere elektrische Betriebsmittel von einer Ersatzstromversorgungsanlage versorgt werden. Eine besondere Gefahr besteht dann, wenn zwei Fehler gleichzeitig zwischen verschiedenen Leitern auftreten. Darum müssen alle Körper untereinander durch einen ungeerdeten Potenzialausgleichsleiter verbunden werden. Dies geschieht durch den Schutzkontakt in der Steckdose und den Schutzleiter in den beweglichen Leitungen.

Die Schutzmaßnahme Schutztrennung mit mehreren Verbrauchern findet häufig bei tragbaren Stromerzeugern nach DIN 14 685 Anwendung.

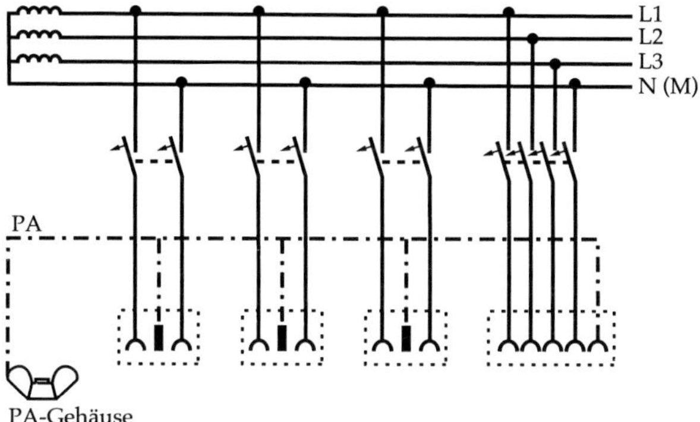

Abb. 183: Schutztrennung mit mehreren Verbrauchern

4.5.4 Zusätzlicher Schutz in bestimmten Fällen

Mittlerweile werden in der DIN VDE 0100, Teil 410, generell für alle Steckdosen bis zu einem Bemessungsstrom von 20 A RCDs (30 mA) gefordert, wenn diese Steckdosen für die Benutzung durch Laien bzw. zur allgemeinen Verwendung bestimmt sind.

4.5.5 Zusammenfassung Schutzmaßnahmen

Schutz sowohl gegen direktes als auch indirektes Berühren	SELV PELV Begrenzung von Ladung	Ausschluss eines Stromschlags
Schutz gegen elektrischen Schlag unter normalen Bedingungen (Schutz gegen direktes Berühren oder Basisschutz)	- Isolierung aktiver Teile - Abdeckung/Umhüllung Hindernisse - Abstand	**Berühren** von spannungsführenden Teilen wird verhindert
Schutz gegen elektrischen Schlag unter Fehlerbedingungen (Schutz bei indirektem Berühren oder Fehlerschutz)	- automatische Abschaltung - Schutzisolierung - Potenzialausgleich und Erdung - nichtleitende Räume - Schutztrennung	**Entstehen** einer gefährlichen Berührungsspannung wird ausgeschlossen bzw. **Bestehenbleiben** einer gefährlichen Berührungsspannung wird verhindert
Zusätzlicher Schutz	Fehlerstrom-Schutzeinrichtung (RCD)	

Tab. 23: Tabelle Zusammenfassung Schutzmaßnahmen

Kapitel 5

Auswählen, Errichten und Betreiben

5.1 Rechtsgrundlagen

Zunächst muss geklärt werden, wer an elektrischen Anlagen und Betriebsmitteln arbeiten bzw. diese errichten darf. In der Hierarchie ganz oben an steht das Energiewirtschaftsgesetz (EnWG) vom 07.07.2005:

5.1.1 Energiewirtschaftsgesetz (EnWG)

§ 49 Anforderungen an Energieanlagen
(1) Energieanlagen sind so zu errichten und zu betreiben, dass die technische Sicherheit gewährleistet ist. Dabei sind vorbehaltlich sonstiger Rechtsvorschriften die allgemein anerkannten Regeln der Technik zu beachten.
(2) Die Einhaltung der allgemein anerkannten Regeln der Technik wird vermutet, wenn bei Anlagen zur Erzeugung, Fortleitung und Abgabe von
1. Elektrizität die technischen Regeln des Verbandes der Elektrotechnik Elektronik Informationstechnik e. V. [...]
2. Gas die technischen Regeln der Deutschen Vereinigung des Gas- und Wasserfaches e. V.
eingehalten worden sind.

Gemäß § 3 des EnWG sind „Energieanlagen Anlagen zur Erzeugung, Speicherung, Fortleitung oder Abgabe von Energie, soweit sie nicht lediglich der Übertragung von Signalen dienen, dies schließt die Verteileranlagen der Letztverbraucher [...] ein".

In der seit 08.11.2006 gültigen Niederspannungsanschlussverordnung (NAV) findet man darüber hinaus:

5.1.2 Niederspannungsanschlussverordnung (NAV)

§ 13 Elektrische Anlage
(1) Für die ordnungsgemäße Errichtung, Erweiterung, Änderung und Instandhaltung der elektrischen Anlage hinter der Hausanschlusssicherung (Anlage) ist der Anschlussnehmer gegenüber dem Netzbetreiber verantwortlich. [...]
Hat der Anschlussnehmer die Anlage ganz oder teilweise einem Dritten vermietet oder sonst zur Benutzung überlassen, so bleibt er verantwortlich.
(2) Unzulässige Rückwirkungen der Anlage sind auszuschließen. Um dies zu gewährleisten, darf die Anlage nur nach den Vorschriften dieser Verordnung, nach anderen

anzuwendenden Rechtsvorschriften und behördlichen Bestimmungen sowie nach den allgemein anerkannten Regeln der Technik errichtet, erweitert, geändert und instand gehalten werden.

In Bezug auf die allgemein anerkannten Regeln der Technik gilt § 49 Abs. 2 Nr. 1 des Energiewirtschaftsgesetzes entsprechend. Die Arbeiten dürfen außer durch den Netzbetreiber nur durch ein in ein Installateurverzeichnis eines Netzbetreibers eingetragenes Installationsunternehmen durchgeführt werden [...]. Es dürfen nur Materialien und Geräte verwendet werden, die entsprechend § 49 des Energiewirtschaftsgesetzes unter Beachtung der allgemein anerkannten Regeln der Technik hergestellt sind. Die Einhaltung der Voraussetzungen des Satzes 6 wird vermutet, wenn das Zeichen einer akkreditierten Stelle, insbesondere das VDE-Zeichen, GS-Zeichen oder CE-Zeichen, vorhanden ist. [...].

Generell ist festzuhalten:

- Arbeiten, Änderungen, Erweiterungen und Reparaturen an der (ortsfesten) elektrischen Anlage eines Gebäudes o.Ä. dürfen nur eingetragene Unternehmer durchführen. Dies sind in der Regel die Elektromeisterbetriebe des Handwerks.
- Es sind (mindestens) die VDE-Bestimmungen und DIN-Normen beim Errichten, Ändern und Instandhalten von elektrischen Anlagen anzuwenden. Selbiges gilt auch für mobile bzw. vorübergehend errichtete elektrische Anlagen.

Es wird gesetzlich darauf hingewiesen, die VDE-Bestimmungen einzuhalten, auch wenn sie an sich nicht als Gesetz gelten und ein bloßer Verstoß gegen die VDE-Bestimmungen noch nicht strafbar ist. Mit einer Ahndung oder Bestrafung ist üblicherweise erst zu rechnen, wenn durch die Missachtung der VDE-Bestimmungen ein Unfall ausgelöst worden ist. Unter die allgemein anerkannten Regeln der Technik fallen natürlich auch die DIN-Normen.

Die wichtigsten sich auf das Errichten und Betreiben elektrischer Anlagen beziehenden VDE-Bestimmungen bzw. DIN-Normen für uns sind:

- DIN VDE 1000-10 Anforderungen an die im Bereich der Elektrotechnik tätigen Personen
- DIN VDE 0100 Errichten von Niederspannungsanlagen
- DIN VDE 0105 Betrieb elektrischer Anlagen
- DIN 15560-100 Scheinwerfer für Film, Fernsehen, Bühne und Fotografie – Teil 100: Sondernetze und Sondersteckverbinder 250/400V
- DIN 15565-1 Elektrisches Energieverteilungssystem für Film- und Fernsehproduktionsstätten - Teil 1: Gehäuse, Kabel und Steckvorrichtungen

· DIN 15765 Veranstaltungstechnik – Multicore-Systeme für die mobile Produktions- und Veranstaltungstechnik
· DIN 15766 Veranstaltungstechnik – Einzelleiter Stecksysteme für Niederspannungsnetze AC 400/230 V für die mobile Produktions- und Veranstaltungstechnik – Anforderungen

Darüber hinaus gibt es noch weitere Bestimmungen, Vorschriften, Leitfäden und Richtlinien, welche bei Bedarf angesprochen werden.

5.1.3 DIN VDE 1000-10:2009-1 Anforderungen an die im Bereich der Elektrotechnik tätigen Personen

Hier werden weiterhin sehr detailliert die Tätigkeiten aufgelistet, welche nur mit einer elektrotechnischen Qualifikation durchgeführt werden dürfen. Dazu gehören u. a. das

· Planen, Projektieren, Konstruieren
· Prüfen (Besichtigen, Erproben, Messen)
· Inbetriebsetzen, Arbeiten an, Instandhalten von
· Errichten
· Betreiben
· Ändern von

elektrischen Anlagen und Betriebsmitteln.

Diese Tätigkeiten dürfen grundsätzlich nur von Elektrofachkräften selbstständig, von allen anderen Personen nur unter Leitung und Aufsicht einer Elektrofachkraft durchgeführt werden. Darunter ist nicht zwangsläufig zu verstehen, dass diese ständig anwesend sein muss. Es muss jedoch sichergestellt sein, dass die Arbeiten entsprechend den erteilten Anweisungen und sicherheitsgerecht durchgeführt werden, z. B. durch Kontrollen in angemessenen Zeitabschnitten. Die Elektrofachkraft ist auch für die übertragenen Tätigkeiten voll verantwortlich.

Die fachlichen Anforderungen an eine Elektrofachkraft werden in der Regel durch den Abschluss einer der nachstehend genannten Ausbildungsgänge des jeweiligen Arbeitsgebietes der Elektrotechnik erfüllt:

1. Ausbildung in einem anerkannten Ausbildungsberuf zum Gesellen oder zum Facharbeiter,
2. Ausbildung zum staatlich geprüften Techniker,
3. Ausbildung zum Industriemeister,
4. Ausbildung zum Handwerksmeister,
5. Ausbildung zum Diplomingenieur, Bachelor oder Master.

Soll eine Person als Elektrofachkraft in einem begrenzten Teilgebiet der Elektrotechnik eingesetzt werden, darf im Ausnahmefall an die Stelle der fachlichen Ausbildung auch eine mehrjährige Tätigkeit mit entsprechender Qualifizierung in dem betreffenden Arbeitsgebiet treten. Die Beurteilung der Qualifikation muss durch eine verantwortliche Elektrofachkraft erfolgen. Eine verantwortliche Elektrofachkraft muss mindestens eine abgeschlossene Ausbildung gemäß 2., 3., 4. oder 5. haben.

Zusammengefasst gelten die folgenden Begriffe, die auch in der DIN VDE 0105-100 zu finden sind:

Verantwortliche Elektrofachkraft
Für die verantwortliche fachliche Leitung und Aufsicht eines elektrotechnischen Betriebes oder Betriebsteils ist eine verantwortliche Elektrofachkraft erforderlich. Sie muss vom Unternehmer beauftragt sein.
Die für die Einhaltung der elektrotechnischen Sicherheitsfestlegungen verantwortliche Elektrofachkraft darf – soweit hierfür nicht besondere gesetzliche Vorschriften gelten – hinsichtlich deren Einhaltung keiner Weisung von Personen, die nicht als verantwortliche Elektrofachkraft gelten, unterliegen.

Elektrofachkraft
Elektrofachkraft ist, wer aufgrund seiner fachlichen Ausbildung, Kenntnisse und Erfahrungen sowie Kenntnis der einschlägigen Normen die ihm übertragenen Arbeiten beurteilen und mögliche Gefahren erkennen kann. Für den Einsatz als Elektrofachkraft in einem begrenzten Teilgebiet der Elektrotechnik darf im Ausnahmefall an die Stelle der fachlichen Ausbildung auch eine mehrjährige Tätigkeit mit entsprechender Qualifizierung in dem betreffenden Arbeitsgebiet treten. Die Beurteilung der Qualifikation muss durch eine verantwortliche Elektrofachkraft erfolgen. Eine Elektrofachkraft, die umfassend für alle elektrotechnischen Arbeitsgebiete ausgebildet und qualifiziert ist, gibt es nicht. Entsprechend kann eine Elektrofachkraft für das Arbeitsgebiet Elektromaschinenbau nicht ohne Weiteres im Arbeitsgebiet von Hochspannungsanlagen oder eine Fernmeldefachkraft im Arbeitsgebiet der Niederspannungsinstallation tätig werden, weil dazu andere Kenntnisse und Erfahrungen erforderlich sind. Wenn eine Person längere Zeit in einem berufsfremden Arbeitsgebiet tätig war, kann die Qualifikation als Elektrofachkraft auch erlöschen, da durch Fortschritte in Technik und Normen die aktuellen Kenntnisse und Erfahrungen nicht mehr vorhanden sind. Die fachliche Ausbildung oder auch neuerliche Erfahrungen ermöglichen es aber, diese wieder zu erwerben.

Elektrotechnisch unterwiesene Person
Eine elektrotechnisch unterwiesene Person ist, wer durch eine Elektrofachkraft über die ihr übertragenen Aufgaben und die möglichen Gefahren bei unsachgemäßem Verhalten unterrichtet und erforderlichenfalls angelernt sowie über die notwendigen Schutzeinrichtungen und Schutzmaßnahmen belehrt wurde.

Laie
Laie ist eine Person, die weder Elektrofachkraft noch elektrotechnisch unterwiesene Person ist.

5.1.4 BGV A3 elektrische Anlagen und Betriebsmittel

Diese Unfallverhütungsvorschrift war jahrzehntelang die Rechtsgrundlage der Elektrotechnik für sicheres Arbeiten an und in der Nähe von elektrischen Anlagen und Betriebsmitteln. Rechtlich gesehen sind Unfallverhütungsvorschriften wie die BGV A3 verbindlich einzuhaltende Vorschriften. Die Nichtbeachtung gilt (mindestens) als eine Ordnungswidrigkeit. Da die Berufsgenossenschaften vom Gesetzgeber durch das VII. Sozialgesetzbuch aufgefordert sind, autonome Rechtsnormen zu erlassen, sind diese für Unternehmer und Mitarbeiter bindend. Durch das Erlassen der Betriebssicherheitsverordnung (BetrSichV) im Jahr 2002 und darüber hinausgehende Technische Regeln für Betriebssicherheit (TRBS) sind die wesentlichen Inhalte der BGV A3 in diesen Vorschriften zu finden. Da davon auszugehen ist, dass die BGV A3 im Jahr 2010 ersatzlos zurückgezogen wird, werde ich sie hier nicht mehr behandeln. Einige Teile des Inhalts werden wahrscheinlich in BG-Informationen (BGI) neu veröffentlicht. Bisher gilt für die Elektrofachkraft allgemein die BGI 548 (Elektrofachkräfte), die sich u.a. auf die bereits angesprochenen Vorschriften beruft.

Anmerkung: BG-Informationen (BGI) beschreiben im Gegensatz zu den Unfallverhütungsvorschriften (BGV) keine rechtsverbindlichen Pflichten, sondern geben in erster Linie beispielhafte Lösungsvorschläge vor.

5.1.5 DIN 15560-100:2007-09 Scheinwerfer für Film, Fernsehen, Bühne und Fotografie – Teil 100: Sondernetze und Sondersteckverbinder 250/400 V

Diese Norm legt Anforderungen für elektrische Netze, Verteilungen und Steckverbinder in der Produktions- und Veranstaltungstechnik fest. Sie gilt ausdrücklich nicht nur für Scheinwerfer, wie man dem Titel entnehmen könnte, sondern generell für alle Stromversorgungsnetze, die von der allgemeinen Versorgung getrennt und meistens mobil an einem beliebigen Ort errichtet werden können und der Energieversorgung von Produktions- oder Veranstaltungstechnik dienen. Dieser Norm ist zu entnehmen:
„Die Errichtung und Inbetriebnahme eines Sondernetzes ist unter Berücksichtigung der Normenreihe DIN VDE 0100 nur von Elektrofachkräften durchzuführen [...].“

Auch in den Normen
- DIN 15565-1 Elektrisches Energieverteilungssystem für Film- und Fernsehproduktionsstätten – Teil 1: Gehäuse, Kabel und Steckvorrichtungen,
- DIN 15765 Veranstaltungstechnik - Multicore-Systeme für die mobile Produktions- und Veranstaltungstechnik und
- E DIN 15766 Veranstaltungstechnik – Einzelleiter Stecksysteme für Niederspannungsnetze AC 400/230 V für die mobile Produktions- und Veranstaltungstechnik – Anforderungen

wird ausdrücklich darauf hingewiesen, dass der Aufbau und die Inbetriebnahme der elektrischen Netzeinspeisung und Verteilung, des transportablen Energieverteilungssystems bzw. des Multicore-Systems von Elektrofachkräften durchgeführt werden muss.

5.1.6 BGI 810 Sicherheit bei Produktionen und Veranstaltungen – Leitfaden

In diesem sehr umfangreichen Leitfaden wird speziell für unsere Branche die praxisnahe Umsetzung aller relevanten Vorschriften beschrieben und auch das Thema Elektrofachkraft nicht ausgelassen:
„Elektrische Anlagen werden nur von Elektrofachkräften oder unter Leitung und Aufsicht einer Elektrofachkraft errichtet, geändert und instand gehalten. Sind Eingriffe in das EVU-Netz erforderlich, erfolgen diese nur von Elektrofachkräften unter der Verantwortung des Konzessionsträgers.“

Aus dieser kurzen und deutlichen Zusammenfassung sowie der Kenntnis der davor angesprochenen Vorschriften geht eindeutig hervor, dass auf jeder Veranstaltung (mindestens) eine Elektrofachkraft anwesend sein und diese auch ausdrücklich vom technischen Leiter benannt und beauftragt werden muss.
Auch wenn nur eine CEE-Leitung mit der entsprechenden Unterverteilung aufgebaut wird, gilt dies als das Errichten einer elektrischen Anlage und bedarf einer Elektrofachkraft. Laien dürfen lediglich elektrische Verbrauchsmittel in haushaltsüblichem Umfang bestimmungsgemäß benutzen, wenn diese den einschlägigen Normen entsprechen und sie demzufolge für den Gebrauch durch Laien konstruiert und installiert wurden (DIN VDE 0105).

Es wird üblicherweise bei jeder Veranstaltung (Event, Konzert, Show, Disco, Ausstellung, Kongress, Tagung, Theateraufführung, Vorführung, Film-, Fernseh- oder Rundfunkaufnahme) eine neue elektrische Anlage errichtet und in Betrieb genommen.

Der Zuständigkeitsbereich einer Elektrofachkraft für Veranstaltungstechnik ist gemäß den angesprochenen Vorschriften begrenzt auf den vorübergehend (mobil) errichteten Teil einer elektrischen Anlage, der der Stromversorgung der elektrischen Betriebsmittel der Produktions- bzw. Veranstaltungstechnik dient. Er beginnt mit dem Speisepunkt der mobilen Anlage, der meistens der Übergabepunkt zwischen der (ortsfesten) elektrischen Anlage des Gebäudes bzw. Veranstaltungsortes ist (oder z.B. auch ein mobiles Stromerzeugungsaggregat) und endet bei den an den Endstromkreisen angeschlossenen Betriebsmitteln.

Speziell für diese Anwendung ist 2003 eine VDE-Bestimmung veröffentlicht worden, die DIN VDE 0100 – Teil 711.

5.1.7 DIN VDE 0100-711 Errichten von Niederspannungsanlagen – Anforderungen für Betriebsstätten, Räume und Anlagen besonderer Art Teil 711: Ausstellungen, Shows und Stände

Die wichtigsten Punkte, die gemäß dieser VDE-Bestimmung zu beachten sind, sind hier mehr oder weniger stichwortartig mit kurzen Erläuterungen aufgelistet.
Generell darf die Nennspannung der vorübergehend errichteten Anlage 230/400 V (Wechselspannung) oder 500 V (Gleichspannung) nicht überschreiten.

Es wird ausdrücklich darauf hingewiesen, dass die äußeren Einflüsse (Wasser, Feuchtigkeit, Staub oder auch mechanische Beanspruchung) an dem jeweiligen Ort berücksichtigt werden müssen. Hier wird also indirekt auch auf die Schutzarten Bezug genommen.

Generell sind TN-S-Systeme zu errichten (vgl. auch DIN 15560-100: 2007-09).

Für Speisepunkte der vorübergehend errichteten elektrischen Anlage wird die Empfehlung gegeben, diese mit selektiven RCDs $I_{\Delta N} \leq 300\text{mA}$ auszurüsten.

Endstromkreise und Steckdosenstromkreise bis 32 A müssen generell mit einem RCD $I_{\Delta N} \leq 30\text{mA}$ versehen sein.

Alle verlegten elektrischen Leiter (mit Ausnahme von Geräteanschluss-Leitungen) müssen aus Kupfer mit einem Mindestquerschnitt von 1,5 mm^2 sein.
Flexible Leitungen dürfen in der Öffentlichkeit zugänglichen Bereichen nur dann verlegt werden, wenn sie zusätzlich gegen mechanische Beschädigung geschützt sind. Hier wird angemerkt, dass Teppichböden bzw. (Gummi-)Matten alleine keinen ausreichenden Schutz bieten.

Ein sehr heikles und immer wieder heftig diskutiertes Thema ist die Bauart bzw. Qualität der Leitungen. Hier gibt es viele und teilweise sogar widersprüchliche Aussagen in den verschiedenen Vorschriften. Auf dieses Thema wird ausführlich in einem eigenen Kapitel (5.2.2) eingegangen.
Generell müssen die vorübergehend errichteten elektrischen Anlagen nach jeder Montage vor Ort gemäß DIN VDE 0100-600 geprüft werden. Auch diesem Thema ist ein ausführliches Kapitel gewidmet (5.8).

Wenden wir uns nun den Betriebsmitteln zu, aus denen sich unsere elektrischen Anlagen zusammensetzen.

5.2 Elektrische Betriebsmittel

Beginnend mit einer kleinen Materialkunde werden ganz bewusst sämtliche Verbrauchsmittel außer Acht gelassen und nur die Bestandteile der vorübergehend errichteten elektrischen Anlage behandelt.
Zuvor jedoch noch drei Definitionen gemäß DIN VDE 0100-200:

1. Elektrische Betriebsmittel sind alle Gegenstände zum
· Erzeugen bzw. Speichern (z.B. Generator, Batterie, Akkus),
· Weiterleiten bzw. Verteilen (z.B. Leitung, Schutzeinrichtung, Steckverbinder),
· Umwandeln (z.B. Transformatoren)
· Anwenden bzw. Verbrauchen (z.B. Wärmegeräte, Leuchten, Motoren)
von elektrischer Energie.

2. Elektrische Verbrauchsmittel, auch schlicht Verbraucher genannt, sind Betriebsmittel, die elektrische Energie in andere Energieformen umwandeln, z.B. in Licht, Wärme oder in mechanische Energie.

3. Unter einer elektrischen Anlage versteht man alle zugeordneten und aufeinander abgestimmten elektrischen Betriebsmittel zur Erfüllung bestimmter Zwecke.

5.2.1 Steckverbinder/Steckvorrichtungen

Im Sprachgebrauch werden Begriffe wie Stecker, Steckverbindung oder auch Steckvorrichtung relativ sorglos durcheinander geworfen und als Synonyme benutzt. Wenn man jedoch in den VDE-Bestimmungen etwas sorgfältiger liest, findet man genaue Definitionen (z.B. in der DIN VDE 0627). Als Oberbegriff für steckbare elektrische Verbindungen wird hier der Begriff „Stecksysteme" (kurz Stecker und Kupplung) verwendet. Stecksysteme gibt es wiederum entweder als Steckverbinder oder als Steckvorrichtung (Steckverbinder mit Schaltleistung). Worin liegt nun der Unterschied?
Zusammengefasst dürfen Steckverbindungen nur spannungsfrei gesteckt bzw. getrennt werden, während Steckvorrichtungen auch unter Spannung stehend gesteckt bzw. getrennt werden können. Allerdings geht es hier um Spannungsfreiheit, nicht um die Frage, ob unter Last, d.h. wenn Strom fließt, gesteckt werden darf. Dies ist generell unter allen Umständen zu vermeiden und nach den Vorschriften für Stecksysteme mit Nennströmen über 16 A nicht

zugelassen. Steckvorrichtungen bis zu einem Bemessungsstrom von 16 A dürfen zum Trennen und sogar zum betriebsgemäßen Schalten verwendet werden. Im täglichen Umgang mit diversen Stecksystemen ist es wichtig zu wissen, welchen Stecker wir stecken dürfen, wenn Spannung anliegt bzw. welchen wir erst stecken bzw. trennen können, nachdem wir freigeschaltet haben (z. B. mit Hilfe eines Leitungsschutzschalters). Diese Informationen entnehmen wir üblicherweise den technischen Daten des Herstellers.
Ein weiteres wichtiges Kriterium für Stecker ist die Ausführung des Schutzleiter-Kontakts. Dieser muss bauartbedingt voreilend sein, d.h. beim Einstecken des Steckers in die Buchse kontaktiert der Schutzleiter sicher als Erster vor allen anderen Leitern (DIN VDE 0620-1, DIN VDE 0623-1, DIN VDE 0625-1, ...).
Generell darf an jedem Stecker nur eine bewegliche Leitung angeschlossen werden, es sei denn, dass es sich dabei um Spezialstecker handelt, die laut Hersteller ausdrücklich für den Anschluss mehrerer beweglicher Leitungen gebaut sind (DIN VDE 0100-550).

Eurostecker

Dieser im Haushalt übliche Stecker gemäß der DIN VDE 0620-101 hat in der professionellen Veranstaltungstechnik nichts verloren und wird nur als Geräte-Anschluss-Stecker für Schutzklasse II-Geräte eingesetzt. Auf keinen Fall darf er für Verlängerungsleitungen verwendet werden, da er keinen Schutzleiter-Kontakt hat und der Querschnitt der Leitung und die Strombelastbarkeit der Steckkontakte zu gering sind. Eurostecker werden mit zweiadrigen Leitungen verwendet. Außerdem fällt er in die Kategorie der nicht wieder anschließbaren Stecker (d. h., dass er nach der Konfektionierung durch den Hersteller nicht wieder von der Leitung getrennt werden kann, ohne dauerhaft unbrauchbar zu werden), was z. B. eine schnelle Reparatur verhindert. Er gilt als Steckvorrichtung und darf sowohl unter Spannung als auch unter Last gesteckt werden. Auch die sogenannten Konturenstecker nach DIN 49406 mit einer angegebenen Strombelastbarkeit von bis zu 16 A sind ohne Schutzleiterkontakt und daher nur für schutzisolierte Geräte als Geräte-Anschluss-Leitung zu verwenden.

Abb. 184: Eurostecker

Schutzkontaktstecker

Der Schutzkontaktstecker (kurz: Schuko) bezeichnet ein in Europa sehr verbreitetes Steckvorrichtungssystem. International ist dieses System auch als Stecker-Typ F oder CEE 7/4 bekannt. Zum Anschluss wird immer eine dreiadrige Leitung (L, N, PE) verwendet.

Das Schuko-System ist nicht verpolungssicher. Der Außenleiter kann durch eine Drehung des Steckers um 180° mit dem Neutralleiter getauscht werden. Daher ist es auch unerheblich, wie herum L und N beim Stecker bzw. der Kupplung oder Steckdose angeschlossen werden.

Als das Schuko-System nach dem Ersten Weltkrieg eingeführt wurde, spielte die Polung der beiden stromführenden Leiter für die Sicherheit noch keine Rolle. Damals war es noch nicht üblich, einen der Leiter zu erden. Bei der zu dieser Zeit vorherrschenden Anschlusstechnik lag an beiden stromführenden Leitern die gleiche Spannung gegenüber der Erde an, und es war daher nicht sinnvoll, zwischen den beiden Leitern zu unterscheiden. Bei heute verbreiteten TN-Systemen liegt dagegen auf dem Außenleiter volle Spannung gegenüber der Erde an, weil der Neutralleiter geerdet ist. Daher sind alle neueren Steckvorrichtungen, wie etwa das blaue CEE-System, verpolungssicher.

Diese Systeme haben gegenüber dem Schuko-System den Vorteil, dass ein Geräteschalter in allen Fällen den gegen die Erde Spannung führenden Außenleiter abschaltet. So wird etwa sichergestellt, dass die Spannung stets am Fußkontakt einer Lampenfassung und nicht am leichter berührbaren Gewinde liegt.

Darüber hinaus gibt es große Unterschiede in der mechanischen Ausführung von Schuko-Steckvorrichtungen. Es sollte jedoch immer auf die mechanisch hochbelastbaren und spritzwassergeschützten Gummi-Stecker Wert gelegt werden.

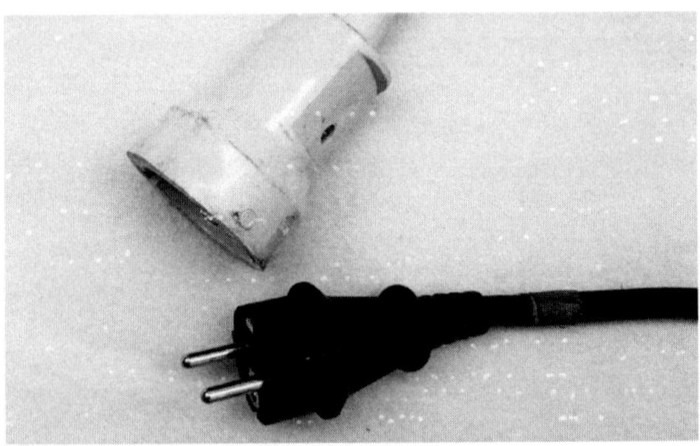

Abb. 185: Schuko-Stecker

PowerCon

Der PowerCon ist ein Steckverbinder für die Energieversorgung von Geräten mit einer Stromaufnahme von bis zu 20 A und seit kurzem auch in einer weiteren Version bis zu 32 A erhältlich. Er wird hauptsächlich für die Veranstaltungstechnik verwendet.

Die Steckverbinder der 20 A-Version gibt es in zwei farblich codierten Ausführungen: blau für den Eingang von Netzspannung an einem Gerät, grau für die Weitergabe von Netzspannung von einem Gerät an weitere Geräte. Stecker und Buchsen sind mechanisch unterschiedlich gestaltet, um das versehentliche Stecken von grauen an blaue zu verhindern. Zur Verlängerung von Verbindungskabeln gibt es Kupplungsteile mit einer blauen und einer grauen Seite.
Die farbliche Codierung ist so gewählt, dass bei gleicher Farbe immer nur ein spannungsführender Kontakt und ein spannungsempfangender Kontakt miteinander verbunden werden können. Außerdem sind die Kontakte der beiden Serien (blau und grau) spiegelbildlich ausgeformt, so dass eine Kombination aus Stecker und Buchse unterschiedlicher Farbe nicht möglich ist. Dies garantiert eine hohe Betriebssicherheit. Ferner sind die Stecker gegen versehentliches Abziehen verriegelt. Auch dieser Stecker wird dreiadrig angeschlossen und besitzt einen voreilenden Schutzleiterkontakt. Verbindungen dürfen nur hergestellt und gelöst werden, wenn keine Seite unter Spannung steht. PowerCon kann und darf deswegen auch nicht für Wanddosen eines Hausnetzes verwendet werden. Die Einbaubuchsen sind für die gleichen Bohrungen ausgelegt wie sie auch bei XLR- und Speakon-Buchsen zu finden sind und lassen sich somit in bestehende 19"-Rackblenden integrieren, wenn der elektrischen Sicherheit (z.B. Berührschutz) Sorge getragen wird. Für Anwendungen mit erhöhtem Strombedarf (z.B. Beleuchtung von Bühnen) sind jetzt auch schwarze PowerCon-Stecker und -Buchsen mit einer Belastbarkeit von 32 A erhältlich.

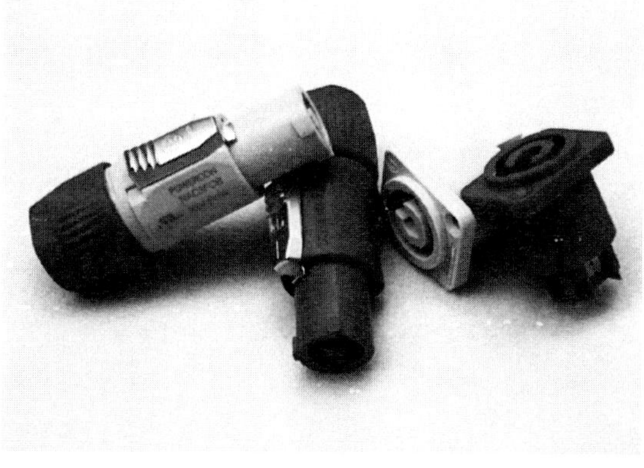
Abb. 186: PowerCon

Eberlstecker

Der Eberlstecker ist ein zweipoliger Sonderstecker mit Schutzkontakt und einer Bemessungsstromstärke von 63 A. Zwei Ausführungen (Hängestecker für bewegliche Kabel und Anbausteckdose) sind in den DINs 56905 und 56906 beschrieben. Beide Ausführungen gibt es in Kunststoff und Leichtmetall.
Die Besonderheit dieses Stecksystems ist, dass Stecker- und Steckdosenteil baugleich sind. Somit könnten zwei spannungsführende Kabel zusammengesteckt werden, auch wenn dann ein satter Kurzschluss entstünde und hoffentlich eine

Sicherung anspräche. Dies ist durch eine richtige Belegung und Verwendung zu vermeiden. Der Stecker ist durch diverse Unfälle – häufig basierend auf falscher Anwendung (z.B. unzulässige Adapter auf Schuko ...) – in Verruf geraten, wird jedoch immer noch in vielen Theatern verwendet. Er besitzt den großen Vorteil einer hohen Strombelastbarkeit bei vergleichsweise geringen Abmessungen.

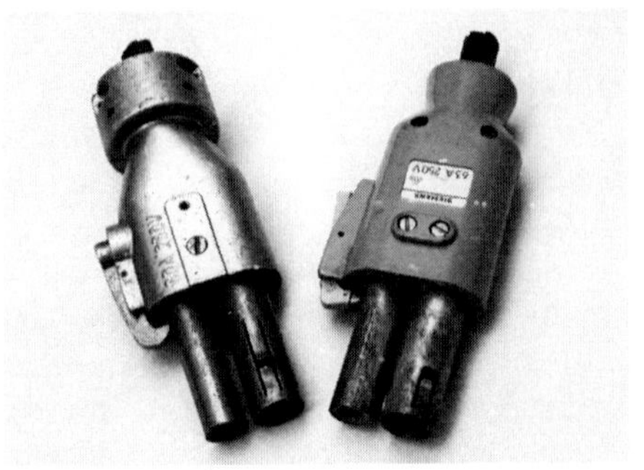

Abb. 187: Eberl-Stecker

CEE Stecker

Das bekannteste Stecksystem ist das CEE-Steckvorrichtungssystem nach DIN IEC 60309 bzw. DIN VDE 0623-1. Diese Industrie-Kragensteckvorrichtungen existieren in vielen Varianten. Es wird zwischen den Bemessungsstromstärken 16 A, 32 A, 63 A und 125 A unterschieden. Der Durchmesser der Stecker ist von der Strombelastbarkeit abhängig. Dadurch ist es nicht möglich, Stecker und Buchsen verschiedener Stromstärken miteinander zu verbinden. Es stehen Stecker mit drei, vier oder fünf Kontakten zur Verfügung. Alle Kontaktstifte sind im Gehäuse kreisförmig angeordnet. Im Gegensatz zu handelsüblichen Haushaltsstecksystemen (beispielsweise Schuko oder Perilex) wurde bei der Gestaltung der CEE-Stecker auf eine optimale Stromübertragung durch große Kontaktflächen zwischen den Stiften des Steckers und den Buchsen der Dose Wert gelegt. Eine zusätzliche Sicherung gegen unerwünschtes Trennen wird durch die Hakenfunktion des federgespannten Klappdeckels der Dose und der Kupplung bzw. einen zusätzlichen Schraubring bewirkt.

Je nach Nennspannung sind Stecker und Kupplung farbig codiert:

Kennfarbe	Spannungsebene
Violett	20 V – 25 V
Weiß	40 V – 50 V
Gelb	100 V – 130 V
Blau	200 V – 250 V
Rot	380 V - 480 V
Schwarz	500 V – 690 V

Tab. 24: Tabelle Farben CEE-Stecksystem

Für Frequenzen zwischen 60 Hz und 500 Hz wird die Farbe grün verwendet. Die verschiedenen Spannungen und Frequenzen des Systems werden zusätzlich durch die Lage des Schutzleiterkontaktes festgelegt. Der Schutzleiterkontakt befindet sich in einer von zwölf möglichen Positionen, aufgeteilt in 30°-Schritten im Uhrzeigersinn. Position 6 ist bei Sicht auf eine Kupplung die unterste Stelle (wie eben beim Zifferblatt einer Uhr). Diese ist markiert durch eine Außennase am Stecker und der dazugehörigen Aussparung an der Buchse. Die Position des Schutzleiters ist auf dem jeweiligen Gehäuse zusätzlich als Uhrzeit angegeben. 6h beispielsweise bedeutet, dass der Schutzkontakt auf 6 Uhr, also an Position 6 angeschlossen ist. Der Schutzleiterkontakt ist dicker als die restlichen Kontakte ausgeführt und selbstverständlich voreilend. Da das (absichtliche oder unabsichtliche) Unterbrechen des Stromkreises durch Auftrennen der Steckvorrichtung zu einem Lichtbogen an Stecker und Buchse und damit zu höherem Verschleiß der Steckverbindung, zu Bränden sowie evtl. zu einer Gefährdung der den Stecker ziehenden Person führen kann, ist ab der 63 A Version ein Pilotkontakt in der Mitte vorgesehen. Dieser ist kürzer als die restlichen Kontakte und soll beim Ziehen unter Last den Steuerstrom für Anlagen unterbrechen oder ein Schütz auslösen, um den Stromkreis zu trennen, bevor dies an der Steckvorrichtung geschieht. Der Pilotkontakt ist dazu im Stecker mit dem Neutralleiter zu verbinden. Die Steckvorrichtungen müssen mindestens die Schutzart IP44 aufweisen. Ab einem Bemessungsstrom von 125 A ist gemäß EN 60529 die Schutzart IP67 vorgeschrieben. In unseren elektrischen Anlagen wird fast immer das rote fünfpolige System „3P+N+PE, 6h" in den Versionen 16A, 32A, 63A oder 125 A verwendet.

Abb. 188: CEE-rot - fünfpolig

In Ausnahmefällen (z.B. einige Riggingmotoren) trifft man auch auf das rote vierpolige System „3P+PE, 6h". Hier fehlt der nicht notwendige Neutralleiter sowohl in den Steckvorrichtungen als auch in den Leitungen. Dieses System ist ausschließlich für reine Drehstromverbraucher einzusetzen und darf auf gar keinen Fall adaptiert werden.

Abb. 189: CEE-rot - vierpolig

Vorgeschrieben ist die Außenleiter-Verdrahtung (Phasenfolge) mit einem Rechtsdrehfeld, d.h. mit Sicht auf die Buchse muss im Uhrzeigersinn erst der erste, dann der zweite und schließlich der dritte Außenleiter seine Spannungsspitze erreichen. In der Praxis kann man sich auf die Belegungsreihenfolge der Außenleiter nicht verlassen, sie wird mangels Prüfwerkzeug oder aus Bequemlichkeit nicht immer eingehalten. Deshalb kann es vorkommen, dass sich angeschlossene Motoren nicht in der erwarteten Drehrichtung drehen. Abhilfe schafft hier das Tauschen zweier beliebiger Außenleiter, um so den korrekten Drehsinn herzustellen. Deutlich sicherer, schneller und praktischer als das Öffnen eines Steckers und Vertauschen der Litzen im Stecker ist die Benutzung sogenannter Phasenwender-Stecker, bei denen durch das Drehen zweier Steckkontakte das Drehfeld ohne Eingriffe geändert werden kann.

Ein weiterer typischer Stecker ist der blaue CEE Stecker, welcher als höherwertige Alternative (mechanische Stabilität, Verpolungsschutz, kleinere Übergangswiderstände, internationale Normung) zum Schuko-System zur Verfügung steht und der auf Baustellen und in Industriebetrieben Anwendung findet. Aufgrund der internationalen Normung erfreut er sich auch im Campingbereich großer Beliebtheit. Ein weiterer Vorteil ist, dass die Norm festlegt, an welchem Kontaktstift Außenleiter und Neutralleiter angeschlossen sind. Weil ein Netzschalter häufig nur eine Ader schaltet, kann mit diesem Steckverbinder sichergestellt werden, dass immer der Außenleiter und nicht der Neutralleiter geschaltet wird.

Abb. 190: CEE-blau

Abb. 191: CEE-gelb

Auch der gelbe Stecker „P+N+PE, 4h“ ist auf vielen Veranstaltungen mittlerweile zu Hause. Er wird z.B. als Steckvorrichtung zwischen ACL-bars und für Steuersignale bei Riggingmotoren eingesetzt.

Perilex

Perilex ist der Handelsname für ein ebenfalls zugelassenes Drehstrom-Stecksystem. Es ist in einer 16 A-Version (häufig) und in einer 25 A-Version (findet eher selten Anwendung) erhältlich. Die Stecker enthalten fünf Kontakte (PE, N, L1, L2 und L3). Zur Unterscheidung der beiden Ausführungen ist bei der 16 A-Version der Schutzleiterkontakt waagerecht, bei der 25 A-Version hingegen senkrecht angebracht.

In Deutschland sind die Perilex-Steckvorrichtungen durch DIN Vorschriften (DIN 49445, 49446, 49447, 49448) genormt.
Verbreitung erfuhr die Perilex-Steckdose Anfang der 1960er-Jahre, rückte in den letzten Jahren jedoch in den Hintergrund, da sie hauptsächlich in Westdeutschland anzutreffen war. Heute wird überwiegend das CEE–System verwendet, da es in weiten Teilen Europas verbreitet ist.
Die Einsatzgebiete des Perilex-Stecksystems beschränken sich auf Kleingewerbebetriebe (Bäckereien, Küchen, usw.), das Gesundheitswesen (Krankenhäuser, Labore), Schulen und Privathaushalte. In der Industrie, im Baugewerbe und auch in der Veranstaltungstechnik hat sich das System nicht durchgesetzt, da die dort verbreiteten CEE-Steckverbinder robuster und sie im Gegensatz zu den Perilex-Steckverbindern auch für den Betrieb im Freien zugelassen sind. Seit 1975 dürfen Perilex-Steckverbinder nicht mehr in der Industrie, aber weiterhin in Haushalten, Krankenhäusern und Kleingewerbebetrieben neu installiert werden. Im Gegensatz zum CEE-System ist der Vorteil des Perilex-Systems in seiner kompakteren Bauweise zu sehen.

Abb. 192: Perilex

Einzelleiter Stecksystem („Powerlock“)

Diese noch relativ junge Steckverbindung wird immer dann verwendet, wenn größere Stromstärken transportiert werden sollen als die CEE-Stecker verarbeiten können und man trotzdem nicht auf komfortables Zusammen- bzw. Auseinanderstecken verzichten will. Aufgrund der großen Stromstärken (bis zu 400 A pro Leiter) und der daraus resultierenden großen Leiterquerschnitte (nicht zu vergessen: das Gewicht ...) werden die erforderlichen Adern (L1, L2, L3, N, PE) einzeln verlegt und sind dementsprechend auch einzeln zu stecken.
Durch die mittlerweile extrem große Verbreitung in Europa wird derzeit die DIN 15766 mit dem Titel „Veranstaltungstechnik – Einzelleiter Stecksysteme für Niederspannungsnetze AC 400/230V für die mobile Produktions- und Veranstaltungstechnik – Anforderungen“ erarbeitet. Sie liegt bereits in der Entwurfsfassung vor, auf welche hier Bezug genommen wird.

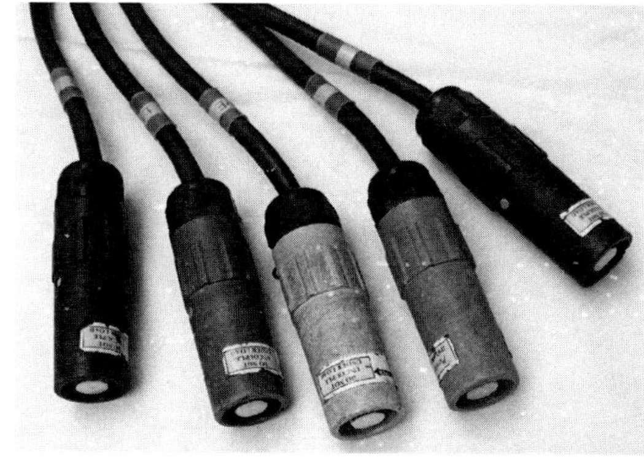
Abb. 193: Powerlock

Die Gehäusefarben müssen entsprechend der geltenden Norm ausgelegt sein, d.h. L1: braun, L2: schwarz, L3: grau, N-Leiter: blau, PE-Leiter: grün, da grün-gelb technisch nicht möglich ist. Weiterhin sind die einzelnen Stecker so beschaffen (codiert), dass eine Verwechslung oder ein „falsches Zusammenstecken" (z.B. L1 auf PE) vermieden wird. Die Steckverbindung ist verriegelbar, und die Verriegelung darf nur mithilfe eines Werkzeugs lösbar sein. Im zusammengesteckten Zustand werden die Anforderungen an die Schutzart IP 67 erfüllt.

Multicore-Stecker

Werden mehrere Stromkreise in einer gemeinsamen Leitung und somit auch mit einem gemeinsamen Stecker verlegt, spricht man von „Multicore-Systemen". Diese werden jetzt durch die DIN 15765:2009-8 (Veranstaltungstechnik – Multicore-Systeme für die mobile Produktions- und Veranstaltungstechnik) beschrieben. Durchgesetzt haben sich für die am häufigsten verwendeten sechspaarigen Multicore-Systeme einerseits die 16-poligen Rechtecksteckverbinder („Harting") und andererseits die 19-poligen Rundsteckverbinder („Socapex"). Dem Thema Multicore-Systeme ist ein eigenes Kapitel (5.3) gewidmet.

Abb. 194: Harting

5.2.2 Leitungen

Leitungen dienen dem Transport elektrischer Energie. Der Leiter besteht in der Regel aus Kupfer. Bei größeren Querschnitten oder auch zur Gewichtsreduzierung bei Freileitungen wird auch Aluminium verwendet. Wird ein Leiter mit einem Isolierwerkstoff (meistens Kunststoff bzw. Gummi) umhüllt, nennt man das eine Ader. Wenn mehrere Adern zusammengefasst und gemeinsam von einem Mantelwerkstoff umhüllt sind, spricht man von einer Leitung oder einem Kabel. Unter dem Begriff Kabel versteht man in Deutschland (und zwar nur in Deutschland) Energieleiter, die im Gegensatz zu Leitungen mit einem zusätzlichen oder verstärkten Mantel versehen sind und dadurch zur Verlegung im Erdreich oder unter Wasser geeignet sind.

Bei Leitungen unterscheidet man grundsätzlich
- Leitungen für feste Verlegung und
- bewegliche (flexible) Leitungen.

Ich werde nur auf flexible Leitungen eingehen, da die Elektrofachkraft für Veranstaltungstechnik mit der festen Verlegung von Leitungen nicht konfrontiert ist und feste Installationen auch gar nicht durchführen darf.

Kennzeichnung und Verwendung von Adern

Mittlerweile gelten in fast allen europäischen Ländern die folgenden Farben für die Aderkennzeichnung bei isolierten Leitungen für die flexible Verlegung:

Anzahl der Adern	Farbe der Adern				
	Schutzleiter	Aktive Leiter			
3	grün-gelb	blau	braun		
4	grün-gelb		braun	schwarz	grau
5	grün-gelb	blau	braun	schwarz	grau
6 und mehr	grün-gelb	Alle anderen Adern immer schwarz mit Zahlenaufdruck			

Tab. 25: Tabelle Kennzeichnung und Verwendung von Adern

Die Verwendung der farblich gekennzeichneten Adern ist in Wechselstrom- und Drehstromnetzen wie folgt festgelegt:

Außenleiter	L1; L2; L3	Farbe nicht festgelegt	Üblich: braun, schwarz, grau; wenn kein N-Leiter vorhanden ist auch blau
Neutralleiter	N	blau	
Schutzleiter	PE	grün-gelb	⏚
Neutralleiter m. Schutzfunktion	PEN	grün-gelb, an beiden Enden blau zu markieren	⏚
Erde, Potenzial-ausgleich	E	Farbe nicht festgelegt	⏚

Tab. 26: Verwendung von Aderfarben in Wechsel- und Drehstromnetzen

Kurzzeichen für harmonisierte Leitungen nach DIN VDE 0292:2007-5

Die Typbezeichnung für harmonisierte Leitungen setzt sich aus drei Teilen zusammen, die die wesentlichen Merkmale der Leitung beschreiben:

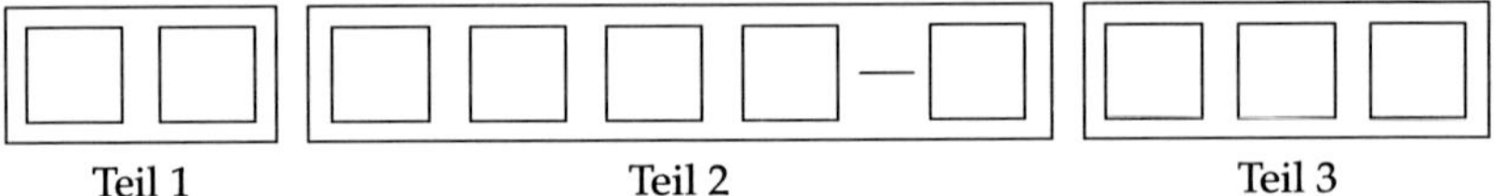

Abb. 195: Typbezeichnung für harmonisierte Leitungen

Im ersten Teil wird der Normenbezug und die Nennspannung angegeben.

Das Kennzeichen „A" für den anerkannten nationalen Leitungstyp wurde zurückgezogen, so dass im ersten Feld derzeit nur ein „H" für die sogenannte harmonisierte Leitung auftauchen kann.

Im zweiten Feld des ersten Teils wird die Nennspannung wie folgt angegeben:

01	100/100 V
03	300/300 V – „leichte Leitung"
05	300/500 V – „mittlere Leitung"
07	450/750 V – „schwere Leitung"

Tab. 27: Tabelle Nennspannungen

Der zweite Teil beschreibt den Aufbau der Leitung von innen nach außen sowie etwaige Besonderheiten und die Leiterart.

Im ersten Feld ist der Isolierstoff der Adern zu finden, im zweiten Feld der Mantelwerkstoff. Im dritten Feld besteht die Möglichkeit, auf eine Besonderheit im Aufbau der Leitung hinzuweisen, während im vierten Feld der Werkstoff des Leiters angegeben wird.
Nach einem Gedankenstrich folgt die Art des Leiters.

Sind in Feld drei keine Angaben zu machen, so rückt der nachfolgende Teil auf, so dass keine Lücke entsteht.
Gleiches gilt für Feld vier. Wenn der Leiterwerkstoff Kupfer ist, bleibt das Feld leer und der Gedankenstrich rückt vor.
Im ersten bzw. zweiten Feld können die folgenden Bezeichnungen auftauchen (Beispiele der gängigsten Materialien):

V	PVC
V2	PVC wärmebeständig
V3	PVC kältebeständig
V4	PVC vernetzt
V5	PVC ölbeständig
N	Polychloropren-Gummi
R	Ethylenpropylen-Gummi
S	Silikon-Gummi
J	Glasfasergeflecht
T	Textilgeflecht
Z	Vernetzte Polyolefin-Mischung für Leitungen, die im Brandfall wenig korrosive Gase und wenig Rauch entwickeln

Tab. 28: Tabelle Isolationsmaterial von Leitungen

Im dritten Feld gibt es z. B. die folgenden Möglichkeiten:

H	flache, aufteilbare Leitung
H2	flache, nicht aufteilbare Leitung
H3	Wendelleitung
kein Zeichen	runde Leitung

Tab. 29: Tabelle Leiteraufbau

Das vierte Feld ist bei uns immer leer. Gemäß der Norm könnte dort auch nur ein „A" für den Leiterwerkstoff Aluminium stehen.

Im fünften Feld folgt nach einem Gedankenstrich die Leiterart:

U	eindrähtig, rund
R	mehrdrähtig, rund
K	feindrähtig bei Leitungen für feste Verlegung
F	feindrähtig bei flexiblen Leitungen
H	feinstdrähtig bei flexiblen Leitungen
Y	Lahnlitze

Tab. 30: Tabelle Leiterarten

Im Teil drei der Leitungsbezeichnung findet man Angaben über die Anzahl und den jeweiligen Querschnitt der in der Leitung enthaltenen Adern.
Im ersten Feld steht eine Ziffer für die Anzahl der enthaltenen Adern.
Im zweiten Feld findet man das Multiplikationszeichen, entweder ein „X" für die Ausführung ohne grün-gelben Schutzleiter oder ein „G" für die Ausführung mit grün-gelbem Schutzleiter.
Im dritten Feld steht schließlich noch eine Ziffer, die den Querschnitt einer Ader in mm^2 angibt.

Beispiele:

H07 RN-F 5G6	Es handelt sich um eine schwere Gummischlauchleitung mit feindrähtigen Litzen zur flexiblen Verlegung mit fünf Adern, jeweils mit einem Querschnitt von 6 mm^2, wovon eine Ader der grün-gelbe Schutzleiter ist.

H05 VV5-F18G2,5 — Es handelt sich um eine ölbeständige PVC-Leitung mit feindrähtigen Litzen zur flexiblen Verlegung mit 18 Adern, jeweils mit einem Querschnitt von 2,5 mm², wovon eine Ader der grün-gelbe Schutzleiter ist.

Leitungstypen für flexible Verlegung (Beispiele gemäß DIN VDE 0281 bzw. DIN VDE 0282)

Kurzzeichen	Bezeichnung	Verwendung
H05VV-F	mittlere Kunststoffschlauchleitung (PVC-Schlauchleitung)	mittlere mechanischer Beanspruchung in Haushalten, Küchen und Büroräumen, für Heimwerkergeräte; feste Verlegung in Möbeln, Stellwänden; nicht zugelassen für Verwendung im Freien und im gewerblichen oder landwirtschaftlichen Bereich
H05VV5-F	ölbeständige Kunststoff-Steuerleitung (PVC-Schlauchleitung)	Anschluss von Produktions- und Werkzeugmaschinenkomponenten untereinander; bestimmt für die Verwendung in Innenräumen
H05RR-F	leichte Gummischlauchleitung	kleine mechanische Beanspruchung in Haushalt, Küche, Büroräumen für leichte Handgeräte
H05RN-F	leichte Gummischlauchleitung	kleine mechanische Beanspruchung in Haushalt, Küche, Büroräumen; für leichte Handgeräte und bei Verwendung im Freien
H07RN-F	schwere Gummischlauchleitung	mittlere mechanische Beanspruchung in trockenen, feuchten und nassen Räumen und im Freien; nicht geeignet für ständiges Eintauchen in Wasser

Tab. 31: Tabelle Leitungstypen für flexible Verlegung

Geforderte Leitungstypen für die Verwendung in der Veranstaltungstechnik

Hier soll noch einmal auf die speziell für die Produktions- bzw. Veranstaltungstechnik und ähnliche Bereiche geltenden Vorschriften und die dort geforderten Leitungstypen eingegangen werden. Auf eine Bewertung oder Empfehlung wird bewusst verzichtet, sämtliche Zitate bleiben unkommentiert. Im Rahmen einer Gefährdungsanalyse soll sich jede Fachkraft mit diesen Kenntnissen eine eigene Meinung bilden und daraufhin die richtige Auswahl treffen.

1. DIN VDE 0100 – Errichten von Niederspannungsanlagen, Gruppe 700 – Anforderungen für Betriebsstätten, Räume und Anlagen besonderer Art

- Teil 704:2007-10 Baustellen:
  „Flexible Leitungen müssen vom Typ H07 RN-F sein oder gleichwertig"

- Teil 711:2003-11 Ausstellungen, Shows und Stände:
  „Wenn ein Feueralarmsystem vorhanden ist, sind z.B. die Bauarten H05 VV, H05 VV-F, H05 RR-F, H05 RN-F [...] anwendbar." Ansonsten „die Bauarten H07 ZZ-F [...]"

- Teil 717:2005-6 Elektrische Anlagen auf Fahrzeugen oder in transportablen Baueinheiten:
  „Kabel/Leitungen vom Typ H07RN-F [...] mit einem Mindestquerschnitt von 2,5 mm² Cu müssen für die Verbindung der Baueinheit mit der Stromversorgung verwendet werden."

- Teil 718:2005-10 Bauliche Anlagen für Menschenansammlungen:
  „Für Kabel/Leitungen, die nicht dauerhaft verlegt sind, müssen gummiisolierte Leitungen Typ 05RR oder gleichwertige verwendet werden. [...] Als Zuleitungen für beweglich aufgehängte Bühnenleuchten dürfen nur Gummischlauchleitungen Typ 07RN [...] oder Leitungen gleichwertiger Bauart verwendet werden."

- Teil 740:2007-10 Vorübergehend errichtete elektrische Anlagen für Aufbauten, Vergnügungseinrichtungen und Buden auf Kirmesplätzen, Vergnügungsparks und für Zirkusse (Anmerkung: dazu zählen auch Fliegende Bauten):
  „Kabel/Leitungen müssen mindestens eine Bemessungsspannung von 450/700 V aufweisen, ausgenommen sind Kabel/Leitungen innerhalb von Vergnügungseinrichtungen, die eine minimale Bemessungsspannung von 300/500 V haben dürfen."

2. DIN 15765:2009-8 Veranstaltungstechnik – Multicore-Systeme für die mobile Produktions- und Veranstaltungstechnik:
„Die zu erfüllenden Mindestanforderungen an Leitungen für den Einsatz in Multicore-Systemen der mobilen Produktions- und Veranstaltungstechnik werden sowohl durch eine PVC-Schlauchleitung des Typs H05VV-F als auch durch eine Gummischlauchleitung des Typs H07RN-F erfüllt."

3. E DIN 15766:2009-6 Veranstaltungstechnik – Einzelleiter Stecksysteme für Niederspannungsnetze AC 400/230V für die mobile Produktions- und Veranstaltungstechnik – Anforderungen
„Steckverbinder zum Anschluss und Verbinden von flexiblen einadrigen Leitungen des Typs H07RN-F."

4. BGI 810-4 Version 1.2/2009-06 Sicherheit bei Produktionen und Veranstaltungen – Scheinwerfer
„Scheinwerfer sind mit fest angeschlossener flexibler Anschlussleitung, die den elektrischen, mechanischen und thermischen Beanspruchungen standhält, ausgestattet. Anschlussleitungen für Nennströme bis 3 A müssen mindestens einen Querschnitt von 1,0 mm^2 und für über 3 A mindestens 1,5 mm^2 haben. Die Leitungsqualität muss H07 RN-F entsprechen."

5.2.3 Dimensionierung von Leitungen

Ausgehend von der Stromdichte (siehe 2.3.4) wird klar, dass für größere Stromstärken auch größere Leiterquerschnitte gewählt werden müssen, damit die Erwärmung des Leiters in einem ungefährlichen Bereich verbleibt. Für die erhältlichen Leiterquerschnitte wurden deshalb höchstzulässige Stromstärken in der **DIN VDE 0298-4:2003-8 Verwendung von Kabeln und isolierten Leitungen für Starkstromanlagen, Teil 4: Empfohlene Werte für die Strombelastbarkeit von Kabeln und Leitungen für feste Verlegung in und an Gebäuden und von flexiblen Leitungen**, festgelegt.
In dieser Norm werden Regeln für die Wahl des Leiternennquerschnitts hinsichtlich der Belastung im ungestörten Betrieb und im Kurzschlussfall gegeben. Für die Verlegung von flexiblen Leitungen, egal ob Gummi- oder PVC-isoliert (H05 VV-F, H05 VV2-F, H05 RR-F, H07 RN usw.), gilt ausschließlich die Tabelle 13 der DIN VDE 0298-4, die leider in fast keinem Tabellenbuch auftaucht. Die in den gängigen Tabellenbüchern wiedergegebene Strombelastbarkeit nach den Verlegearten A–G gilt ausdrücklich nicht für flexible Gummi- oder PVC-isolierte Schlauchleitungen, sondern für festverlegte Mantelleitungen und kann demnach hier keine Beachtung finden.

Strombelastbarkeit nach DIN VDE 0298-4: 2003-08

Strombelastbarkeit für flexible Leitungen bei Verlegung auf oder an Flächen bei einer Umgebungstemperatur von +30° C:

	mehradrige Leitungen für Haus- und Handgeräte	**mehradrige Leitungen für Haus- und Handgeräte**	**mehradrige Leitungen für alle anderen Anwendungen (gewerblich/ industriell)**
Beispiele	H05RR-F H05RN-F H07RN-F H03VV-F H03VVH2-F H05VV-F H07ZZ-F	H05RR-F H05RN-F H07RN-F H03VV-F H03VVH2-F H05VV-F H07ZZ-F	H05RR-F H05RN-F H07RN-F H05VV5-F H07ZZ-F
belastete Adern	2	3	2 oder 3
Nennquerschnitt in mm²	Strombelastbarkeit in A	Strombelastbarkeit in A	Strombelastbarkeit in A
0,75	6	6	12
1	10	10	15
1,5	16	16	18
2,5	25	20	26
4	32	25	34
6	40	-	44
10	63	-	61
16	-	-	82
25	-	-	108
35	-	-	135
50	-	-	168

Tab. 32: Tabelle Strombelastbarkeit mehradrige Leitungen

Aus der Tabelle ist zu entnehmen, dass die zulässige Stromdichte bei kleineren Leiterquerschnitten größer ist als bei größeren. Das hängt damit zusammen, dass sich bei Verdoppelung des Querschnitts und gleichbleibender Länge die Leiteroberfläche auch verdoppelt, sich das Leitervolumen jedoch vervierfacht. Daher können dicke Leiter schlechter abkühlen als dünne, somit muss die Stromdichte geringer sein.

Bei Leiterquerschnitten von über 50 mm² werden üblicherweise nur noch einadrige Leitungen mit Einzelleiter-Steckverbindern verwendet. Hier hätte dann die folgende Tabelle bei der Verlegeart „frei in Luft" Gültigkeit. Werden die Einzeladern auf oder an Flächen verlegt, wovon auszugehen ist, müssen die Werte aus der nachfolgenden Tabelle (Spalte 2) vor der Anwendung anderer Umrechnungsfaktoren mit dem Faktor 0,7 multipliziert werden (im Prinzip also in jedem Fall). Das ergibt dann die Werte der Spalte 3.

	einadrige Leitungen Gummi-isoliert, PVC-isoliert o. wärmebeständig	**einadrige Leitungen Gummi-isoliert, PVC-isoliert o. wärmebeständig**
Beispiele	H07RN-F H07ZZ-F H05VV-F H05VV5-F	H07RN-F H07ZZ-F H05VV-F H05VV5-F
belastete Adern	1, frei in Luft	1, auf oder an Flächen
Nennquerschnitt in mm²	Strombelastbarkeit in A	Strombelastbarkeit in A
70	245	172
95	292	204
120	344	241
150	391	274
185	448	314
240	528	370
300	608	476
400	726	508
500	830	581

Tab. 33: Tabelle Strombelastbarkeit einadrige Leitungen

Weiterhin ist zu klären, ob es sich um Wechselstrom- oder Drehstromleitungen handelt. Da in der Veranstaltungstechnik in den seltensten Fällen reine Drehstromverbraucher (also ohne notwendigen Neutralleiter) verwendet werden, gibt es bei Drehstromleitungen üblicherweise vier belastete Adern, da immer davon auszugehen ist, dass auf dem Neutralleiter ein Ausgleichsstrom fließt. Außerdem entstehen bei vielen Verbrauchern der Veranstaltungstechnik sogenannte Oberschwingungen, die die unangenehme bis gefährliche Eigenschaft haben, den Neutralleiter eines Drehstromsystems auch dann sehr stark zu belasten, wenn mehrere gleiche Verbraucher komplett symmetrisch auf das dreiphasige System verteilt werden (siehe 5.7). Für diesen Fall ist ein Reduktionsfaktor von 0,86 gemäß der Tabelle B.1 der DIN VDE 0298-4 anzuwenden. Da wir jedoch zusätzlich zu den Oberschwingungsströmen Neutralleiterströme aufgrund unsymmetrischer Belastung vorfinden, ist ein noch geringerer Reduktionsfaktor zu wählen.
In der Praxis hat sich ein Faktor zwischen 0,75 und 0,8 bewährt. Er ergibt sich aus der Tabelle „Umrechnungsfaktoren für vieladrige Leitungen mit Leitungsquerschnitt bis 10 mm²" und führt auch bei größeren Leiterquerschnitten zu vernünftigen Ergebnissen.

Für die Bemessungsstromstärken des CEE-Systems ergeben sich demnach rechnerisch die folgenden Mindestquerschnitte, die allerdings auch nur dann gelten, wenn eine entsprechende Leitung allein und bei 30° C auf dem Boden verlegt wird:

Stromstärke in A bei Drehstromleitungen	**Mindestquerschnitt der einzelnen Ader in mm² unter Berücksichtigung des Reduktionsfaktors 0,75**
16	2,5
32	6
63	16
125	50

Tab. 34: Tabelle Mindestquerschnitte

Gerade beim CEE 125 A, der üblicherweise mit einem Leiterquerschnitt von 35 mm² benutzt wird, konnte man in der Vergangenheit häufig deutlich zu hohe Temperaturen an der Leitung und vor allem an den Übergängen vom Leiter zu den Steckvorrichtungen feststellen. Dies hat bei einigen Produktionen zum Schmoren bzw. Brennen des Neutralleiter-Anschlusses im Stecker bzw. in der Kupplung geführt und somit zum Ausfallen aller an diesem Verteilstromkreis angeschlossenen Verbraucher.
In der Folge kann das Durchbrennen des Neutralleiters eine Sternpunktverschiebung nach sich ziehen (siehe 5.6). Dies ist der „Super-Gau" der Elektrotechnik.
So bieten mittlerweile namhafte Hersteller CEE 125 A Steckvorrichtungen an, die (mechanisch) in der Lage sind, mit H07 RN-F 5G50 Leitungen konfektioniert zu werden.

Darüber hinaus sind weitere Reduktionsfaktoren anzuwenden, wenn z.B. die Umgebungstemperatur von 30°C abweicht oder, was eigentlich fast immer der Fall ist, mehrere Leitungen zusammen verlegt werden. Für diese Fälle gibt es weitere Tabellen:

Umrechnungsfaktoren für abweichende Umgebungstemperaturen

	zulässige Betriebs-temperatur	**20° C**	**30° C**	**35° C**	**40° C**	**45° C**	**50° C**
Gummi, Natur-kautschuk, synthetischer Kautschuk	60° C	1,15	1	0,91	0,82	0,71	0,58
PVC, PE	70° C	1,12	1	0,94	0,87	0,79	0,71

Tab. 35: Tabelle Umrechnungsfaktoren für abweichende Umgebungstemperaturen

Umrechnungsfaktoren für Häufungen auf dem Fußboden oder an der Wand

Anhand dieser Tabelle erkennt man, warum viele Profis die Energieversorgungsleitungen immer ordentlich nebeneinander verlegen.

Verlegung	Anzahl der Leitungen mit 2 bzw. 3 stromführenden Leitern									
	1	2	3	4	5	6	7	8	9	10
gebündelt	1	0,8	0,7	0,65	0,6	0,57	0,54	0,52	0,5	0,48
einlagig	1	0,85	0,79	0,75	0,73	0,72	0,72	0,71	0,7	0,7

Tab. 36: Tabelle Umrechnungsfaktoren für Häufung

Umrechnungsfaktoren für aufgewickelte Leitungen

Anzahl der Lagen auf Trommeln, Spulen	Umrechnungsfaktor bei Verlegung in Luft
1	0,8
2	0,61
3	0,49
4	0,42
5	0,38

Diese Tabelle dient nur der Vollständigkeit, spielt aber in unserer Praxis eigentlich keine Rolle, es sei denn, man möchte nicht abgewickelte Kabeltrommeln benutzen.

Tab. 37: Tabelle Umrechnungsfaktoren für aufgewickelte Leitungen

Umrechnungsfaktoren für vieladrige Leitungen mit Leitungsquerschnitt bis 10 mm²

Anzahl der stromführenden Adern	Umrechnungsfaktor bei Verlegung in Luft
5	0,75
7	0,65
10	0,55
14	0,5
19	0,45
24	0,4

Diese Tabelle ist immer dann anzuwenden, wenn mehr als drei belastete Adern in einer gemeinsamen Leitung vorhanden sind.
Diese Tabelle ist z.B. bei Multicore-Systemen anzuwenden.

Tab. 38: Tabelle Umrechnungsfaktoren für vieladrige Leitungen

Ein kleines Beispiel zur Verdeutlichung:
Es werden zehn Multicore-Leitungen (H05VV5-F18G2,5) mit jeweils sechs Stromkreisen, also zwölf belasteten Adern, zu einem Kabelbaum gebündelt (ein klassischer „Kabel-Pick“). Dann dürfen die Leitungen pro Stromkreis mit einer Stromstärke von maximal 26 A · 0,5 · 0,48 = 6,24 A belastet werden. Das sind umgerechnet noch nicht einmal 1,5 kW!

Doch vielleicht hatte man ja wirklich vor, pro Stromkreis nur eine Par64, 1 kW zu betreiben.
Hier greift allerdings die so genannte „Nennstromregel“, die gemäß der DIN VDE 0100-430 (Schutz von Kabeln und Leitungen bei Überstrom) immer eingehalten werden muss und die richtige Zuordnung von Überstrom-Schutzeinrichtungen zu Nennquerschnitten festlegt:

$I_b \leq I_N \leq I_Z$

Symbolschlüssel:
I_b : Betriebsstrom des Verbrauchers
I_N : Nennstrom der Überstrom-Schutzeinrichtung
I_Z : zulässige Strombelastbarkeit der Leitung bei tatsächlichen Betriebsbedingungen

Das bedeutet für unser Beispiel:
Um eine normgerechte Stromversorgung zu errichten, müssen nun die den Multicore-Leitungen vorgeschalteten Leitungsschutzschalter einen Nennstrom unter 6,24 A haben (die nächste darunter liegende Norm-Nennstromstärke ist 6 A). Erst dann ist die Ungleichung erfüllt, denn dann gilt für eine Belastung mit 1 kW (das entspricht einer Stromstärke von 4,35 A):

$$4{,}35\text{A} \leq 6\text{A} \leq 6{,}24\text{A}$$

Im Umkehrschluss bedeutet dies, dass bei einer Absicherung mit 10 A, was durchaus üblich ist, unter den o.a. Bedingungen Multicore-Leitungen mit einem Aderquerschnitt von 6 mm^2 verwendet werden müssen, denn 44 A · 0,5 · 0,48 = 10,56 A.

Zusammenfassend bleibt festzuhalten, dass bei der Dimensionierung zunächst der Betriebsstrom I_b ermittelt werden muss, dann unter Berücksichtigung aller möglicherweise anzusetzenden Umrechnungsfaktoren der dafür notwendige Leiterquerschnitt, um danach das notwendige Überstrom-Schutzorgan entsprechend der Nennstromregel auswählen zu können.

Da in der Regel konfektionierte Verteilungen mit eingebauten Schutzeinrichtungen verwendet werden, die nach dem CEE–Stecker-System abgestuft sind (16 A – 32 A – 63 A – 125 A), ist es unter Umständen sinnvoller, die Leitung nach dem Nennstrom der vorgeschalteten Schutzeinrichtung zu bemessen, also $I_b = I_N$ zu setzen. Das zahlt sich spätestens dann aus, wenn noch gar nicht bekannt ist, welche Verbraucher angeschlossen werden.

Die Gleichung lautet dann wie folgt: $I_b = I_N \leq I_Z$

Wir erhalten dann sofort bzw. spätestens nach dem Einbeziehen der Umrechnungsfaktoren den erforderlichen Nennquerschnitt aus der Tabelle.

Beispiel:
Eine Schutzkontaktsteckdose ist mit 16 A abgesichert. Die Leitung, die dort angeschlossen werden soll, muss mindestens einen Nennquerschnitt von 1,5 mm^2 haben, denn 16 A ≤ 18 A.

Wenn jetzt allerdings diese Leitung mit vier weiteren Schuko-Leitungen, die an anderen Stromkreisen angeschlossen sind, gebündelt verlegt werden soll, gilt 16 A ≤ 18 A · 0,65, also 16 A ≤ 11,7 A. Diese Ungleichung stimmt offensichtlich nicht, so dass wir die Leitungen entweder einzeln verlegen oder einen größeren Nennquerschnitt wählen müssen (in diesem Fall also 2,5 mm^2, denn 26 A · 0,65 = 16,9 A).
Wenn zwischen zwei Leitungen ein Abstand von einem Leitungsdurchmesser vorhanden ist, spricht man von einzeln verlegten Leitungen und dann entfällt der Umrechnungsfaktor.

Spannungsfall bei Leitungen

Bei den bisherigen Betrachtungen haben wir die erforderliche Länge der zu bestimmenden Leitung noch völlig außer Acht gelassen (siehe auch Kapitel 2.4.1). Damit die Verluste nicht zu groß werden und die Funktionsfähigkeit der angeschlossenen Geräte nicht leidet, sind für den Spannungsfall in einigen Vorschriften Grenzwerte festgelegt.

Niederspannungsanschlussverordnung (NAV) § 13:
(4) In den Leitungen zwischen dem Ende des Hausanschlusses und dem Zähler darf der Spannungsfall unter Zugrundelegung der Nennstromstärke der vorgeschalteten Sicherung nicht mehr als 0,5 von Hundert betragen.

Die NAV wird durch die technischen Anschlussbedingungen für den Anschluss an das Niederspannungsnetz (TAB, derzeit gültig sind die TAB 2007) noch etwas erweitert, denn danach darf der zulässige Spannungsfall im Hauptstromversorgungssystem lt. 6.2.5 abhängig vom Leistungsbedarf größere Werte annehmen:

Leistungsbedarf	zulässiger Spannungsabfall
bis 100 kVA	0,50 %
100 bis 250 kVA	1,00 %
250 bis 400 kVA	1,25 %
über 400 kVA	1,50 %

Tab. 39: Tabelle zulässiger Spannungsfall nach TAB

Außerdem wird in den VDE-Bestimmungen, in der DIN VDE 0100-520, die Forderung gestellt, dass der Spannungsfall zwischen der Hauseinführung (Hausanschlusskasten) und der Anschlussstelle der elektrischen Verbrauchsmittel insgesamt 4 % der Nennspannung der Anlage nicht überschreiten darf.

Schließlich gibt es laut DIN 18015-1 (Elektrische Anlagen in Wohngebäuden – Teil 1: Planungsgrundlagen) die Forderung, dass der Spannungsfall zwischen der Messeinrichtung und der Anschlussstelle der elektrischen Verbrauchsmittel insgesamt maximal 3 % betragen soll.
Diese Forderung trifft zwar nicht unbedingt für unseren Anwendungsfall zu, kann jedoch durchaus zur allgemeinen Bewertung herangezogen werden.

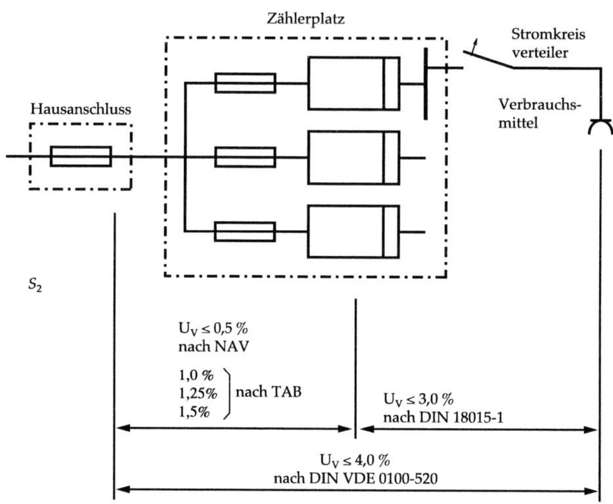

Abb. 196: Übersicht zulässiger Spannungsfall

Die Grafik erläutert nochmal die Zusammenhänge der einzelnen Vorschriften:
Wir sind dann auf der sicheren Seite, wenn wir unsere Anlagen so dimensionieren, dass wir vom Speisepunkt unserer mobilen und vorübergehend errichteten Anlage bis zum letzten Verbraucher einen Spannungsfall von ca. 3 % nicht überschreiten.

Eine einfache Formel zur Berechnung des Spannungsfalls lässt sich aus den Formeln für den Widerstand (Ohmsches Gesetz bzw. spezifischer Widerstand) herleiten:

$$R = \frac{U}{I} \qquad R = \frac{l}{\kappa \cdot A}$$

Der Leitungswiderstand besteht aus zwei Teilwiderständen, dem Widerstand des Leiters zum Verbraucher und dem Widerstand des Leiters zurück zum Speisepunkt. Diese beiden Widerstände sind gleich groß, da sowohl die Leiterlänge als auch der Leiterquerschnitt identisch sind. Somit gilt für den Widerstand des Leiters:

$$R = \frac{2 \cdot l}{\kappa \cdot A}$$, wobei für *l* die Leitungslänge einzusetzen ist.

Wenn der Spannungsfall auf der Leitung berechnet werden soll, kann man diese beiden Gleichungen zusammenfassen:

$$\frac{U}{I} = \frac{2 \cdot l}{\kappa \cdot A}$$

Bei der Spannung *U* handelt es sich hier nicht um die Versorgungsspannung, sondern um die Spannung, die an dem Widerstand *R* der Leitung abfällt, also um den Spannungsfall der Leitung.
Stellt man diese Formel nach *U* um, erhält man für eine Leitung den Spannungsfall unter Berücksichtigung der durch ihn fließenden Stromstärke *I*.

$$U_{Verlust} = \frac{2 \cdot l \cdot I}{\kappa \cdot A}$$

Stellt man die Formel nach dem Leiterquerschnitt *A* um, so kann man für einen Verbraucher unter Zugrundelegung eines Spannungsfalls (für 3 % von 230 V also entsprechend 6,9 V) den erforderlichen Leiterquerschnitt berechnen.

$$A = \frac{2 \cdot l \cdot I}{\kappa \cdot U_{Verlust}}$$

Diese Formel gilt generell für Gleichstromkreise und Wechselstromkreise mit ausschließlich Ohmschen Verbrauchern, also ohne anzusetzenden Wirkleistungsfaktor (cos φ).

In vielen Formelsammlungen findet man für Drehstromleitungen die folgende Formel:

$$A = \frac{\sqrt{3} \cdot l \cdot I \cdot \cos\varphi}{\kappa \cdot U_{Verlust}}$$

Diese Formel ist immer dann anzuwenden, wenn tatsächlich ausschließlich reine Drehstromverbraucher (z.B. Motoren) betrieben werden sollen, die keinen Neutralleiter benötigen, das Netz also vollkommen symmetrisch belasten. Sobald jedoch eine unsymmetrische Belastung auftritt bzw. auftreten kann und somit Ströme auf dem Neutralleiter vorhanden sind, sollte diese Formel nicht mehr angewendet werden, da dann die berechneten Leiterquerschnitte u.U. zu gering sind (der Faktor hat sich von „2" auf „1,73" geändert).
Unsymmetrisch belastete Drehstromleitungen sollten immer so berechnet werden, als wären es Wechselstromleitungen.

Für Wechselstromleitungen findet man in der Literatur generell folgende Formel:

$$A = \frac{2 \cdot l \cdot I \cdot \cos\varphi}{\kappa \cdot U_{Verlust}}$$

Es wird deutlich, dass durch einen auftretenden Wirkleistungsfaktor der erforderliche Querschnitt geringer ausfällt. Da unsere Anlagen ständigen Lastwechseln unterliegen und sich durch die Vielzahl der unterschiedlichen angeschlossenen Verbraucher, die niemals alle zur gleichen Zeit betrieben werden, auch ständig der Wirkleistungsfaktor ändert, ist es durchaus empfehlenswert, diesen bei der Dimensionierung der Leitungen zu vernachlässigen. Damit erhalten wir u.U. einen etwas größeren Querschnitt als erforderlich.

Maximale Leitungslängen für Wechselstromleitungen (zwei belastete Adern) bei einem Spannungsfall von 3 % ohne Berücksichtigung von Umrechnungsfaktoren:

Leiterquerschnitt in mm²	**Nennstromstärke der vorgeschalteten Überstrom-Schutzeinrichtung**						
	6A	**10 A**	**16 A**	**32 A**	**63 A**	**80 A**	**125 A**
1,5	48 m	29 m	18 m	-	-	-	-
2,5	80 m	48 m	30 m	-	-	-	-
6	193 m	116 m	72 m	36 m	-	-	-
16	-	309 m	193 m	97 m	49 m	39 m	-
25	-	-	302 m	151 m	77 m	60 m	-
35	-	-	-	211 m	107 m	85 m	54 m
50	-	-	-	-	153 m	121 m	77 m

Tab. 40: Tabelle Maximale Leitungslängen

Schutz bei indirektem Berühren nach DIN VDE 0100-410 und Schutz bei Kurzschluss nach DIN VDE 0100-430

1. Schutz bei indirektem Berühren gemäß DIN VDE 0100-410
Damit die Schutzeinrichtung eines Stromkreises diesen im Fehlerfall innerhalb der in der Norm vorgegebenen Zeit abschaltet, muss mindestens derjenige Strom fließen können, der sich aus der Auslösecharakteristik (Zeit/Strom-Diagramm) dieser Schutzeinrichtung ermitteln lässt. Mit diesem Mindestkurzschlussstrom kann über die o.a. Formeln der maximal zulässige Leiterwiderstand und damit die zulässige Leitungslänge errechnet werden.
Weil wir in (fast) allen Stromkreisen RCDs verwenden (müssen), sind in diesen Stromkreisen die sich ergebenden Grenzlängen nicht notwendigerweise zu beachten, da sich Längen ergeben, die weit über denjenigen liegen, die sich aus der maximalen Länge aufgrund des Spannungsfalls ergeben.

2. Schutz bei Kurzschluss gemäß DIN VDE 0100-430
Die Schutzeinrichtung muss so rechtzeitig abschalten, dass der Kurzschluss zu einer Ausschaltzeit führt, innerhalb der die Leiter nicht über die maximal zulässige Kurzschlusstemperatur erwärmt werden. Dazu ist ein Mindestkurzschlussstrom erforderlich, aufgrund dessen sich eine zulässige Leitungslänge ergibt. Die Grenzlängen müsen nicht berücksichtigt werden, wenn der Schutz bei Kurzschluss von einer Überstrom-Schutzeinrichtung sichergestellt wird, die auch für den Schutz bei Überlast ausgelegt ist. Für das von uns angewandte TN-System ist bei einem Spannungsfall von maximal 3 % üblicherweise die Grenzlänge für den Spannungsfall die begrenzende Größe.

Bei diesen Betrachtungen wurde bislang außer Acht gelassen, dass selbstverständlich auch das Netz vor unserem Speisepunkt Leitungswiderstände aufweist, die uns im Allgemeinen unbekannt sind. Um den Schutz bei indirektem Berühren bzw. den Kurzschlussschutz sicherzustellen, ist es deshalb erforderlich, die Schleifenimpedanz, also die Summe aller Leitungswiderstände, die sich im Stromkreis befinden (inkl. Erzeuger), zu berücksichtigen (siehe auch Kapitel 4.5).

Dieses Thema wird außerdem im Kapitel Prüfungen (5.8) behandelt.

Beispiele zur Dimensionierung von Leitungen

Nachfolgend werden zwei Beispiele einer Leitungsberechnung vorgestellt, wie man sie normalerweise in der Planungsphase einer Veranstaltung durchführt. Ob der Schutz bei indirektem Berühren nach DIN VDE 0100-410 bzw. der Schutz bei Kurzschluss nach DIN VDE 0100-430 gegeben ist, kann nur durch qualifizierte Messungen vor Ort festgestellt werden. Gerade im Tournee- bzw. Abstecherbetrieb kann dies zu unerwarteten Ergebnissen führen, die große Herausforderungen an die vor Ort anwesende Elektrofachkraft stellen.

1. Wechselstromleitung

Ein Scheinwerfer mit einer Leistung von 5 kW / 230 V soll betrieben werden. Die Entfernung zum Speisepunkt beträgt 30 m. Am Speisepunkt ist ein RCD vorhanden. Es soll eine Gummischlauchleitung H07 RN-F verwendet werden. Die Umgebungstemperatur wird 30° C nicht überschreiten.
Wie ist die Leitung zu dimensionieren?

Aus der Wirkleistung der Leuchte ergibt sich der Betriebsstrom zu

$$\frac{5000\text{W}}{230\text{V}} = 21{,}74\text{A}$$

Gemäß der Tabelle Strombelastbarkeit von flexibel verlegten Leitungen ist ein Leitungsquerschnitt von 2,5 mm² erforderlich.

Überprüfung auf Einhaltung des zulässigen Spannungsfalls von 3 %:

$$U_{Verlust} = \frac{2 \cdot 30\text{m} \cdot 21{,}74\text{A}}{57\frac{\text{m}}{\Omega\text{mm}^2} \cdot 2{,}5\text{mm}^2} = 9{,}3\text{V}$$

Der maximal zulässige Spannungsfall von 6,9 V ist deutlich überschritten.
Somit ist ein höherer Querschnitt zu wählen.
Bei einem Querschnitt von 4 mm² ergibt sich:

$$U_{Verlust} = \frac{2 \cdot 30\text{m} \cdot 21{,}74\text{A}}{57\frac{\text{m}}{\Omega\text{mm}^2} \cdot 4\text{mm}^2} = 5{,}8\text{V}$$

Demnach muss ein Leitungsquerschnitt von (mindestens) 4 mm² gewählt werden. Da ein RCD vorhanden ist, muss der Schutz bei indirektem Berühren bzw. der Kurzschlussschutz zunächst nicht nachgewiesen werden. Vor der Inbetriebnahme ist jedoch der Anschluss auch daraufhin zu prüfen.

2. Unsymmetrisch belastete Drehstromleitung

Eine Dimmeranlage mit einer angeschlossenen Leistung von 138 kW (Glühlampen) soll für eine Show eingesetzt werden. Der Anschluss soll möglichst gleichmäßig an einem Drehstrom-Speisepunkt erfolgen. Dieser ist 50 m entfernt. Welcher Leitungsquerschnitt bei Verlegung einer Gummischlauchleitung H07 RN-F ist zu verwenden, wenn von einer Umgebungstemperatur von bis zu 40° C auszugehen ist?

Die gesamte Leistung wird, soweit es nicht besser bekannt ist, bei der Planung auf drei Phasen verteilt, um einen Anhaltspunkt zu gewinnen. Daraus folgt eine Stromstärke von

$$\frac{138000\,\text{W}}{230\,\text{V}\cdot 3} = 200\,\text{A}$$

pro Außenleiter bei komplett symmetrischer Belastung. Da in dieser Anlage aufgrund der sich ständig wechselnden Lichtstimmungen von einem u. U. stark belasteten Neutralleiter auszugehen ist, muss man bei der erforderlichen Strombelastbarkeit von vier belasteten Adern ausgehen und einen Umrechnungsfaktor von ca. 0,8 ansetzen.

Aus der Tabelle ergibt sich demnach der erforderliche Leiterquerschnitt zu 150 mm² (274 A · 0,8 = 219,2 A).

Weiterhin ist die Umgebungstemperatur mit einem Umrechnungsfaktor von 0,82 zu berücksichtigen, so dass der Querschnitt unter diesen Umständen nicht mehr ausreichend ist (274 A · 0,8 · 0,82 = 179,7 A). Demnach ist mindestens der nächstgrößere Querschnitt (185 mm²) zu wählen, da 314 A · 0,8 · 0,82 = 206 A.

Fehlt noch die Überprüfung auf Einhaltung des Spannungsfalls:

Ausgehend davon, dass der Speisepunkt mit NH-Sicherungen und einem Nennstrom von 200 A ausgestattet wird, ist die folgende Stromstärke zu Grunde zu legen.

$$U_{Verlust} = \frac{2\cdot 50\,\text{m}\cdot 200\,\text{A}}{57\frac{\text{m}}{\Omega\text{mm}^2}\cdot 185\,\text{mm}^2} = 1{,}93\,\text{V}$$

Der Leitungsquerschnitt ist ausreichend.

Gleichzeitigkeitsfaktor

Der Gleichzeitigkeitsfaktor (oft auch als Bedarfsfaktor bezeichnet) gibt das Verhältnis der Anschlussleistung im Betrieb zur gesamten installierten Leistung an, da im Normalfall davon auszugehen ist, dass nicht alle Verbraucher ständig und zeitgleich mit Volllast betrieben werden. Er darf/ kann von Elektrofachkräften berechnet, angenommen, abgeschätzt oder ermittelt werden.

$$\frac{\text{Leistung im Betrieb}}{\text{gesamte installierte Leistung}} = g \text{ (Gleichzeitigkeitsfaktor)}$$

Er hilft uns in der Praxis, geringere Querschnitte von Leitungen bzw. realistische Anschlusswerte zu erhalten. Gerade bei dem letzten Beispiel ist es mehr als unwahrscheinlich, dass alle Scheinwerfer gleichzeitig benutzt werden. Ein Gleichzeitigkeitsfaktor könnte also angesetzt werden, um Kosten zu sparen. Realistische Werte für Show- bzw. Konzert-Beleuchtungsanlagen ohne Entladungslampen liegen erfahrungsgemäß zwischen 0,6 und 0,8.

Unter diesen Voraussetzungen könnte im letzten Beispiel dann wieder der ursprüngliche Querschnitt von 150 mm^2 verwendet werden, solange der Spannungsfall eingehalten wird.

5.3 Multicore-Systeme nach DIN 15765

Diese Multicore-Norm wurde im August 2009 veröffentlicht und hat den Teil 8 der DIN 15565 abgelöst. Hier sind die wesentlichen Inhalte zusammengefasst.

5.3.1 Leistungsklassen

Die Norm unterscheidet die folgenden drei Leistungsklassen. Diese Leistungsklassen legen den Bemessungsstrom fest:

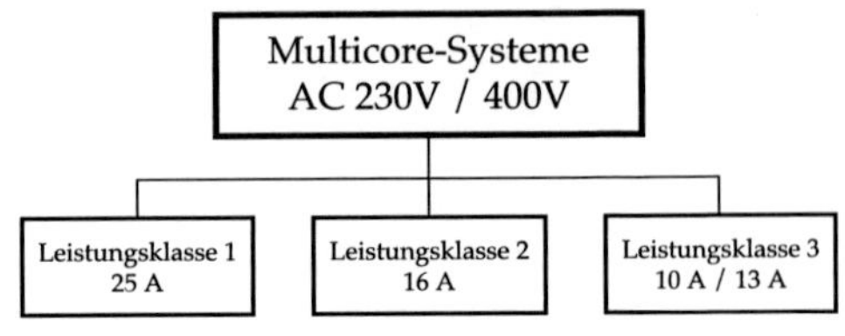

Abb. 197: Übersicht Multicore-Systeme

5.3.2 Ermittlung des Leitungsquerschnitts und der Leitungslänge

Neu an dieser Norm ist, dass der Anwender je nach Anzahl der verwendeten Stromkreise innerhalb eines Multicore-Systems und der Maximalbelastung den erforderlichen Leiterquerschnitt anhand eines Diagramms ermitteln kann.

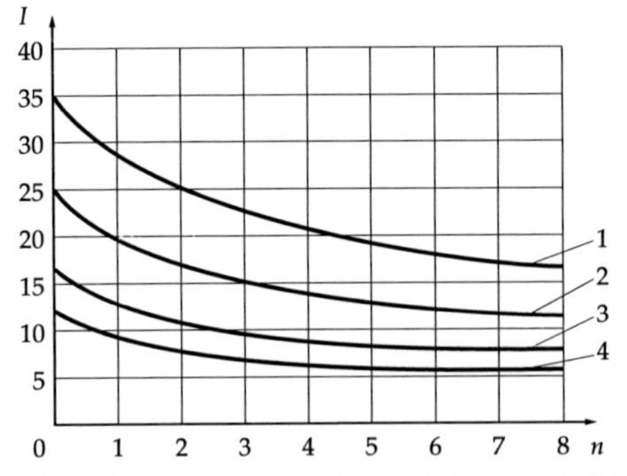

n	Anzahl der aktiven Stromkreise
I in A	Maximalstrom in Ampere je Stromkreis
1	6 mm² - Leistungsklasse 1
2	4 mm² - Leistungsklasse 1
3	2,5 mm² - Leistungsklasse 2
4	1,5 mm² - Leistungsklasse 3

Abb. 198: Leiterquerschnitt und Belastung bei Multicore-Systemen

Zusätzlich sind der Kabelquerschnitt und die Leitungslänge so zu bemessen, dass weder der zulässige Spannungsfall noch der Richtwert für die größte Leitungslänge überschritten werden. Die Umgebungstemperatur und andere Umgebungsbedingungen sind zu berücksichtigen und entsprechende Umrechnungsfaktoren anzuwenden.

Als Richtwerte für die größte Leitungslänge gelten abhängig von der vorgeschalteten Schutzeinrichtung die folgenden Werte (Auszug):

Leiterquerschnitt in mm²	Vorgeschaltete Schutzeinrichtung C-Charakteristik		
	10 A	**16 A**	**25 A**
1,5	52 m	nicht zulässig	nicht zulässig
2,5	86 m	46 m	nicht zulässig
4	138 m	74 m	35 m
6	207 m	111 m	53 m

Tab. 41: Tabelle größte Leitungslängen bei Multicore-Systemen

5.3.3 Anforderungen an die Leitung

PVC-Schlauchleitungen H 05 VV-F oder Gummischlauchleitungen H 07 RN-F können verwendet werden. Pro Stromkreis müssen zwei Leiter (L und N) sowie insgesamt ein durchgängig grün/gelb gekennzeichneter PE vorhanden sein.

5.3.4 Weitere wesentliche Anforderungen

- Alle Verteiler, Leitungen und Steckverbinder müssen einen Schutzleiter enthalten.
- Der Steckverbinder muss einen voreilenden Schutzleiterkontakt haben.
- Die verwendeten Steckverbinder müssen verriegelt werden können.
- Der Einsatz eines RCD (30 mA) ist zwingend erforderlich.
- Die Gehäuse der Verteiler müssen elektrisch sicher sein.
- Der Aufbau und die Inbetriebnahme muss durch Elektrofachkräfte erfolgen.
- Die Einhaltung der VDE-Bestimmungen ist durch qualifizierte Messungen nachzuweisen und zu dokumentieren.

5.4 Potenzialausgleich

Zur Vermeidung von gefährlichen Berührungsspannungen zwischen gleichzeitig berührbaren (metallischen) Teilen und/oder dem Erdpotenzial müssen alle Metallkonstruktionen in einen gemeinsamen Potenzialausgleich einbezogen werden. Darunter fallen z.B. Traversen, Stative, Bühnenaufbauten und alle weiteren Bauelemente (auch Dekorationsteile) aus elektrisch leitendem Material, auf denen Geräte aufgestellt oder angebracht sind oder über die Leitungen geführt werden, die wiederum bei Beschädigung Kontakt mit Metallteilen haben können. Der Anschluss und die Verbindung kann mittels Bandschellen, Rohrschellen, Schraubverbindungen oder mit einpoligen verriegelten Sondersteckverbindern hergestellt werden. Als Richtwerte für angemessene Leiterquerschnitte werden in der BGI 810 bzw. im Branchenstandard SR 1.0, der in neuer Version unter dem Titel SQ P1 erschienen ist, bei Leiterlängen von bis zu 50 Metern 16 mm^2 und bei Leiterlängen bis zu 100 Metern 25 mm^2 empfohlen (bei Kupferleitungen). Der gemeinsame Potenzialausgleichsleiter muss mit dem Schutzleiter des speisenden Netzes verbunden werden. Dies geschieht sinnvollerweise an einer (Haupt-)Stromverteilung über die entsprechend vorhandene Klemmschraube oder aber direkt an der Potenzialausgleichsschiene des Gebäudes. Die Forderung eines gemeinsamen Potenzialausgleichs gilt vorrangig bei der Aufstellung und Befestigung von elektrischen Betriebsmitteln der Schutzklasse I. Bei der Aufstellung und Befestigung von Betriebsmitteln der Schutzklasse II kann auf einen Potenzialausgleich zwischen diesen Betriebsmitteln und der Metallkonstruktion verzichtet werden. Bei der Verwendung von Ersatzstromerzeugern (Generatoren) muss auch ein Potenzialausgleich zwischen dem Generatorgehäuse, metallisch leitenden nicht elektrischen und allen elektrischen Betriebsmitteln hergestellt werden. Dies schließt auch das Gebäude ein, in dem diese Betriebsmittel verwendet werden.

5.5 Blindleistungskompensation

Sobald sich in einem Stromkreis Kondensatoren (Kapazitäten) oder Spulen (Induktivitäten) befinden, entsteht eine Phasenverschiebung zwischen Spannung und Strom, d.h. der Strom hinkt der Spannung hinterher oder eilt ihr vor (siehe Kapitel 2.9).

Sobald wir also außer rein Ohmschen Verbrauchern (Glühlampen/Wärmegeräten), die mittlerweile deutlich in der Minderheit sind, auch Geräte mit Induktivitäten oder Kapazitäten anschließen – oder aber elektronische Geräte, die wie Spulen oder Kondensatoren wirken – tritt in unserem Netz zwangsläufig eine Phasenverschiebung zwischen Strom und Spannung auf. Es entsteht eine Blindleistung.

Mit zunehmendem Phasenverschiebungswinkel φ bzw. abnehmendem Leistungsfaktor $\cos\varphi$ und damit zunehmendem Blindleistungsanteil wird die Energieübertragung problematisch, da der Erzeuger, das Leitungsnetz und sämtliche Verteil- und Umspanneinrichtungen für größere Ströme ausgelegt sein müssen. Bei einem $\cos\varphi = 0{,}5$ würde bereits der doppelte Strom im Vergleich zu reiner Wirkleistung ($\cos\varphi = 1$) fließen! Dadurch steigen die Anlagenkosten erheblich. Da von den EVU in der Regel Wirkleistungszähler installiert werden, tragen höhere Ströme verursacht durch Blindleistung nicht zu einer höheren Stromrechnung bei. Deshalb ist Kompensation vor allem für das EVU von wirtschaftlichem Interesse. Bei Industriebetrieben werden aus diesem Grund häufig Blindleistungszähler installiert.

Wir sind darum sogar gesetzlich gehalten, den Blindleistungsanteil von z.B. Entladungslampen in einem Rahmen von $\cos\varphi > 0{,}9$ zu halten (TAB 2007). Weiterhin kann der einzuhaltende Mindestleistungsfaktor auch in privatrechtlichen Verträgen (z.B. Messegesellschaften) vorgeschrieben sein.

Bei Entladungslampen mit klassischem Ballast (Vorschaltgerät – Drosselspule) kann die durch die Spule verursachte induktive Blindleistung durch Zuschalten eines Kondensators (kapazitive Blindleistung) ausgeglichen werden, da diese beiden Leistungsvektoren auf derselben

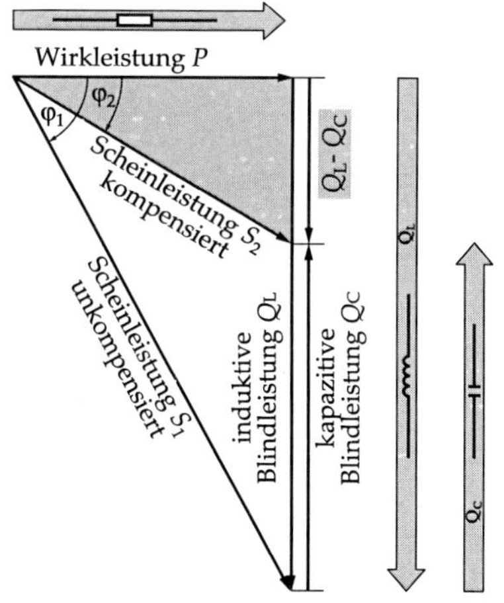

Abb. 199: Blindleistungskompensation

Wirklinie liegen, aber in unterschiedliche Richtungen zeigen. Die Energie pendelt nun direkt zwischen dem Verbraucher und diesem zusätzlichen Bauelement und nicht mehr über der gesamten Netzleitung. Die Netzleitung wird so entlastet. Dieser Vorgang wird Blindleistungskompensation genannt. Vollkommen kompensieren, also auf cos $\varphi = 1$, darf man allerdings keinesfalls, da ein Schwingkreis entstehen würde, der zu Betriebsstörungen und Zerstörungen von Bauelementen führen kann!

Sollte es nötig werden, ein Betriebsmittel oder Anlagenteile zu kompensieren, kann der erforderliche Kondensator bei der Kompensation von induktiven Verbrauchern mit den folgenden Formeln bestimmt werden:

$$Q_C = P\left(\tan\varphi_1 - \tan\varphi_2\right) \quad C = \frac{Q_C}{2\pi f U^2}$$

Oder gleich zusammengefasst:

$$C = \frac{P\left(\tan\varphi_1 - \tan\varphi_2\right)}{2\pi f U^2}$$

Symbolschlüssel:

φ_1 der Phasenverschiebungswinkel vor der Kompensation,
φ_2 der gewünschte Phasenverschiebungswinkel nach der Kompensation,
P die Wirkleistung des Verbrauchers/des Anlagenteils,
Q_C die Blindleistung des erforderlichen Kondensators,
f die Frequenz der Netzspannung und
U die Netzspannung.

Nach und nach setzen sich auch bei Gasentladungslampen immer mehr die elektronischen Vorschaltgeräte (EVGs, elektronischer Ballast) durch, die üblicherweise einen sehr hohen Leistungsfaktor vorweisen.

Viele Computernetzteile und Netzteile anderer elektronischer Geräte (Mischpulte, Endstufen, LED-Scheinwerfer, ...) führen zu einer Phasenverschiebung, denn Schaltnetzteile erzeugen mehr oder weniger direkt aus der Wechselspannung eine Gleichspannung, die mit großen Kondensatoren geglättet wird.

5.6 Sternpunktverschiebung

Der „Super-Gau", der in einem unsymmetrisch belasteten Drehstromsystem auftreten kann, ist die Unterbrechung des Neutralleiters. Dieses Kapitel befasst sich mit den Auswirkungen, die ein ausgefallener bzw. unterbrochener Neutralleiter hervorruft. Die Ursache der Unterbrechung spielt dabei eine untergeordnete Rolle.
Da nahezu alle Verbraucher in der Veranstaltungstechnik einphasige Geräte sind, die an einer Betriebsspannung von 230 V betrieben werden, die zwischen jeweils einem Außenleiter und dem Neutralleiter zur Verfügung steht, ist der Neutralleiter sehr wichtig. Zur Verdeutlichung der Problematik wird hier auf ohmsche Belastungen (reine Widerstände wie z. B. Glühlampen) eingegangen. Es ist durchaus vorstellbar, dass die Auswirkungen auf phasenverschiebende Elemente oder elektronische Geräte noch schlimmer sein können, da bei diesen Geräten keine sinusförmigen Ströme auftreten.

Das Optimum ist eine symmetrisch belastete Sternschaltung:

Zwischen jeweils einem der drei Außenleiter und dem Neutralleiter befinden sich drei gleich große Lasten, also auch drei gleich große Widerstände. Um näher an der Praxis zu sein, sollen drei Stufenlinsenscheinwerfer mit jeweils einer Wirkleistung von 2 kW bei 230 V direkt, also ohne Dimmer, an einen Drehstromverteiler angeschlossen sein, also jeweils eine Leuchte pro Phase.

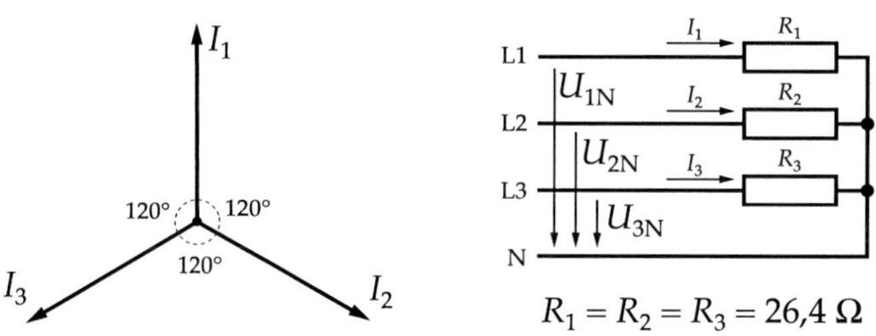

Abb. 200 a+b: symmetrisch belastete Sternschaltung a) und b)

Der Betriebsstrom jedes Scheinwerfers beträgt $\frac{2000\text{W}}{230\text{V}} = 8{,}7\,\text{A}$

Szenario 1:
Aufgrund der Phasenverschiebung der drei Spannungen und damit auch der resultierenden Ströme um 120° ergibt sich, sowohl aus der vektoriellen Betrachtung als auch der Betrachtung der Sinusfunktionen, dass sich alle drei Außenleiterströme beim Zusammenführen in der Verteilung auf einen gemeinsamen Neutralleiter auf eine Stromstärke von Null addieren. Der Neutralleiter bleibt stromlos und ist (wie bei Drehstrommaschinen) zunächst nicht erforderlich. In diesem Fall wäre es sogar möglich, den Neutralleiter zu unterbrechen, ohne dass sich daraus eine Veränderung oder gar Gefahr bzw. Beschädigung ergibt. Wenn wir nun einen der drei Scheinwerfer ausschalten, fließt ein Ausgleichsstrom auf dem Neutralleiter, der betragsmäßig den Außenleiterströmen entspricht, also $I_N = 8{,}7$ A.

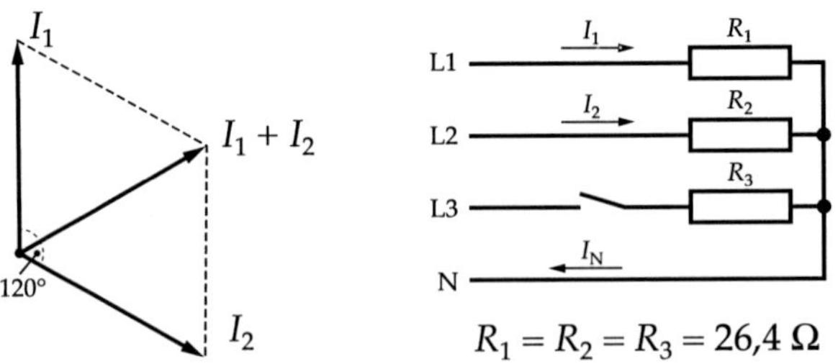

Abb. 201 a+b: zweiphasig-belastete Sternschaltung a) und b)

Szenario 2:
Würden wir nun den Neutralleiter unterbrechen, liegen die beiden Scheinwerfer in Reihe an der Leiterspannung (UL = 400 V). Da beide Lampen den gleichen Widerstand besitzen, teilt sich die Gesamtspannung gleichmäßig auf die beiden Widerstände auf. Demnach wird in diesem Fall jede Leuchte mit 200 V betrieben, so dass der Lichtstrom zwar deutlich geringer wird, aber keine Beschädigung zu erwarten ist.

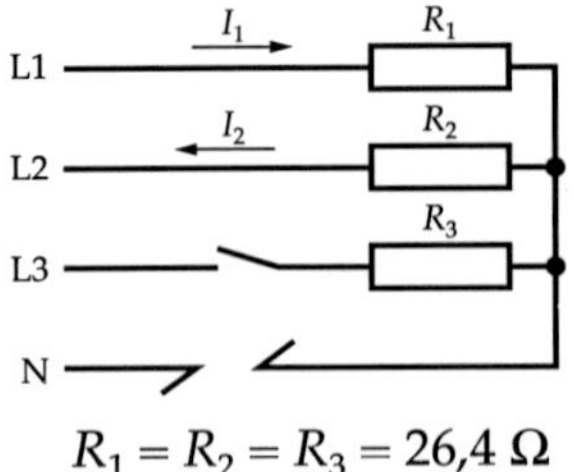

Abb. 202: zweiphasig-belastete Sternschaltung ohne N-Leiter

Szenario 3:
Wir nehmen zusätzlich zu den drei Scheinwerfern noch zwei weitere in Betrieb, und zwar einen mit einer Leistung von 650 W und einen weiteren mit einer Leistung von 1 kW.

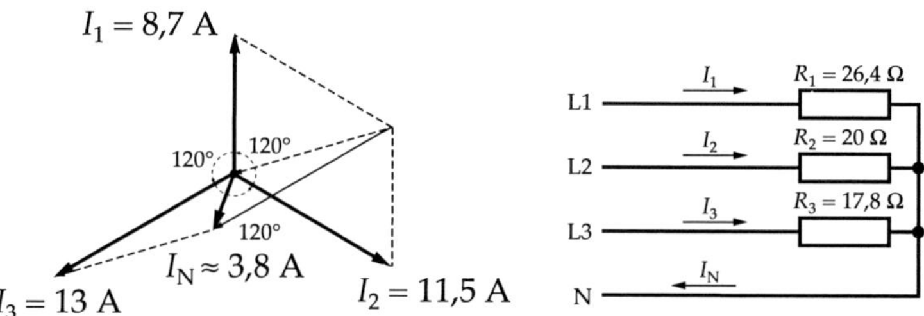

Abb. 203 a+b: unsymmetrisch belastete Sternschaltung a) und b)

Wie man an der vektoriellen Darstellung erkennen kann, fließt ein Ausgleichsstrom im Neutralleiter. Diesen kann man bei unsymmetrischer, aber gleichartiger Belastung auch relativ einfach über die Winkelfunktionen und den Kosinussatz berechnen:

$$I_N = \sqrt{\left(I_1 - 0,5I_2 - 0,5I_3\right)^2 + 0,75\left(I_2 - I_3\right)^2}$$

Ich möchte an dieser Stelle die Herleitung dieser Formel nicht darlegen, sondern den Mathematik- bzw. Elektrotechnikfreund dazu ermuntern und auffordern, es einmal selbst zu probieren.

Bei unserem Beispiel ergibt sich mit:

$$P_1 = 2000\text{W} \qquad I_1 = 8,7\text{A} \qquad \text{R}_1 = 26,4\,\Omega$$

$$P_2 = 2650\text{W} \qquad I_2 = 11,5\text{A} \qquad \text{R}_2 = 20\,\Omega$$

$$P_3 = 3000\text{W} \qquad I_3 = 13\text{A} \qquad \text{R}_3 = 17,8\,\Omega$$

$$I_N = \sqrt{(8,7\text{A} - 0,5\cdot 11,5\text{A} - 0,5\cdot 13\text{A})^2 + 0,75(11,5\text{A} - 13\text{A})^2}$$

$$I_N = \sqrt{(8,7\text{A} - 5,75\text{A} - 6,5\text{A})^2 + 0,75(-1,5\text{A})^2}$$

$$I_N = \sqrt{(-3,55\text{A})^2 + 1,69\text{A}^2} = \sqrt{12,6\text{A}^2 + 1,69\text{A}^2} = \sqrt{14,29\text{A}^2}$$

$$I_N = 3,78\text{A}$$

Was passiert nun, wenn der Neutralleiter unterbrochen wird? Der Ausgleichsstrom kann nicht fließen, es müssen sich also zwangsweise andere Strangströme und damit auch andere Spannungen an den drei Widerständen (Scheinwerfern) ergeben.

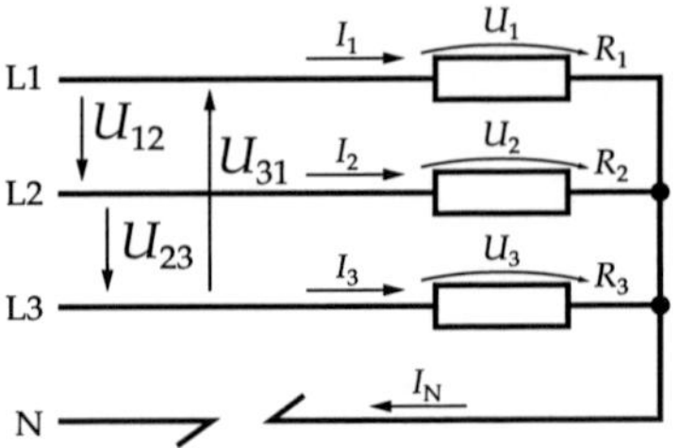

Abb. 204: unsymmetrisch belastete Sternschaltung ohne N-Leiter

Man stellt zunächst jedoch fest, dass man mit dem Ohmschen Gesetz nicht weiterkommt, da für keinen der drei Widerstände eine Spannung oder eine Stromstärke bekannt ist. Wir wissen sehr wohl, dass die 400 V an zwei Widerständen liegen. Da aber immer eine Abzweigung zum dritten Widerstand dazwischen liegt, ist dieses Wissen leider nicht hilfreich.

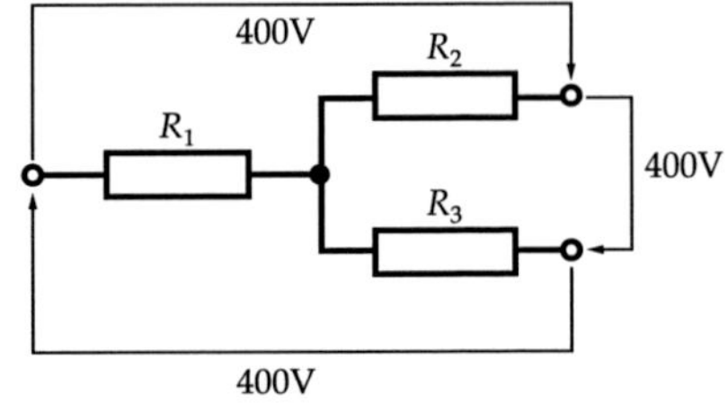

Abb. 205: Schaltsbild unsymmetrisch belastete Sternschaltung ohne N-Leiter

In einem solchen Fall wendet man die Stern-Dreieck-Transformation an:

Aus der nicht berechenbaren Sternschaltung kann eine Dreieckschaltung ermittelt werden, die, bezogen auf die drei Anschlüsse, die gleichen elektrischen Eigenschaften vorweist und dann für uns berechenbar wird. Die transformierten Widerstände liegen nun direkt an 400 V und können somit mit dem Ohmschen Gesetz bestimmt werden.

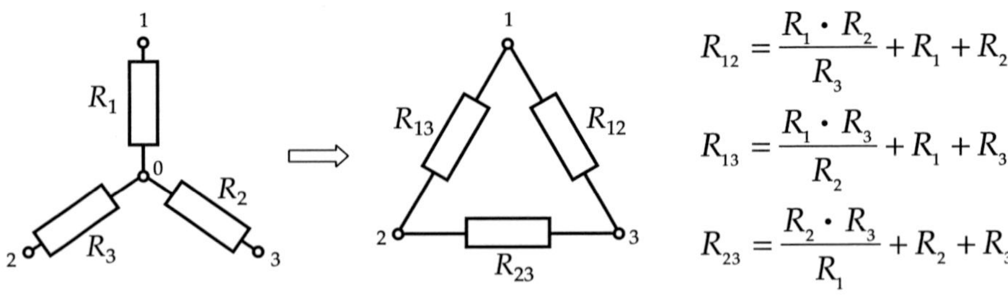

Abb. 206 a+b: Stern-Dreieck-Transformation a) und b)

Wir erhalten:

$$R_{12} = \frac{R_1 \cdot R_2}{R_3} + R_1 + R_2 = \frac{26{,}4\,\Omega \cdot 20\,\Omega}{17{,}8\,\Omega} + 26{,}4\Omega + 20\Omega = 29{,}7\,\Omega + 26{,}4\Omega + 20\Omega = 76{,}1\Omega$$

$$R_{13} = \frac{R_1 \cdot R_3}{R_2} + R_1 + R_3 = \frac{26{,}4\,\Omega \cdot 17{,}8\,\Omega}{20\Omega} + 26{,}4\Omega + 17{,}8\,\Omega = 23{,}5\Omega + 26{,}4\Omega + 17{,}8\,\Omega = 67{,}7\Omega$$

$$R_{23} = \frac{R_2 \cdot R_3}{R_1} + R_2 + R_3 = \frac{20\Omega \cdot 17{,}8\,\Omega}{26{,}4\,\Omega} + 20\Omega + 17{,}8\Omega = 13{,}5\Omega + 20\Omega + 17{,}8\Omega = 51{,}3\Omega$$

Mit diesen Widerstandswerten, die an 400 V liegen, können wir die Strangströme der Dreieckschaltung berechnen:

$$I_{12} = \frac{400\text{V}}{R_{12}} = \frac{400\text{V}}{76{,}1\Omega} = 5{,}26\text{A}$$

$$I_{13} = \frac{400\text{V}}{R_{13}} = \frac{400\text{V}}{67{,}7\Omega} = 5{,}91\text{A}$$

$$I_{23} = \frac{400\text{V}}{R_{23}} = \frac{400\text{V}}{51{,}3\Omega} = 7{,}8\text{A}$$

Von den Strangströmen gelangt man zu den Strömen in den Außenleitern, indem wieder der Kosinussatz angewendet wird, da die Strangströme um 120° phasenverschoben sind:

Für L_1 gilt demnach:

$$I_{L1} = \sqrt{I_{12}^2 + I_{13}^2 - 2 \cdot I_{12} \cdot I_{13} \cdot \cos 120°}$$

$$I_{L1} = \sqrt{(5{,}26\text{A})^2 + (5{,}91\text{A})^2 - 2 \cdot 5{,}26\text{A} \cdot 5{,}91\text{A} \cdot (-0{,}5)}$$

$$I_{L1} = \sqrt{27{,}67\text{A}^2 + 34{,}93\text{A}^2 + 31{,}09\text{A}^2}$$

$$I_{L1} = \sqrt{93{,}69\text{A}^2} = 9{,}68\text{A}$$

Für L2 gilt demnach: $I_{L2} = \sqrt{I_{12}^2 + I_{23}^2 - 2 \cdot I_{12} \cdot I_{23} \cdot \cos 120°}$

$$I_{L2} = \sqrt{(5{,}26\text{A})^2 + (7{,}8\text{A})^2 - 2 \cdot 5{,}26\text{A} \cdot 7{,}8\text{A} \cdot (-0{,}5)}$$

$$I_{L2} = \sqrt{27{,}67\text{A}^2 + 60{,}84\text{A}^2 + 41{,}03\text{A}^2}$$

$$I_{L2} = \sqrt{129{,}54\text{A}^2} = 11{,}38\text{A}$$

Für L3 gilt demnach: $I_{L3} = \sqrt{I_{13}^2 + I_{23}^2 - 2 \cdot I_{13} \cdot I_{23} \cdot \cos 120°}$

$$I_{L3} = \sqrt{(5{,}91\text{A})^2 + (7{,}8\text{A})^2 - 2 \cdot 5{,}91\text{A} \cdot 7{,}8\text{A} \cdot (-0{,}5)}$$

$$I_{L3} = \sqrt{34{,}93\text{A}^2 + 60{,}84\text{A}^2 + 46{,}1\text{A}^2}$$

$$I_{L3} = \sqrt{141{,}87\text{A}^2} = 11{,}91\text{A}$$

Durch die Funktionsgleichheit der transformierten Dreieckschaltung mit der ursprünglichen Sternschaltung stellen diese Ströme auch die Ströme der Sternschaltung dar.

Damit können nun auch die Spannungen an den drei ursprünglichen Widerständen (Scheinwerfern) berechnet werden:

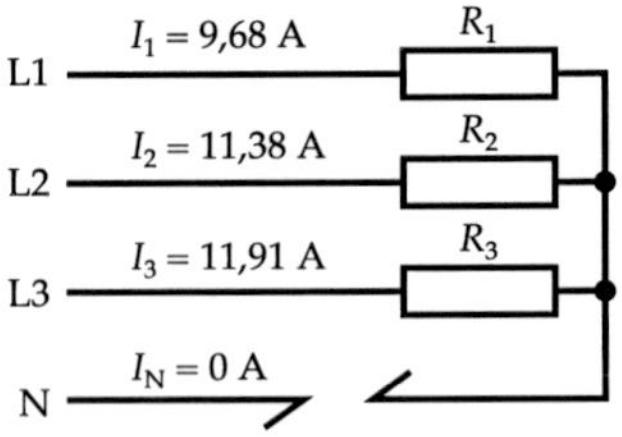

Abb. 207: Ströme und Spannungen bei einer unsymmetrisch belasteten Sternschaltung ohne N-Leiter

Für L1 gilt: $U_1' = R_1 \cdot I_{L1} = 26{,}4\,\Omega \cdot 9{,}68\text{A} = 255{,}6\text{V}$

Für L2 gilt: $U_2' = R_2 \cdot I_{L2} = 20\,\Omega \cdot 11{,}38\text{A} = 227{,}6\text{V}$

Für L3 gilt: $U_3' = R_3 \cdot I_{L3} = 17{,}8\,\Omega \cdot 11{,}91\text{A} = 212\text{V}$

Schon an diesem kleinen Beispiel ist relativ eindrucksvoll zu erkennen, dass sich die Spannungen an den einzelnen Widerständen der Sternschaltung z. T. erheblich ändern.

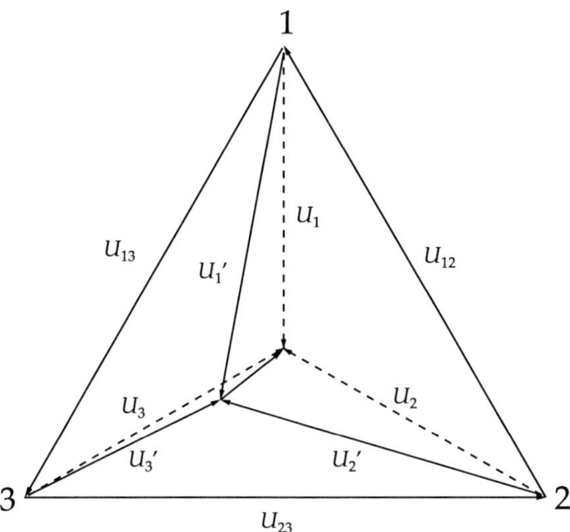

Abb. 208: Sternpunktverschiebung

Die Spannung an dem Strang mit dem größten Widerstand – also der Strang mit der kleinsten Leistung – wird deutlich höher als die ursprüngliche Strangspannung und kann dadurch in kürzester Zeit zur Zerstörung der angeschlossenen Betriebsmittel durch Überspannung führen. Schon bei der Aufteilung der Betriebsmittel auf die drei Phasen sollte man daher auf eine möglichst gleichmäßige Lastverteilung achten.

Besonders schlimm wäre ein Fall z. B. beim Anschluss einer Beschallungsanlage, wenn die Verstärker auf zwei Phasen verteilt sind und an die dritte Phase nur die Backline oder ein Pultplatz angeschlossen ist. Kommt es dann zu einer Unterbrechung des Neutralleiters, kann man relativ sicher davon ausgehen, dass die an der dritten Phase angeschlossenen Geräte zumindest stark beschädigt werden.

5.7 Oberschwingungen

An dieser Stelle kann nur auf das Prinzip der Entstehung von Oberschwingungen und deren Auswirkungen eingegangen werden, da es sich um ein äußerst komplexes Thema handelt. Allerdings erlangt es in dem von uns behandelten Bereich eine immer wichtigere Bedeutung, weil einige Ausfälle von elektrischen Anlagen in der Veranstaltungstechnik bereits darauf zurückzuführen sind.
Die Ursache für den Anstieg der Oberschwingungsbelastungen ist vor allem in der immer größer werdenden Anzahl so genannter nichtlinearer Verbraucher im Versorgungsnetz zu sehen.
Früher bestanden Netzteile von Verbrauchern zum überwiegenden Teil aus einem Transformator, einem Gleichrichter und Kondensatoren zum Glätten der Gleichspannung.
Auf der Netzseite verliefen sowohl die Spannung als auch die Stromstärke weitestgehend sinusförmig mit einer Frequenz von 50 Hz, wenn man das deutsche Versorgungsnetz als Grundlage heranzieht.
Völlig anders verhält es sich bei nichtlinearen, meist impulsförmigen Signalverläufen. Hier entsteht ein ganzes Spektrum von Frequenzen, welches sich mit steiler werdenden Flanken immer weiter nach oben ausdehnt. Moderne Verbraucher zeigen netzseitig kaum noch lineares Verhalten, die Stromstärken ändern sich sprunghaft und sehr steilflankig. Dieses Verhalten findet man z.B. bei allen Schaltnetzteilen, bei Frequenzumrichtern, bei USV-Anlagen und natürlich bei Phasenanschnittsteuerungen (Dimmern). Fast in jedem elektronischen Gerät (der Veranstaltungstechnik) werden heutzutage Schaltnetzteile eingesetzt. Vor allem bei Geräten, die ohne Umschalten zum Betrieb an mehreren Netzspannungen (z.B. 115 V – 230 V) geeignet sind, findet man eingangsseitig relativ große Glättungs-Kapazitäten, die zu einem entscheidenden Teil zum Entstehen von Verzerrungen und damit von Oberschwingungen beitragen.
Während die Netzspannung nahezu sinusförmig verläuft, erweist sich die Stromstärke in der Zuleitung als problematisch, da diese zumeist annähernd Null beträgt und nur in einem sehr kurzen Zeitintervall sprunghaft auf den Maximalwert ansteigt. Der Strom ändert sich während dieser Zeit impulsförmig: Als Folge sind Oberschwingungen und ein breites Störfrequenzspektrum im höheren Frequenzbereich zu beobachten.
Im Rahmen einer Analyse des sich aus einem Stromimpuls ergebenden Frequenzspektrum, z.B. mit Hilfe der Fourier-Transformation, ergeben sich ungeradzahlige Vielfache der Netzfrequenz bei der Zerlegung von Impulsen.
Dies ist vergleichbar der Erzeugung von Strömen mit höheren Frequenzen durch sinusförmige Stromstärkeverläufe. Diese Frequenzen sind immer ein

Vielfaches der Netzfrequenz, so dass im europäischen 50 Hz-Netz dementsprechend Oberschwingungen mit 100 Hz, 150 Hz, 200 Hz, 250 Hz usw. auftreten. Besonders kritisch sind in der Praxis alle ungeraden und durch drei teilbaren Oberschwingungsordnungen, insbesondere die 3. Oberschwingung (wird auch K3 genannt) mit einer Frequenz von 150 Hz.

Dies ist von besonderem Interesse, wenn man bedenkt, dass als Stromversorgungssystem ein dreiphasiges Drehstromnetz zur Verfügung steht. Betrachtet man den Strom im Neutralleiter, so stellt man fest, dass sich die Rückleiterströme einer unsymmetrischen Sternschaltung auf dem Neutralleiter zumindest zum Teil gegenseitig aufheben, bei einer symmetrischen Belastung sogar vollständig. Dies trifft jedoch nur auf Frequenzen von 50 Hz zu, wie sich am folgenden Beispiel nachvollziehen lässt:
Betrachten wir zunächst den Stromstärkeverlauf von einem mit ungedimmten Glühlampen symmetrisch belasteten Sternsystem (die Phasenverschiebung zwischen den Außenleiter-Strömen beträgt 120°) bei der Netzfrequenz von 50 Hz. Die dargestellten Ströme addieren sich auf dem Neutralleiter insgesamt zu Null.

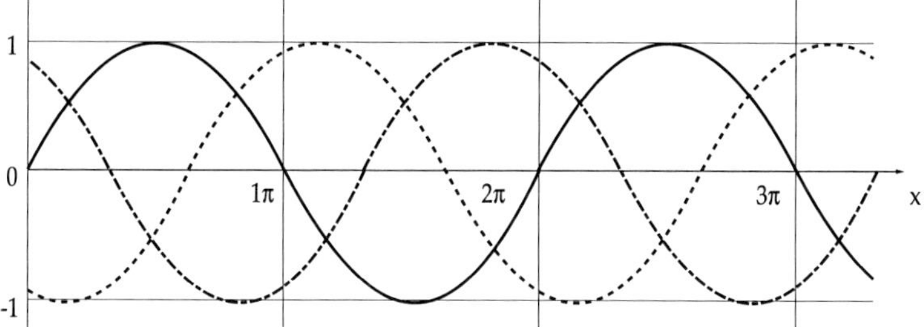

Abb. 209: Ströme bei 50 Hz um 120° phasenverschoben

Belasten wir das System ebenfalls symmetrisch, z.B. mit Netzteilen von LED-Scheinwerfern oder mit Computern, addieren sich die Ströme bei 50 Hz keineswegs auf Null.
Weiterhin entstehen durch die Netzteile dieser Verbraucher eine Vielzahl an Oberschwingungen, insbesondere solche der 3. Ordnung, also mit einer Frequenz von 150 Hz. Auch diese Ströme sind natürlich um 120° phasenverschoben.

Damit es übersichtlich und nachvollziehbar bleibt, sind nun die Ströme der einzelnen Phasen in getrennten Diagrammen dargestellt, und zwar jeweils der 50 Hz-Strom und der entstehende Oberschwingungsstrom von 150 Hz.

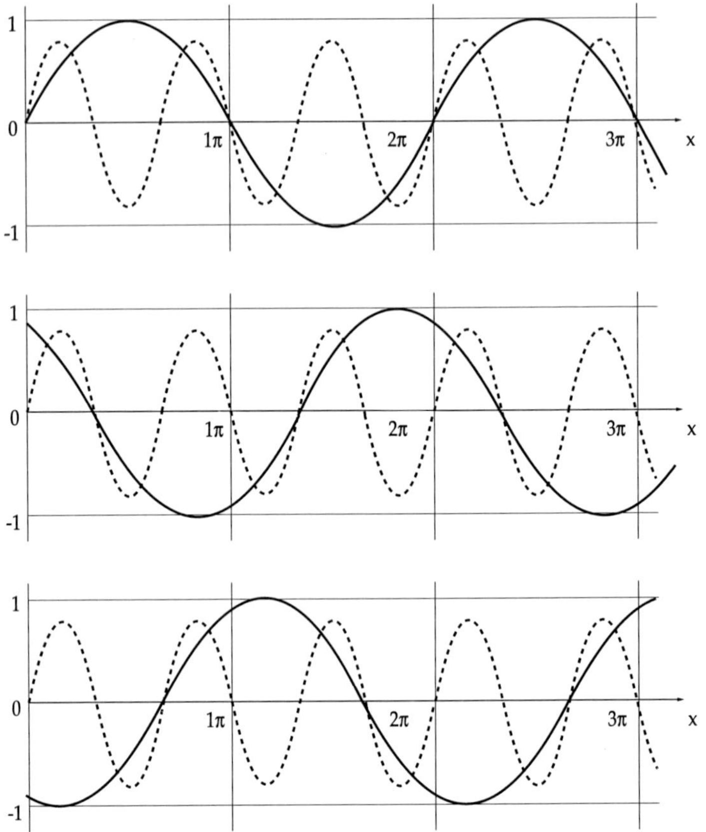

Abb. 210 a-c: 150 Hz-Ströme im Drehstromsystem a) bis c)

Es ist deutlich erkennbar, dass es hier zu einer gleichphasigen Überlagerung der 150 Hz-Ströme kommt. Der Neutralleiterstrom nimmt also den dreifachen Wert gegenüber einer Einzelphase an.
Diese Tatsache muss bereits bei der Auslegung einer Anlage berücksichtigt werden, denn das bedeutet, dass die Stromstärke im Neutralleiter u. U. deutlich größer werden kann als die Stromstärken in den Außenleitern. Da wir im Neutralleiter jedoch keine Überstrom-Schutzeinrichtungen haben (dürfen) und die Stromstärke des Neutralleiters in den seltensten Fällen überwacht wird, kann demnach ein Leiterquerschnitt, der rechnerisch ausreichend bemessen ist, gefährlich werden, wenn die Oberschwingungsströme nicht beachtet werden. Diese können zumindest im Neutralleiter deutlich größer als die der Berechnung zu Grunde liegenden Nennströme bei 50 Hz sein.

Die Folgen können unzulässige Erwärmungen von Leitungen und vor allem Steckern sein, die dann zu Bränden, Kurzschlüssen und Zerstörungen von Anlagen führen. Insbesondere kann es auch zum Ausfallen des Neutralleiters kommen, was dann wiederum eine Sternpunktverschiebung nach sich ziehen könnte ...

Das Problem der Oberschwingungen tritt auch relativ häufig bei durch phasenanschnittgedimmten Verbrauchern auf, so dass auch die Zuleitungen von Dimmern unbedingt berücksichtigt werden müssen.
Für die Praxis bedeutet dies, dass Leiterquerschnitte und Stecksysteme unbedingt großzügig ausgelegt bzw. überdimensioniert erstellt werden müssen. Vor allem wird eine Möglichkeit benötigt, die Stromstärken im Neutralleiter zu überwachen.
Das nächste Problem liegt nun darin, Stromstärken mit nicht-sinusförmigen Verlauf und Stromstärken mit höheren Frequenzen richtig und genau zu messen. Hier sind besondere Messgeräte, sogenannte True-RMS-Messgeräte unbedingt notwendig. Mit den handelsüblichen Messgeräten (auch den teilweise in Stromverteilungen eingebauten Messwandlern) ist die Messung in der Regel ungenau und es werden erfahrungsgemäß immer zu niedrige Werte angezeigt.

5.8 Messen und Prüfen

5.8.1 Einleitung

Wir werden durch viele Vorschriften aufgefordert, elektrische Anlagen und Betriebsmittel zu prüfen. Nachfolgend sind die wichtigsten Auszüge aus den entsprechenden Vorschriften zusammengefasst. Wie man sofort erkennen kann, ist das Prüfen eine wichtige und verantwortungsvolle Aufgabe, die unter keinen Umständen vernachlässigt oder gar ausgelassen werden darf. Alle erforderlichen Prüfungen sind sehr übersichtlich in der BGI 813 Sicherheit bei Produktionen und Veranstaltungen – Prüfung elektrischer Anlagen und Geräte zusammengefasst und erläutert.

5.8.2 Betriebssicherheitsverordnung – BetrSichV

Die Forderungen der Betriebssicherheitsverordnung gehen zum Teil deutlich über die Forderungen der davor geltenden Vorschriften (z. B. auch BGV A3, die deshalb wahrscheinlich noch im Jahr 2010 zurückgezogen wird) hinaus, auch was rechtliche Konsequenzen betrifft.

§ 2 Begriffsbestimmungen
(7) Befähigte Person im Sinne dieser Verordnung ist eine Person, die durch ihre Berufsausbildung, ihre Berufserfahrung und ihre zeitnahe berufliche Tätigkeit über die erforderlichen Fachkenntnisse zur Prüfung der Arbeitsmittel verfügt.

Der Begriff der „befähigten Person“ wird in der TRBS 1203 im Teil 3 noch näher erläutert.

§ 3 Gefährdungsbeurteilung
(1) Der Arbeitgeber hat bei der Gefährdungsbeurteilung [...] die notwendigen Maßnahmen für die sichere Bereitstellung und Benutzung der Arbeitsmittel zu ermitteln.
(3) Für Arbeitsmittel sind insbesondere Art, Umfang und Fristen erforderlicher Prüfungen zu ermitteln. Ferner hat der Arbeitgeber die notwendigen Voraussetzungen zu ermitteln oder festzulegen, welche die Personen erfüllen müssen, die von ihm mit der Prüfung oder Erprobung von Arbeitsmitteln zu beauftragen sind.

§10 Prüfung der Arbeitsmittel

(1) Der Arbeitgeber hat sicherzustellen, dass die Arbeitsmittel [...] nach der Montage und vor der ersten Inbetriebnahme sowie nach jeder Montage auf einer neuen Baustelle oder an einem neuen Standort geprüft werden.
Die Prüfung darf nur von hierzu befähigten Personen durchgeführt werden.
(2) Unterliegen Arbeitsmittel Schäden verursachenden Einflüssen, die zu gefährlichen Situationen führen können, hat der Arbeitgeber die Arbeitsmittel [...] entsprechend den ermittelten Fristen durch hierzu befähigte Personen überprüfen zu lassen.

§11 Aufzeichnungen

Der Arbeitgeber hat die Ergebnisse der Prüfungen nach §10 aufzuzeichnen. [...]
Die Aufzeichnungen sind über einen angemessenen Zeitraum aufzubewahren, mindestens bis zur nächsten Prüfung.
Werden Arbeitsmittel, die §10 Abs. 1 und 2 unterliegen, außerhalb des Unternehmens verwendet, ist ihnen ein Nachweis über die Durchführung der letzten Prüfung beizufügen.

§25 Ordnungswidrigkeiten

(1) Ordnungswidrig im Sinne des §25 Abs. 1 Nr. 1 des Arbeitsschutzgesetzes handelt, wer vorsätzlich oder fahrlässig

1. *entgegen §10 Abs. 1 Satz 1 nicht sicherstellt, dass die Arbeitsmittel geprüft werden,*
2. *entgegen §10 Abs. 2 Satz 1 ein Arbeitsmittel nicht oder nicht rechtzeitig prüfen lässt oder*
3. *entgegen §10 Abs. 2 Satz 2 ein Arbeitsmittel einer außerordentlichen Überprüfung nicht oder nicht rechtzeitig unterzieht.*

§26 Straftaten

(1) Wer durch eine in §25 Abs. 1 bezeichnete vorsätzliche Handlung Leben oder Gesundheit eines Beschäftigten gefährdet, ist nach §26 Nr. 2 des Arbeitsschutzgesetzes strafbar.
(2) Wer eine in §25 Abs. 3 bezeichnete Handlung beharrlich wiederholt oder durch eine solche Handlung Leben oder Gesundheit eines Anderen oder fremde Sachen von bedeutendem Wert gefährdet, ist nach §20 des Geräte- und Produktsicherheitsgesetzes strafbar.

5.8.3 Technische Regel für Betriebssicherheit

TRBS 1203 Teil 3: Befähigte Personen – Besondere Anforderungen – Elektrische Gefährdungen

An eine befähigte Person zum Prüfen elektrischer Anlagen und Betriebsmittel werden die folgenden Anforderungen gestellt:

2.1 Berufsausbildung

Die befähigte Person für die Prüfungen zum Schutz vor elektrischen Gefährdungen muss eine elektrotechnische Berufsausbildung abgeschlossen haben oder eine andere für die vorgesehenen Prüfaufgaben vergleichbare elektrotechnische Qualifikation besitzen.

2.2 Berufserfahrung

Die befähigte Person für die Prüfungen zum Schutz vor elektrischen Gefährdungen muss eine mindestens einjährige Erfahrung mit der Errichtung, dem Zusammenbau oder der Instandhaltung von elektrischen Arbeitsmitteln und/oder Anlagen besitzen.

2.3 Zeitnahe berufliche Tätigkeit

Die befähigte Person für die Prüfungen zum Schutz vor elektrischen Gefährdungen muss

- *über die für die vorgesehenen Prüfaufgaben im Einzelnen erforderlichen Kenntnisse der Elektrotechnik sowie der relevanten technischen Regeln verfügen und*
- *diese Kenntnisse aktualisieren, zum Beispiel durch Teilnahme an Schulungen oder an einem einschlägigen Erfahrungsaustausch.*

5.8.4 DIN VDE 0100-711

Errichten von Niederspannungsanlagen, Anforderungen für Betriebsstätten, Räume und Anlagen besonderer Art Teil 711: Ausstellungen, Shows und Stände

711.6 Prüfung

Die vorübergehend errichteten elektrischen Anlagen von Ausstellungen, Shows und Ständen müssen nach jeder Montage vor Ort in Übereinstimmung mit DIN VDE 0100-600 geprüft werden.

5.8.5 DIN 15765

Veranstaltungstechnik – Multicore-Systeme für die mobile Produktions- und Veranstaltungstechnik
7 Elektrische Sicherheit
[...] Die Einhaltung der anzuwendenden Normen des VDE-Vorschriftenwerkes ist durch qualifizierte Messungen zu dokumentieren.

5.8.6 E DIN 15766

Veranstaltungstechnik – Einzelleiter Stecksysteme für Niederspannungsnetze AC 400/230V für die mobile Produktions- und Veranstaltungstechnik – Anforderungen
12 Elektrische Sicherheit
[...] Die Einhaltung der anzuwendenden VDE Vorschriften ist durch qualifizierte Messungen zu dokumentieren.

5.8.7 Prüfvorschriften

Die Prüfvorschriften für elektrische Anlagen und Betriebsmittel sind in den VDE-Bestimmungen hauptsächlich in zwei für uns wichtigen Vorschriften zu finden: Elektrische Anlagen werden gemäß der DIN VDE 0100-600:2008-6 und Geräte (Betriebsmittel) gemäß der DIN VDE 0701-0702:2008-6 durchgeführt.
Für den Praktiker vor Ort (also die befähigte Person) ist es wichtig, sich mit diesen Bestimmungen im Original auseinander zu setzen. Es kann hier keine Bedienungsanleitung oder gar ein Schema vorgegeben werden, wie zu prüfen ist. Dazu sind unsere Anlagen und Betriebsmittel zu umfangreich und zu unterschiedlich. Die entsprechend mit dem Prüfen beauftragte befähigte Person muss eine Gefährdungsbeurteilung durchführen, und aufgrund dieser ergibt sich nicht nur der Umfang, sondern vor allem auch der Inhalt der Prüfungen.

DIN VDE 0100-600 Errichten von Niederspannungsanlagen – Teil 6: Prüfungen
Nach dieser VDE-Bestimmung muss jede Anlage während der Errichtung bzw. spätestens nach ihrer Fertigstellung geprüft werden, bevor sie vom Benutzer in Betrieb genommen wird. Auch hier wird nochmals expliziert darauf hingewiesen, dass die Erstprüfung nur von einer Elektrofachkraft vorgenommen werden darf, die zur Durchführung von Prüfungen befähigt ist.

Die Prüfung gliedert sich in zwei Teile:
1. Besichtigen
2. Erproben und Messen

1. Besichtigen
Das Besichtigen ist definiert als: *„Untersuchung einer elektrischen Anlage mit allen Sinnen, um die richtige Auswahl und die ordnungsgemäße Errichtung der elektrischen Betriebsmittel nachzuweisen."*

Das Besichtigen muss vor dem Erproben und Messen durchgeführt werden, üblicherweise an der spannungsfreien Anlage und vor der Inbetriebnahme.
Die Sichtprüfung soll Klarheit darüber geben, ob die eingesetzten Betriebsmittel korrekt ausgewählt wurden, z. B. in Hinblick auf:
- Schutzmaßnahmen gegen elektrischen Schlag
- Auswahl der Kabel und Leitungen nach Strombelastbarkeit, Spannungsfall und Leitungsqualität
- Kennzeichnung der Stromkreise, Schutzeinrichtungen
- Vorhandensein und richtige Verwendung von Schutzleitern

2. Erproben und Messen
Zu den Maßnahmen, mit denen die ordnungsgemäße Funktion der elektrischen Anlage nachgewiesen wird, gehören die Ermittlung von Werten mit geeigneten Messgeräten, die durch Besichtigen nicht festgestellt werden können.
Die folgenden Prüfungen sind vorzugsweise in der angegebenen Reihenfolge durchzuführen:

Durchgängigkeit der Leiter
Die Durchgängigkeit sämtlicher Verbindungen wird gemessen. Der Widerstand der Verbindungen muss niederohmig sein. Es werden keine Grenzwerte genannt, jedoch sollte man sich an den Leiterlängen und Querschnitten orientieren und notfalls den zu erwartenden Widerstand berechnen. Als Faustformel und ganz groben Anhaltspunkt kann festgehalten werden, dass bei Messungen keine Werte oberhalb von zwei Ohm pro Leitung auftauchen solten (das entspricht einer Länge von über 150 m bei einem Leiterquerschnitt von 1,5 mm^2).

Isolationswiderstand der Anlage
Der Isolationswiderstand wird gemessen, um auszuschließen, dass bei der Installation der Anlage Isolierungen verletzt worden sind. Als Folge können Kriechströme entstehen, die u. U. zu Bränden führen.

Die Messung wird mit einer Messgleichspannung nach der folgenden Tabelle bei abgeschalteten bzw. von der Anlage getrennten Geräten und unterbrochener Netzverbindung durchgeführt. Zur Messung werden alle Außenleiter mit dem Neutralleiter zusammengefasst und der Widerstand zwischen diesen gebrückten Leitern und dem mit der Erde verbundenen Schutzleiter gemessen. Es ist ausreichend, wenn der angegebene Wert nicht unterschritten wird. Allerdings muss ein Korrekturfaktor von 30% eingerechnet werden. Die daraus resultierenden Mindestmesswerte sind in der dritten Spalte der nachfolgenden Tabelle aufgeführt.

Art des Stromkreises	Messgleich-spannung	Isolationswiderstand gefordert	Mindestmesswert
SELV / PELV	250 V DC	≥ 500 kΩ	≥ 715 kΩ
Netzspannung bis 500 V AC	500 V DC	≥ 1,0 MΩ	≥ 1,43 MΩ
Netzspannung über 500 V AC	1000 V DC	≥ 1,0 MΩ	≥ 1,43 MΩ

Tab. 42: Tabelle Isolationswiderstandsmessung

Schutz durch SELV, PELV oder Schutztrennung

Die Trennung aktiver Teile von anderen Stromkreisen und der Erde muss durch die Messung des Isolationswiderstandes unter Einhaltung der dort angegebenen Mess-Gleichspannung und der Widerstände nachgewiesen werden.

Schutz durch automatische Abschaltung der Stromversorgung

Der Schutz wird abhängig von der Systemform gemessen (Siehe auch 4.5.2). Im TN-System ist die Schleifenimpedanz respektive der Kurzschlussstrom zu messen.

Die Schleifenimpedanz ist wichtig, um den möglichen Kurzschlussstrom zu berechnen. Mit den Messgeräten wird der Widerstand zwischen Außenleiter und Schutzleiter ermittelt. Sinnvollerweise wählt man für diese Messung eine Steckdose, die möglichst weit von der Verteilung entfernt ist, um den maximal möglichen Widerstandswert zu messen. Der Kurzschlussstrom I_K lässt sich dann wie folgt berechnen:

$$I_K = \frac{U_0}{Z_S}$$

Beispiel:
Es wird ein Widerstand von Z_S = 1,16 Ω gemessen.
Daraus ergibt sich ein Kurzschlussstrom von I_K = 198 A. Dieser Strom würde also z.B. bei einem Körperschluss fließen. Nach diesem Wert ist die entsprechende Sicherung zu dimensionieren. Die Schleifenimpedanz ist für alle Außenleiter zu messen.
Wenn Fehlerstrom-Schutzeinrichtungen (RCDs) mit $I_{\Delta N} \leq 500$ mA als Abschalteinrichtungen eingesetzt werden, ist die Messung der Fehlerschleifenimpedanz im Allgemeinen nicht erforderlich.

Im TT- und IT-System ist die Größe des Erdungswiderstandes für die sichere Abschaltung wichtig. Die Werte müssen niederohmig sein, damit ein ausreichend hoher Kurzschlussstrom fließt, um die Schutzeinrichtung abzuschalten. Dieser Wert wird üblicherweise durch eine netzunabhängige Messung unter Zuhilfenahme eines Hilfserders und einer Mess-Sonde, die im Abstand von mehr als 20 m angebracht werden sollen, ermittelt. Der Widerstand hängt vom Widerstand des Erders selbst und dem spezifischen Widerstand des Bodens ab. Unabhängig von den verwendeten Systemen ist der RCD auf Einhaltung der in der DIN-VDE 0100-410 geforderten Abschaltzeit und auf Einhaltung der Abschaltung spätestens beim Bemessungsdifferenzstrom $I_{\Delta N}$ zu prüfen. Ferner sollte immer eine Auslösung des RCD über die Prüftaste erfolgen. Diese Auslösung gilt als Erproben der Auslösefunktion.

Spannungspolarität
Es muss nachgewiesen werden, dass sich einpolige Schutzeinrichtungen nur in den Außenleitern und nicht im Neutralleiter befinden und dass die Belegung von Steckdosen korrekt erfolgt ist.

Phasenfolge der Außenleiter
In Drehstromkreisen muss ein Rechtsdrehfeld nachgewiesen werden.

Spannungsfall
Der Spannungsfall kann durch Messung oder durch Berechnung (siehe Kapitel 5.2.2) nachgewiesen werden.

Erforderliche Messgeräte
Sämtliche Messungen sind mit Messgeräten durchzuführen, die der DIN VDE 0413 entsprechen.

Dokumentation der Prüfung

Von der Prüfung ist ein Protokoll anzufertigen. Dieses soll so ausführlich wie möglich formuliert werden. Aus dem Protokoll müssen Details über den Umfang der Anlage, Aufzeichnungen des Besichtigens und Ergebnisse des Erprobens und Messens ersichtlich sein. Auch muss der verantwortliche Prüfer daraus hervorgehen.

DIN VDE 0701-0702 Prüfung nach Instandsetzung, Änderung elektrischer Geräte – Wiederholungsprüfung elektrischer Geräte – Allgemeine Anforderungen für die elektrische Sicherheit

Nach dieser VDE-Bestimmung werden die erforderlichen Prüfungen durchgeführt. Auch hier wird darauf hingewiesen, dass die Prüfung nach Instandsetzung oder Änderung nur von einer Elektrofachkraft vorgenommen werden darf. Die Wiederholungsprüfung darf nach dieser VDE-Bestimmung auch von elektrotechnisch unterwiesenen Personen unter Leitung und Aufsicht einer Elektrofachkraft durchgeführt werden.

Die Prüfung gliedert sich in die folgenden Teilprüfungen, die in der angegebenen Reihenfolge durchgeführt werden sollen:

Für alle Geräte gilt: Sichtprüfung

- Schäden an Gehäuse, Anschlussleitung, Steckvorrichtung, Knickschutz, Zugentlastung
- Anzeichen von Überlastung bzw. unsachgemäßem Gebrauch, z. B. Verfärbung an Stecker, Geruch von verschmortem Kunststoff
- erkennbare Zeichen eines unsachgemäßen Eingriffs
- Geräusche und Gerüche
- ordnungsgemäßer Zustand von Schutzabdeckungen
- Vorhandensein erforderlicher Luftfilter (Endstufen / Dimmer)
- sicherheitsbeeinträchtigende Verschmutzungen und Korrosion
- freie Kühlöffnungen
- einwandfreie Lesbarkeit von sicherheitsrelevanten Aufschriften und Typenschildern

Prüfung der Wirksamkeit der Schutzmaßnahmen gegen elektrischen Schlag
Für alle Geräte mit Schutzleiter: Prüfung des Schutzleiters

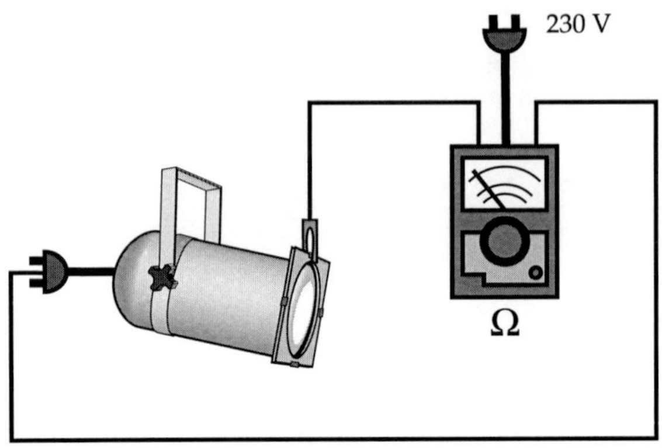

Abb. 211: Prüfung des Schutzleiters

Diese Messung ist nur bei Geräten der Schutzklasse I erforderlich.
Während der Messung sind die Anschlussleitung, insbesondere am Stecker und am Kabeleingang in das Gehäuse, sowie evtl. bewegliche Teile zu bewegen. Der maximale Widerstandswert darf 0,3 Ω für Geräte mit bis zu 5 m Anschlussleitung nicht überschreiten. Für jede weitere Zuleitung von 7,5 m sind 0,1 Ω zu addieren. Ein Höchstwert von 1 Ω darf allerdings nicht überschritten werden. Der Messwert darf sich während der Messung nicht verändern, auch nicht innerhalb der Toleranz. Bei der Messung von Kabeln oder Zuleitungen sollte man jedoch den reinen Kupferwiderstand einer Leitung berechnen und durch die Messung überprüfen, ob größere Differenzen zwischen diesen beiden Werten aus Übergangswiderstände in/an den Steckern hindeuten.

Für alle Geräte gilt (soweit technisch möglich): Messung des Isolationswiderstandes

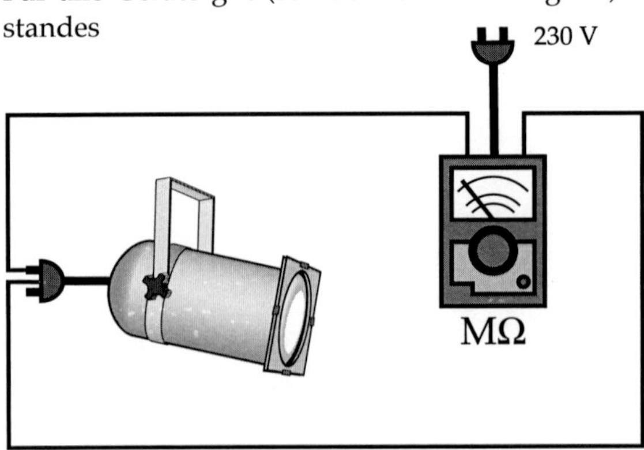

Abb. 212: Messung des Isolationswiderstands

Der Isolationswiderstand ist wie folgt zu messen:
· Schutzklasse I: zwischen spannungsführenden Teilen und dem Schutzleiter bzw., soweit vorhanden, mit berührbaren Metallteilen, die nicht mit dem Schutzleiter verbunden sind.
· Schutzklasse II: zwischen spannungsführenden Teilen und, soweit vorhanden, berührbaren leitenden Teilen bzw. dem Gehäuse.
· Schutzklasse III: zwischen spannungsführenden Teilen und, soweit vorhanden, berührbaren leitenden Teilen bzw. dem Gehäuse.

Folgende Grenzwerte dürfen dabei nicht unterschritten werden:

SK I 1,0 MΩ
SK II 2,0 MΩ
SK III 250 KΩ

Insbesondere bei elektronischen Geräten ist nicht auszuschließen, dass das Gerät durch die hohe Prüfspannung zerstört wird. Statt der Isolationsmessung ist in diesen Fällen der Schutzleiterstrom bzw. der Berührungsstrom zu messen.

Für Geräte der Schutzklasse I: Messung des Schutzleiterstroms
Der Aufwand ist zwar größer als derjenige bei der Messung des Isolationswiderstandes. Allerdings hat diese Methode den Vorteil, dass die den Bedienenden möglicherweise gefährdende Folge eines Isolationsfehlers (nämlich der Ableit- bzw. Fehlerstrom) unmittelbar gemessen wird. Außerdem werden alle mit Netzspannung beaufschlagten Teile erfasst, und die Prüfung wird unter Berücksichtigung aller Betriebszustände des zu prüfenden Geräts durchgeführt. Hierbei ist zu beachten, dass die Prüfung in beiden Positionen des Netzsteckers (bei Schuko-Steckern) erfolgen muss. Der Beurteilung ist der Größere der beiden Messwerte zugrunde zu legen. Der Schutzleiterstrom darf 3,5 m A nicht überschreiten!

Für Geräte der Schutzklasse II: Messung des Berührungsstroms
Diese Methode ist anwendbar auf Geräte der SK II mit leitenden berührbaren Teilen und ebenso auf solche der SK I, bei denen leitende berührbare Teile nicht mit dem Schutzleiter verbunden sind.
Auch hier hat die Methode den Vorteil, dass das Gerät unter Betriebsbedingungen geprüft wird, alle mit Netzspannung beaufschlagten Teile erfasst werden und die gefährliche Größe (Fehlerstrom) direkt gemessen werden kann. Für Geräte der Schutzklasse II gilt nach VDE 0701-0702 ein Limit von 0,5 mA.

Nachweis der Wirksamkeit weiterer Schutzmaßnahmen
Wenn in einem Gerät weitere Schutzeinrichtungen, wie z.B. RCDs oder Isolationsüberwachungsgeräte vorhanden sind, die der Sicherheit dienen, muss der Prüfer entscheiden, wie diese zu prüfen sind.

Funktionsprüfung
Wenn eine Prüfung nach Instandsetzung oder Änderung eines Gerätes durchgeführt wird, ist mindestens eine Teilprüfung auf Funktion durchzuführen.
Bei der Wiederholungsprüfung ist eine Funktionsprüfung nur insofern durchzuführen, wie es zum Nachweis der Sicherheit notwendig ist.

Schema der Wiederholungsprüfung

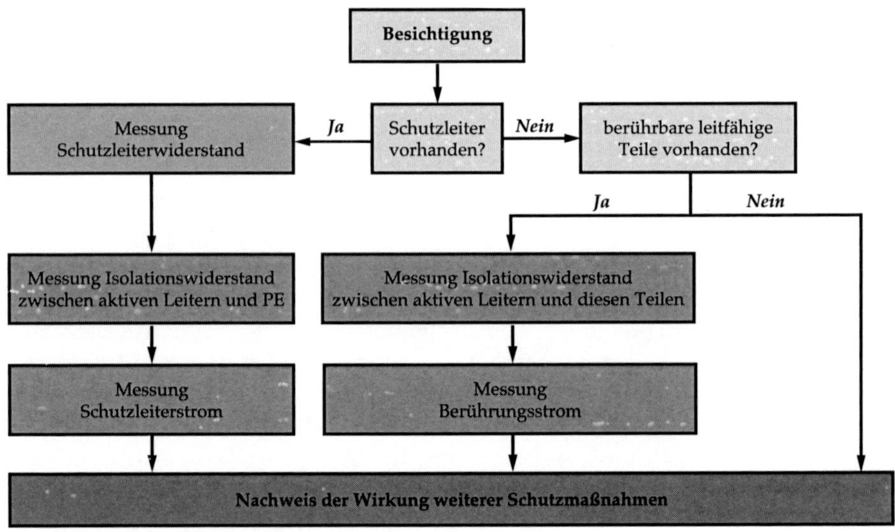

Abb. 213: Schema Wiederholungsprüfungen

Nachweis der Prüfungen
Durch das Inkrafttreten der Betriebssicherheitsverordnung ist das Protokollieren und Dokumentieren von Prüfungen zu einer Pflicht geworden.
Der prüfenden befähigten Person ist im eigenen Interesse zu empfehlen, entsprechende Nachweise über durchgeführte Prüfungen und deren Ergebnisse anzufertigen. Spätestens im Schadensfall hat man als verantwortliche Person den Nachweis zu erbringen, dass das für den Schaden verantwortliche Gerät ordnungs- und fristgemäß geprüft worden ist. Die Form dieses Nachweises ist allerdings nicht vorgegeben.

Auch für die Kennzeichnung der geprüften Geräte gibt es keine Vorgaben. Notwendig ist sie allerdings, denn ohne Kennzeichnung ist die geforderte Kontrolle des Benutzers nicht möglich! Es empfiehlt sich die Anbringung einer Plakette, auf der sinnvollerweise das nächste Prüfdatum und nicht das Datum der letzten Prüfung angegeben ist, da vom Benutzer nicht erwartet werden kann, über den entsprechenden Prüfturnus informiert zu sein.

Erforderliche Messgeräte
Sämtliche Messungen sind mit Messgeräten durchzuführen, die der DIN VDE 0404 entsprechen.

Prüfturnus bei Wiederholungsprüfungen
Die Notwendigkeit und Häufigkeit von Wiederholungsprüfungen ergibt sich nicht aus der DIN VDE 0701-0702, sondern bisher aus der BGV A3, und neuerdings auch aus der Betriebssicherheitsverordnung.
Danach ist keine feste Frist (wie bislang üblich) einzuhalten, sondern ein angemessener Prüfturnus für ein individuelles Gerät mithilfe einer Gefährdungsanalyse zu ermitteln.

Das entsprechende Betriebsmittel ist nach:
· Zustand
· Einwirkungen
· Gefährdungen
zu bewerten, und aus diesem Ergebnis wird ein angemessener Prüfturnus festgelegt.

Zur Orientierung findet man in der BGI 813 weitere Beispiele für übliche Prüffristen.

5.9 Eigenerzeugungsanlagen

Eigenerzeugungsanlagen (Stromerzeugungsaggregate) werden je nach der Abhängigkeit von einem Versorgungsnetz danach unterschieden, ob sie

- zur Stromversorgung bei nicht vorhandenem Netz (Inselbetrieb),
- parallel zu einem vorhandenen Netz oder
- zur Ersatzstromversorgung eingesetzt werden.

Um einen sicheren Einsatz gewährleisten zu können, müssen die entsprechenden Gesetze und VDE-Bestimmungen eingehalten werden.

5.9.1 Bestimmungen des örtlichen VNB für den Betrieb von Eigenerzeugungsanlagen

Der Abnehmer der elektrischen Energie ist verpflichtet, seinen gesamten Elektrizitätsbedarf aus dem Verteilernetz des VNB zu decken. Ausgenommen ist die Bedarfsdeckung durch Eigenanlagen zur Nutzung regenerativer Energiequellen; ferner durch Eigenanlagen, die ausschließlich der Sicherstellung des Energiebedarfs bei Ausfall der öffentlichen Versorgung dienen. Ersatzstromerzeuger dürfen außerhalb ihrer eigentlichen Bestimmung nicht mehr als 15 Stunden im Monat zur Erprobung betrieben werden.
Vor der Errichtung einer Eigenanlage hat der Betreiber dem VNB Mitteilung zu erstatten. Er hat durch geeignete Maßnahmen sicherzustellen, dass keine schädlichen Rückwirkungen in das öffentliche Elektrizitätsversorgungsnetz möglich sind. Der Betreiber ist erst nach Beendigung des Vertragsverhältnisses berechtigt, zur Eigenerzeugung mit anderen Anlagen als mit Notstromaggregaten oder mit Anlagen zur Nutzung regenerativer Energiequellen überzugehen. Die technische Ausführung des Anschlusses, die Schutzeinrichtungen und der Betrieb der Eigenerzeugungsanlage sind im Einzelnen mit dem VNB abzustimmen. Möglichkeiten der Rückspeisung in das Versorgungsnetz, des Parallelbetriebs mit einem anderen Netz oder der Potenzialanhebung des Neutralleiters oder des PEN-Leiters des anderen Netzes müssen verhindert werden. Dies wird durch eine allpolige (d.h. alle Außenleiter und der PEN- bzw. Neutralleiter werden vom Netz getrennt) Trennung sichergestellt. Diese Trenn- bzw. Umschaltschränke werden häufig als NUS (Netz-Umschalt-Schrank) bezeichnet.

5.9.2 Tragbare Stromerzeuger und mobile Stromerzeuger mit Isolationsüberwachung

Die in DIN 14685 (Tragbarer Stromerzeuger mit einer Leistung von über 5 kVA) festgelegten Stromerzeuger werden häufig bei der Feuerwehr, dem Katastrophenschutz bzw. dem THW und anderen Hilfsorganisationen für den netzunabhängigen Einsatz elektrischer Betriebsmittel verwendet. Außerdem findet man sie auch hin und wieder in der Veranstaltungsbranche.

Infolge der Anwendung der Schutzmaßnahme „Schutztrennung mit mehreren Verbrauchern" sind die sonst notwendigen Maßnahmen Erdung und automatische Abschaltung der Anlage bei Auftreten eines ersten Isolationsfehlers nicht erforderlich.

Es muss jedoch sichergestellt werden, dass bei Eintritt eines zweiten Fehlers die Abschaltung der betroffenen Zweige innerhalb der vorgeschriebenen Zeit oder ein Absinken der Generatorausgangsspannung auf Werte unter 50 V erfolgt. Dies erfordert eine Abstimmung zwischen Generator, den im Schaltkasten eingebauten Überstromschutzschaltern und der maximal anzuschließenden Impedanz der Fehlerschleife. Im praktischen Einsatz darf somit die Gesamtlänge der anzuschließenden Leitungen die angegebene Maximallänge nicht überschreiten.

5.9.3 Ersatzstromversorgungsanlagen

Ersatzstromversorgungsanlagen sind Stromversorgungsanlagen, die die elektrische Energieversorgung von Netzteilen, Verbraucheranlagen oder einzelnen Verbrauchsmitteln nach Ausfall oder Abschaltung der normalen Stromversorgung übernehmen.

5.9.4 Parallelbetrieb von Netzersatzanlagen

Der Parallelbetrieb von Netzersatzanlagen kommt zum einen als Netzparallelbetrieb und zum anderen als Parallelbetrieb mehrerer Netzersatzanlagen im Inselbetrieb in Betracht. Sinn der Parallelschaltung ist immer eine Leistungserhöhung, um beispielsweise im öffentlichen Netz bei Ausfall eines Transformators diesen leistungsmäßig zu ersetzen oder auch, um beim Betrieb größerer Inselnetze die erforderliche Leistung sicherzustellen, wenn diese durch

einen Stromerzeuger allein nicht geleistet werden kann. Grundsätzlich ist ein Parallelbetrieb mit allen Synchrongeneratoren möglich, bei denen sich Spannung und Frequenz verändern lassen.
Vorzugsweise sollten Netzersatzanlagen zum Einsatz kommen, die über eine eigene Synchronisiereinrichtung verfügen und daher für den Parallelbetrieb uneingeschränkt geeignet sind. Netzersatzanlagen, die über keine Synchronisiereinrichtung verfügen, sind in der Regel nur für den Inselbetrieb geeignet. Sie verfügen nicht über für den Parallelbetrieb erforderliche Netzschutzrelais oder Stromrichtungsrelais, um die Generatoren vor Rückleistung zu schützen.

5.9.5 Synchronisieren von Netzersatzanlagen

Netzersatzanlagen dürfen nur dann zusammengeschaltet werden oder mit dem Netz parallel geschaltet werden, wenn folgende Bedingungen gegeben sind:
- gleiche Betriebsspannung,
- gleiche Frequenz,
- gleiche Phasenfolge,
- gleiche Phasenlage.

Zwei oder mehrere Anlagen bezeichnet man dann als synchron, wenn alle diese Forderungen erfüllt sind. Durch eine Synchronisiereinrichtung ist sicherzustellen, dass eine nichtsynchrone Zusammenschaltung unter allen Umständen verhindert wird. Sind an Netzersatzanlagen automatische Synchronisiereinrichtungen vorhanden, so sind diese manuellen Einrichtungen vorzuziehen. Die neuesten Netzersatzanlagen verfügen bereits über Synchronisiereinrichtungen, die vollautomatisch alle notwendigen Schritte durchführen. Hier muss nicht mehr von Hand eingegriffen werden.

Gleiche Betriebsspannung

Das Vorhandensein der gleichen Betriebsspannung wird mittels Spannungsmessern überprüft. In der Regel verfügen Synchronisiereinrichtungen über zwei Spannungsmesser, um die Spannung des zu synchronisierenden Generators und die Spannung des bestehenden Netzes gleichzeitig anzuzeigen. Wenn nicht bekannt ist, ob die beiden Spannungsmesser genau messen, sollte zusätzlich eine Kontrollmessung mit einem geeigneten Gerät erfolgen. Ungleiche Spannungen führen zu Blindströmen im Netz.

Eine Spannungsdifferenz von einem Volt ruft in der Regel 10 % des Nennstroms des Aggregates hervor. Das bedeutet, dass bei einer Netzersatzanlage mit 280 kVA (also mit einem Nennstrom von etwa 406 A pro Außenleiter) der auftretende Blindstrom bei einem Volt Spannungsunterschied etwa 41 A beträgt.

Gleiche Frequenz

Gleiche Frequenzen von mehreren Aggregaten werden durch Drehzahlabgleich der jeweiligen Maschinen erreicht. Die Überprüfung erfolgt durch Frequenzmesser. Unterschiedliche Frequenzen führen zu Schwebungen im Netz.

Gleiche Phasenfolge

Die gleiche Phasenfolge der Außenleiter (Drehfeld) kann mit einem Drehfeldanzeiger überprüft werden. In der Regel verfügen Synchronisiereinrichtungen über Anzeigen, die das Vorhandensein der gleichen Phasenfolge direkt anzeigen.

Gleiche Phasenlage

Die gleiche Phasenlage ist bestimmt durch das gleichzeitige Zusammentreffen der Höchst- bzw. Tiefstwerte der sinusförmigen Wechselspannungen innerhalb der zusammenzuschaltenden Systeme. Die gleiche Phasenlage wird insbesondere durch Synchronoskope oder in alten Anlagen durch Synchronisierlampenschaltungen überprüft. Hierbei unterscheidet man die Dunkelschaltung, die Hellschaltung und die Umlaufschaltung.

Dunkelschaltung:
Die Dunkelschaltung kommt häufiger zur Anwendung, da die Hell-Dunkel-Unterschiede während des Synchronisierens gut zu erkennen sind. Beim langsamen An- und Ausgehen der Lampen ist die Nähe des Synchronisierpunkts erreicht. Bleiben die Lampen dunkel, kann geschaltet werden.

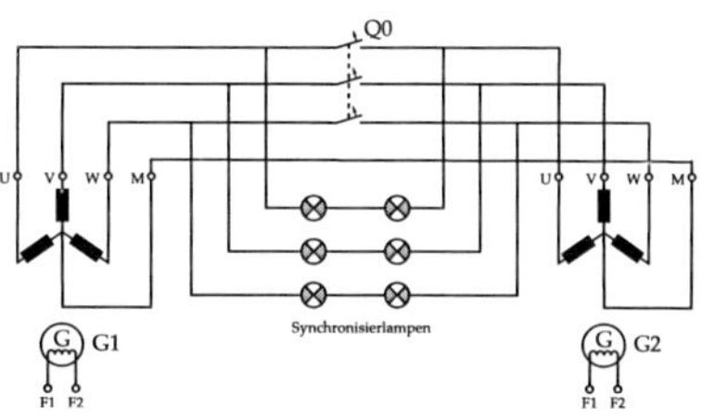

Abb. 214: Dunkelschaltung

Hellschaltung:
Die Hellschaltung kommt selten zur Anwendung, da der Zeitpunkt der Parallelschaltung weniger gut zu erkennen ist.

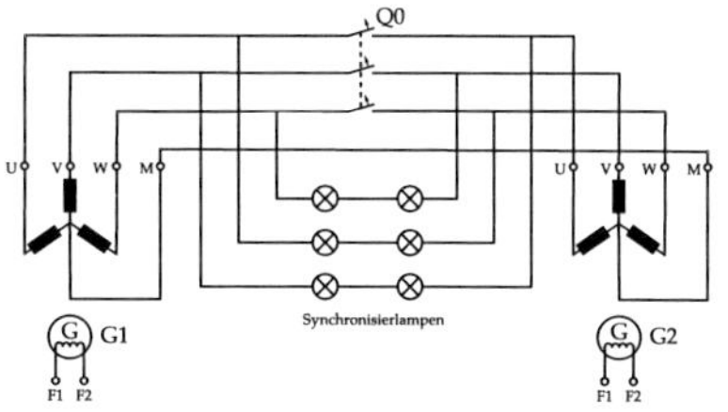

Abb. 215: Hellschaltung

Umlaufschaltung:
Die Umlaufschaltung ist eine kombinierte Schaltung der Hell- und der Dunkelschaltung und wird auch Hell-Dunkelschaltung genannt. Sie ist die beste Synchronisierlampenschaltung. Die Drehrichtung des Lichts lässt erkennen, ob der parallel zu schaltende Generator zu schnell bzw. zu langsam läuft. Kommt das umlaufende Licht im rechten Augenblick zum Stillstand und entsprechen die Lampenanzeigen den geforderten Bedingungen (die Lampen in Hellschaltung müssen leuchten, die Lampen in Dunkelschaltung müssen dunkel sein), kann parallelgeschaltet werden.

Über alle Synchronisierlampenschaltungen kann ebenfalls das Vorhandensein der richtigen Phasenfolge erkannt werden. Bei der Hell- bzw. Dunkelschaltung ergibt sich ein unterschiedliches Blinken der Lampen, bei der Hell-Dunkelschaltung bleibt das sich drehende Licht aus. Die Lampen blinken gleichmäßig.

Da während des Synchronisiervorgangs die Spannung an den Lampen kurzzeitig wesentlich höher als 230 V sein kann, sind in den entsprechenden Zeichnungen jeweils zwei Lampen in Serie geschaltet.

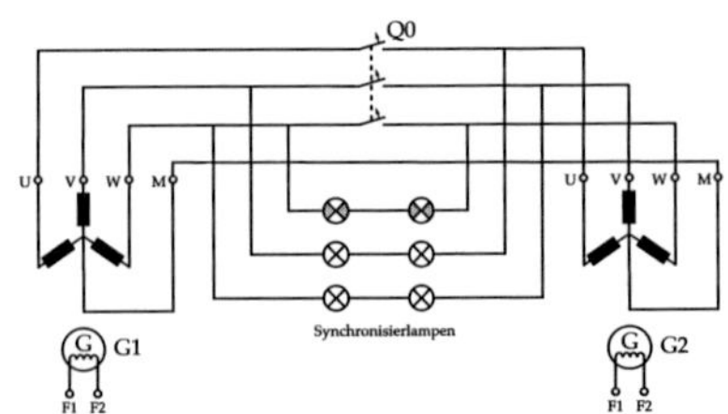

Abb. 216: Umlaufschaltung

Nullvoltmeter:
Zur Erkennung des richtigen Synchronpunkts sind in vielen Stromerzeugern Nullvoltmeter vorhanden. Diese messen die Spannung zwischen einem Außenleiter des Netzes und dem gleichen Außenleiter des Generators. Wenn die Anzeige Null Volt anzeigt, ist der Synchronpunkt erreicht.

Synchronoskop:
Exakter als Synchronisierlampenschaltungen arbeiten Synchronoskope. Das elektrodynamische Synchronoskop entspricht im Prinzip einem kleinen Schleifringläufermotor, dessen Ständerwicklung mit dem einen Generator und dessen Läuferwicklung mit dem anderen Generator bzw. dem Netz verbunden ist. Der Rechts- bzw. Linkslauf des Zeigers zeigt, ähnlich wie bei der Umlaufschaltung, ob der zuzuschaltende Generator zu langsam oder zu schnell läuft. Steht der Zeiger auf der markierten Anzeige der Scheibe, ist Phasengleichheit erreicht.
Elektrodynamische Synchronoskope werden heute in der Regel als elektronische Schaltkreise mit umlaufenden Leuchtdioden nachgebildet.

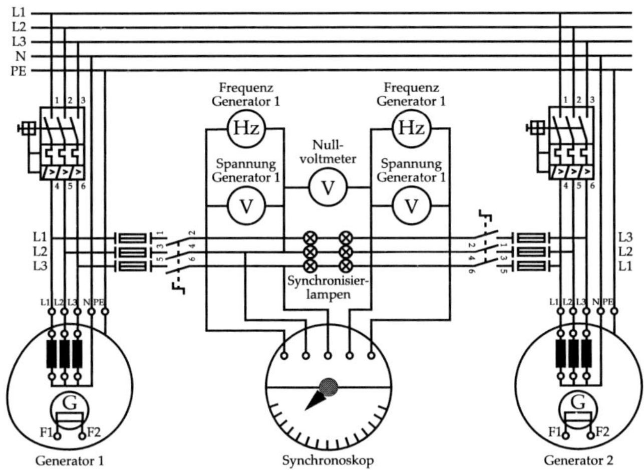

Abb. 217: Generatoren mit Synchronisiereinrichtung

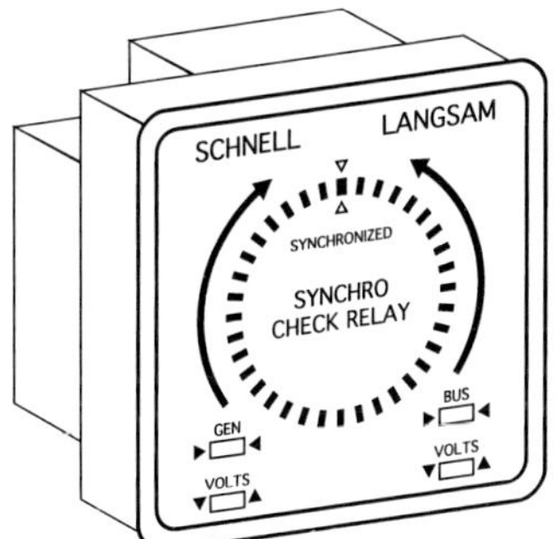

Abb. 218: elektronisches Synchronoskop

Nach erfolgter Zusammenschaltung muss zur Vermeidung von Blindleistung nochmals auf die richtige Spannung geachtet werden. Hierzu ist der Leistungsfaktor zu kontrollieren. Der Leistungsfaktor sollte etwa 1 bis minimal 0,9 induktiv betragen.

Beginnen nach erfolgter Zusammenschaltung die Ströme sehr schnell zu steigen, so ist dies ein Zeichen dafür, dass die Spannungen von Netz und synchronisiertem Generator bzw. vom anderen Generator erheblich abweichen. Zeigt der Leistungsfaktormesser induktive Werte an, so ist die Spannung zu verringern. Zeigt er hingegen kapazitive Werte an, ist die Spannung zu erhöhen. Insbesondere das Bestehenbleiben kapazitiver Werte sollte vermieden werden, da kapazitive Blindströme zu einer Entregung des Generators führen können.

Lastverteilung

Nach dem Zusammenschalten ist auf eine richtige Lastverteilung der Generatoren untereinander bzw. zum Netz zu achten. Wurden zwei oder mehrere Generatoren lastlos zusammengeschaltet, so verteilt sich die im Netz vorhandene Gesamtleistung auf die einzelnen Generatoren prozentual ihrer zur Verfügung stehenden Gesamtleistung. Wurde auf ein bestehendes Inselnetz durch Synchronisieren ein weiterer Generator hinzugeschaltet, so muss die Lastverteilung von Hand prozentual zu der zur Verfügung stehenden Gesamtleistung erfolgen. Beim Netzparallelbetrieb von Generatoren muss lediglich die gesamt zu übernehmende Leistung eingestellt zu werden.

Rückleistung

In Inselnetzen sollte besonders auf eine gleichmäßige Lastverteilung der Generatoren untereinander geachtet werden. Falls ein Generator mit wesentlich mehr Leistung ins Netz einspeist als ihm prozentual von der Gesamtleistung zustünde, kann dies beim Wegfall eines oder mehrerer relativ großer Verbraucher dazu führen, dass andere Generatoren in den Motorbetrieb überwechseln und somit zu Verbrauchern werden. Dies führt in der Regel zum Ansprechen der Netzschutz- bzw. der Stromrichtungsrelais in den einzelnen Generatoren. Das Abschalten der Generatoren ist die Folge. Diese Störung wird auch als Rückleistung bezeichnet.

Achtung:
Generatoren, die nicht über entsprechende Schutzrelais verfügen, können erheblichen Schaden am Antriebsmotor nehmen!

Rücksynchronisiereinrichtung

Mit der Rücksynchronisiereinrichtung kann trotz speisendem Generator auf die Synchronisiereinrichtung zugegriffen werden. Dies kann insbesondere dann notwendig werden, wenn Wartungs- und Instandhaltungsarbeiten im öffentlichen Netz durchgeführt werden sollen. Werden beispielsweise an der Zuleitung zu einer Trafostation oder zu einem Kabelverteilerschrank Arbeiten durchgeführt, wäre es möglich, die Netzersatzanlage auf das bestehende Netz aufzusynchronisieren. Nach Abschaltung der Zuleitung werden die Verbraucheranlagen durch die Netzersatzanlage weiter versorgt. Nach Beendigung der Reparaturen muss die Netzersatzanlage wieder mit dem Netz synchronisiert werden. Hierzu können die Netzdaten in die Rücksynchronisiereinrichtung eingegeben werden. Der Generator wird wieder ins Netz eingestellt. Zur Zusammenschaltung muss der Hauptschalter in der Trafostation oder im Kabelverteilerschrank betätigt werden. Hierbei ist zu beachten, dass jetzt keine automatische Einrichtung mehr eine nichtsynchrone Zusammenschaltung verhindert. In ähnlicher Weise kann beispielsweise auch mit Generatoren verfahren werden, die über keine eigene Synchronisiereinrichtung verfügen und die auf ein bestehendes Netz synchronisiert werden sollen.

Sternpunktdrossel

Häufig sind in Netzersatzanlagen Sternpunktdrosseln vorhanden, die für den Parallelbetrieb geeignet sind. Hierbei handelt es sich um relativ niederohmige Induktivitäten, die in den Neutralleiter im Generator geschaltet werden. Zweck einer Sternpunktdrossel ist vorwiegend die Begrenzung von Oberschwingungen, insbesondere der dritten Harmonischen (K3). Um eine Schädigung zu vermeiden (im Neutralleiter befinden sich in der Regel keine Überstromschutzorgane), wird durch die Sternpunktdrossel ein zu hoher Neutralleiterstrom begrenzt.

Kapitel 6

Grundlagen der Energieversorgung

6.1 Lastbereiche

Bei der Erzeugung und Verteilung elektrischer Energie hat man im Gegensatz zu anderen Rohenergiestoffen (Erdöl, Gas, Kohle) mit zwei Besonderheiten zu kämpfen:

Die Verbindung von Energieerzeuger und Verbraucher und somit der Energietransport ist nur über (elektrische) Leitungen möglich.

Elektrische Energie lässt sich nicht direkt speichern, zumindest nicht in sinnvollem Umfang. Die Möglichkeit der chemischen Speicherung in Batterien ist in dem erforderlichen Umfang für die allgemeine Stromversorgung überhaupt nicht denkbar.

Elektrische Energie muss somit in dem Moment erzeugt werden, in dem sie benötigt wird und, um Verluste gering zu halten, möglichst in der Nähe der bzw. des Verbrauchers. Bekanntermaßen ist der elektrische Energiebedarf jedoch niemals konstant, sondern variiert im Laufe eines Tages (Tag – Nacht), einer Woche (Werktage – Sonntage/Feiertage) und natürlich eines Jahres (Sommer – Winter). Schon innerhalb weniger Stunden eines Tages schwankt der Energiebedarf extrem, so dass die Energieerzeugung auch kurzfristig in der Lage sein muss, diesen Bedarf zu decken.

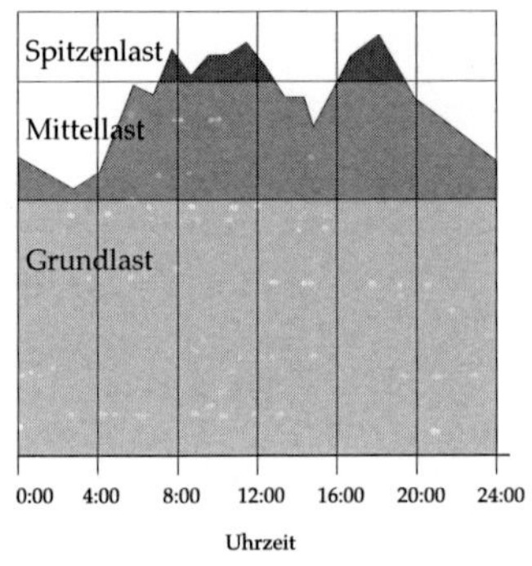

Abb. 219: Lastdiagramm

6.1.1 Die Grundlast

Eine gewisse Energiemenge (Arbeit) ist rund um die Uhr an jeden Tag des Jahres erforderlich, um den Grundbedarf zu decken. Diese wird hauptsächlich von Kern- und Braunkohlekraftwerken zur Verfügung gestellt. Diese Kraftwerkstypen laufen u.U. jahrelang durchgängig 24 Stunden am Tag, abgesehen von kurzen Unterbrechungen für erforderliche Instandhaltungsmaßnahmen. Die einzelnen Kraftwerksblöcke liefern dabei zwischen etwa 500 und 1300 MW.

Darüber hinaus tragen Laufwasserkraftwerke mit ihrem konstanten Wasserangebot in den Flüssen zur Grundlasterzeugung (einige MW) bei. Mittlerweile haben sich in Deutschland auch Konverter für Windenergie (etwa 500 kW) zu einem kleinen Teil durchgesetzt. Die in Deutschland insgesamt installierte Leistung an Windenergie beträgt derzeit etwa 6000 MW, diese steht jedoch durchschnittlich nur ca. 2000 h/Jahr zur Verfügung.

6.1.2 Die Mittellast

Die Mittellast zeichnet sich durch eine schwankende Lastnachfrage aus. Dem Belastungsdiagramm ist der unterschiedliche Verlauf des Energiebedarfs über 24 Stunden zu entnehmen. Der Energiebedarf ist tagsüber deutlich höher als in der Nacht. Dieser wechselnden Energienachfrage begegnet man mit dem Einsatz von Steinkohle- und Gaskraftwerken. Steinkohlekraftwerke werden mit einer Blockgröße von 500 MW eingesetzt und sind durch ihre Betriebsweise in der Lage, die veränderliche Energieanforderung aufzufangen.

6.1.3 Die Spitzenlast

Werden darüber hinaus fast alle Elektroherde gleichzeitig eingeschaltet, um z.B. Mittagessen zu bereiten, Kühlschränke geöffnet und geschlossen, Spülmaschinen benutzt und elektrische Warmhaltegeräte betrieben, so nennt man das Spitzenlastnachfrage („Mittagsspitze"). Diese wird vornehmlich von Gasturbinen- und Pumpspeicherkraftwerken abgedeckt. Solche Kraftwerkstypen können in kürzester Zeit ihre maximale Leistung (50 bis 100 MW pro Block) erzeugen und in das Netz speisen. Allerdings ist ihre Energieabgabe auf einen kurzen Zeitrahmen begrenzt (Speicherbecken von Pumpspeicherkraftwerken haben eine begrenzte Kapazität). Die Deckung des Spitzenbedarfs verursacht darüber hinaus erhebliche Kosten, beispielsweise dadurch, dass das Wasser wieder in das Speicherbecken gepumpt werden muss. Dies geschieht üblicherweise in der Nacht, wenn der generelle Energiebedarf am geringsten ist.

Der jeweilige Einsatz von Grund-, Mittel- oder Spitzenlastkraftwerken kann nur im Voraus geplant werden. Hierfür wird eine Lastprognose für den gewünschten Tag unter Berücksichtigung des Wetters oder besonderer Großereignisse, wie etwa ein Fußball-Länderspiel (extrem viele Fernseher eingeschaltet, in der Halbzeit Öffnung vieler Kühlschränke), erstellt.

6.2 Energieübertragung

Nun ist es in den seltensten Fällig möglich bzw. sinnvoll, die Kraftwerke dort zu errichten, wo der Bedarf besteht. Die elektrische Energie muss also in dem Moment des Bedarfs noch große Entfernungen zurücklegen. Das größte Problem beim Übertragen von elektrischer Leistung ist das Entstehen von Verlustleistung in der Übertragungsstrecke, welche sich in Form von Wärme bemerkbar macht. Bei einer Stadt mit ca. 270.000 Einwohnern kann man derzeit eine maximale Netzbelastung von ca. 300 MW feststellen (Stand 2006). Bei einer Netzspannung von 230 V und einphasigem Betrieb entspricht dies einer Stromstärke von $1{,}3 \cdot 10^6$ A!!! Um diese Stromstärke ohne nennenswerte Verluste über eine Entfernung von 50 km zu transportieren, wäre eine Kupferleitung mit einem Leitungsquerschnitt von $100 \cdot 10^6\ \text{mm}^2$ erforderlich. Dies entspricht einem Kupferblock von 6,75 m Breite und 15 m Höhe bei einer Länge von 50 km. Diese „Leitung" hätte außerdem ein Gewicht von etwa 45.000.000 Tonnen.
Spätestens an dieser Stelle wird klar, dass man sich um andere Möglichkeiten der Energieübertragung bemühen muss. Für die Erwärmung eines Leiters ist die Stromstärke allein verantwortlich, so dass man bei geringeren Stromstärken auch geringere Leitungsquerschnitte verwenden kann. Um nun bei einem gleichbleibenden Leistungsbedarf die Stromstärke zu verringern, muss demnach die Spannung erhöht werden. Wenn wir also unsere Stadt mit einer Spannung von 380.000 V versorgen, benötigen wir nur noch Leiter mit einem Querschnitt von ca. 80 mm^2. Wenn wir dann auch noch eine 3-phasige Versorgung über zwei parallele Leitungen verwenden, sinkt der Querschnitt auf ca. 16 mm^2 pro Einzelader. Dies wäre durchaus akzeptabel.
Aufgrund dieser physikalischen Eigenschaften findet man zur elektrischen Energieversorgung, je nach benötigter Leistung und Entfernung von Erzeuger zum Verbraucher, verschiedene Spannungsebenen.

6.2.1 Hochspannungsdrehstromübertragung (HDÜ)

Höchstspannung im Übertragungsnetz (transmission system)

In den Überlandleitungen des Übertragungsnetzes fließt der Strom, der von den großen Kraftwerken eingespeist wird. Bei seiner Erzeugung hat er eine Spannung von 10 kV bis 27 kV. Danach wird er auf 220 kV bis 380 kV transformiert. Das Übertragungsnetz dient der Überbrückung großer Entfernungen.

Als Faustregel gilt: Elektrische Energie kann wirtschaftlich sinnvoll nur über so viele Kilometer transportiert werden, wie ihre Nennspannung in Kilovolt beträgt (380 kV–380 km).
Vom Übertragungsnetz fließt der Strom zu den überregionalen Umspannwerken, die sich meist in der Nähe von Ballungszentren bzw. Verbrauchsschwerpunkten befinden. Über das Übertragungsnetz ist Deutschland auch an das europäische Verbundnetz gekoppelt. Das Höchstspannungsnetz Europas (von Portugal bis Skandinavien, Polen und Griechenland) ist mittlerweile ein komplett miteinander verbundenes Leitungsnetz mit dem Zweck, sich gegenseitig bei unerwarteten Ereignissen, Fehlerfällen usw., unterstützen zu können.
Übertragungsnetze müssen weiterhin eine hohe Versorgungssicherheit gewährleisten, damit der Ausfall einer Leitung nicht zu einer Versorgungsunterbrechung in einem größeren Gebiet führt. Der Netzanschluss eines Kraftwerks wird deshalb über zwei voneinander unabhängige Drehstromsysteme realisiert.
Großkraftwerke werden mitunter über mehrere Leitungen in verschiedenen Trassen angeschlossen. Sollte eines der Systeme ausfallen, so darf das parallele System nicht überlastet werden. Eine gute Vernetzung des Leitungssystems verringert die Gefahr der Versorgungsunterbrechung, bringt aber höhere Investitionskosten und höheren Wartungsaufwand mit sich.
Höhere Spannungen werden selten verwendet, da durch sie die extrem ansteigenden Isolationskosten eine wirtschaftliche Grenze bilden.

Abb. 220: 380kV Mast

Hochspannung im überregionalen Verteilnetz (subtransmission system)

In den überregionalen Umspannwerken wird die Höchstspannung auf meistens 110 kV Hochspannung reduziert und in die überregionalen Verteilnetze weitergeleitet. Sie wiederum versorgen die regionalen Umspannwerke, die meist in der Nähe von großen Wohngebieten oder Industrieanlagen liegen. Hochspannung dient der Versorgung von Regionen, Ballungszentren, Kleinstädten sowie großen Industriebetrieben und wird benutzt, um Entfernungen bis etwa 30 km zu überbrücken.

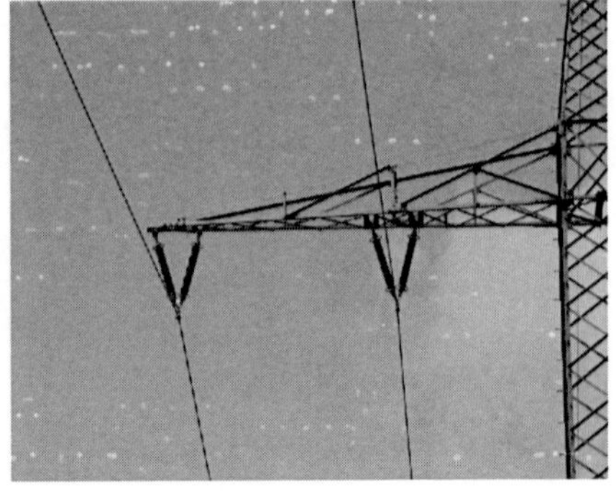

Abb. 221: 110kV Mast

Eine hohe Versorgungszuverlässigkeit wird zum einen durch eine Mehrfacheinspeisung aus dem Übertragungsnetz und zum anderen durch eine ringförmige Leitungsführung gewährleistet. So wird beispielsweise eine Großstadt über verschiedene 380 kV und/oder 220 kV Doppelleitungen versorgt.

Mittelspannung im regionalen Verteilnetz (distribution system)

Regionale Umspannwerke reduzieren die Spannung von Hochspannung auf Mittelspannung. Diese beträgt üblicherweise 10 kV, 16 kV oder 20 kV. Mit diesen Spannungen wird die Energie innerhalb einzelner Stadt- oder Landgebiete verteilt. In ländlichen Gebieten sehen wir Freileitungen des regionalen Verteilnetzes, im städtischen Umfeld werden Erdkabel verwendet.

Die regionalen Verteilnetze versorgen Transformatorenstationen in den einzelnen Stadtteilen oder Bezirken, aber auch mittelgroße Industriebetriebe, Stadien, Theater, Hochhäuser und Einkaufszentren.

Abb. 222: Mittelspannungsmast

Niederspannung im lokalen Verteilnetz
Nach der letzten Umwandlung in Trafostationen, die in unmittelbarer Nähe der Wohngebiete stehen, wird die Mittelspannung auf die von uns verwendete Niederspannung von 230 Volt Einphasenwechselstrom bzw. 400 Volt Dreiphasenwechselstrom, seltener auch auf bis zu 1 kV herunter transformiert.
Per Erdkabel (bei älteren Wohngebieten auch als Freileitung) werden die einzelnen Straßenzüge und Häuser mit Strom versorgt. Niederspannung versorgt Haushalte, Landwirtschaft und Gewerbebetriebe.

6.2.2 Hochspannungsgleichstromübertragung (HGÜ)

Um elektrische Energie über extrem weite Strecken zu übertragen, wird vermehrt die Hochspannungsgleichstromübertragung angewendet. Im Gegensatz zu Wechsel- oder Drehstromübertragungen fallen kapazitive und induktive Widerstände bei der Gleichstromübertragung nicht ins Gewicht. Insbesondere bei Seekabelverbindungen, wie z.B. dem „Baltic Cable" zwischen Deutschland und Schweden, wird diese Form der Energieübertragung eingesetzt. Da das Gleich- und Wechselrichten der Spannung jedoch extrem kostenintensiv ist, wird die HGÜ erst ab mindestens 600 km Landweg bzw. 150 km Seeweg realisiert.

6.3 Netztopologien

Der Begriff Netz umfasst die Gesamtheit aller Einrichtungen (wie Freileitungen, Kabel, Transformierungs- und Schaltanlagen mit ihren Sicherungs- und Überwachungseinrichtungen, Schaltern usw.), die zur Übertragung und Verteilung der elektrischen Energie notwendig sind. In der Ausführungsform eines Netzes der Energietechnik unterscheidet man drei Arten (Topologien), die ich an den folgenden Beispielen aus dem Niederspannungsbereich erläutern möchte.

6.3.1 Strahlennetz

Das Strahlennetz ist die einfachste Netzform. Die Leitungen laufen von einem Einspeisepunkt, z.B. einer Trafostation, strahlenförmig auseinander. Tritt bei dieser Netzart eine Störung, wie z.B. ein Kurzschluss, auf, ist die Stromversorgung aller Teilnehmer, die an den fehlerhaften Leitungsstrang angeschlossen sind, solange unterbrochen, bis der Fehler behoben ist. Der Ausfall einer Transformatorenstation kann ganze Bereiche lahm legen. Darüber hinaus ist es problematisch, die Spannung konstant zu halten, vor allem, wenn an einem Strahl leistungsstarke Anlagen angeschlossen sind. So kann es passieren, dass die noch zur Verfügung stehende Spannung am Ende der Leitung durch den Spannungsfall zu gering wird. Strahlennetze kommen vorzugsweise in eng begrenzten Niederspannungsnetzen vor. Bei der Errichtung von mobilen elektrischen Anlagen sind Strahlennetze vorgeschrieben. (DIN 15 560-100)

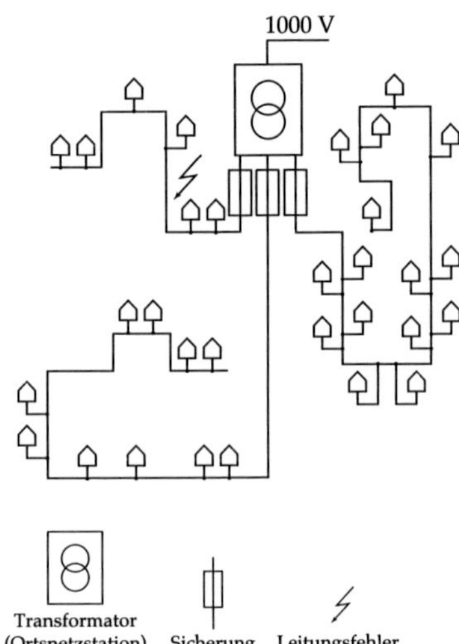

Abb. 223: Strahlennetz

6.3.2 Ringnetz

Bei ringförmig zusammengeschalteten Leitungen kann ein fehlerhaftes Leitungsteil durch die eingebauten Trennstellen abgeschaltet werden. Nur in diesem bleibt die Stromversorgung bis zur Behebung des Fehlers unterbrochen – das übrige Netz setzt den Betrieb fort. Nachteilig kann sich bei diesem Netz im Falle einer Störung jedoch auswirken, dass vor dem Auftrennen der eventuell auftretende Fehlerstrom größere Werte annehmen kann und so u. U. mehrere Teilnehmer betroffen sind. Um dies zu vermeiden, werden Ringnetze häufig „offen" betrieben, d.h. der Ring ist etwa in der Hälfte geöffnet. Entsprechend reduziert sich ein Fehler auf einen halben Ring.

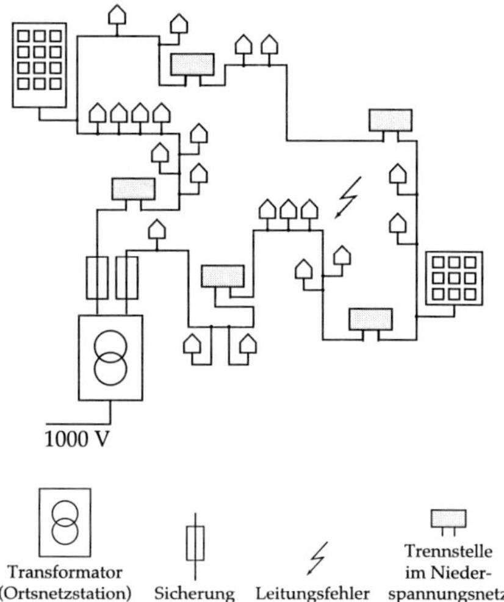

Abb. 224: Ringnetz

6.3.3 Vermaschtes Netz

Werden zwischen weit entfernten Punkten zusätzliche Leitungen in ein Ringnetz gelegt, entsteht ein vermaschtes Netz. Es weist eine sehr hohe Versorgungszuverlässigkeit auf, da nun jeder Leitungsabschnitt über mehrere Wege versorgt werden kann. Selbst ein Ausfall mehrerer Leitungsabschnitte wird keine größere Störung mehr nach sich ziehen. Vermaschte Netze werden vor allem dort gebaut und betrieben, wo durch Störungen die Versorgungssicherheit vieler Kunden gefährdet wäre. Dies ist besonders auf der Übertragungs- und Grobverteilungsebene der Fall, aber auch in dicht besiedelten Gebieten und Stadtteilen.

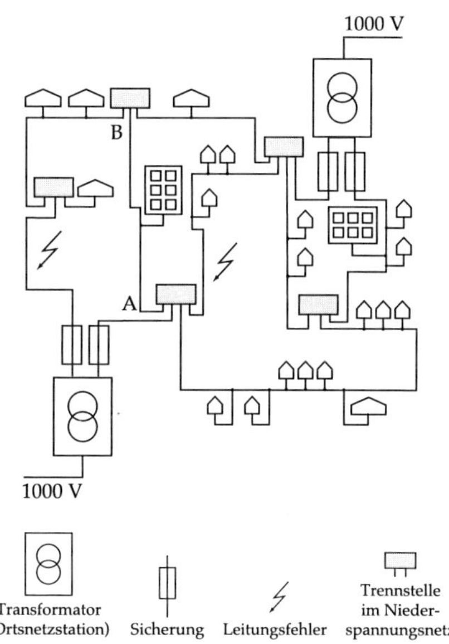

Abb. 225: Maschennetz

Kapitel 7

Sicherheitsstromversorgung und Notbeleuchtung

7.1 Einleitung

Generell ist beim Bau bzw. Betrieb von Versammlungsstätten die jeweils gültige VstättVO zu beachten. Obwohl die Verordnungen der einzelnen Bundesländer (Baurecht ist Ländersache) leicht voneinander abweichen, findet man in allen VstättVO die Forderung nach Sicherheitsstromversorgungen. Diese sollen bei einem Ausfall der allgemeinen Stromversorgung den Betrieb der sicherheitstechnischen Anlagen und Einrichtungen mit elektrischer Energie übernehmen.

Zu den sicherheitstechnischen Anlagen und Einrichtungen zählen in Versammlungsstätten insbesondere

- Anlagen der Sicherheitsbeleuchtung,
- automatische Feuerlöschanlagen und Druckerhöhungsanlagen für die Löschwasserversorgung,
- Rauchabzugsanlagen,
- Brandmeldeanlagen und
- Alarmierungsanlagen.

Hier werde ich nur auf die Anlagen der Sicherheitsbeleuchtung für Versammlungsstätten näher eingehen. Es ist daher durchaus möglich, dass sich aufgrund von Vorschriften anderer Bundesländer kleine Unstimmigkeiten ergeben. Auch gelten u. U. in anderen Bereichen (reine Arbeitsstätten, Kaufhäuser, Flughäfen, Bahnhöfe ...) andere als die hier angegebenen Grenzwerte.

7.2 Normen, Vorschriften

Zunächst ein Überblick über die Verordnungen, Normen und Vorschriften (kein Anspruch auf Vollständigkeit), auf die ich mich im Folgenden beziehe:

- ArbStättV, Arbeitsstättenrichtlinie ASR 7/4;
- Landesbauordnungen, MVStättVO, VstättVO der Länder;
- Richtlinie über den Bau und Betrieb fliegender Bauten;
- EltBauVO, Verordnung über den Bau von Betriebsräumen für elektrische Anlagen;
- DIN EN 1838, Notbeleuchtung;
- DIN EN 50171 (VDE 0558 Teil 508), Zentrale Stromversorgungssysteme;
- DIN EN 50272-2, Sicherheitsanforderungen an Batterien und Batterieanlagen;
- DIN EN 60598-2-22, Leuchten für Notbeleuchtung;
- DIN VDE 0108-100, Sicherheitsbeleuchtungsanlagen;
- DIN VDE 0100, Teil 551 Niederspannungs-Stromerzeugungsanlagen;
- DIN VDE 0100, Teil 560 Elektrische Anlagen für Sicherheitszwecke;
- DIN VDE 0100, Teil 718, Bauliche Anlagen für Menschenansammlungen;
- VDN Richtlinie für Planung, Errichtung und Betrieb von Anlagen mit Notstromaggregaten

Anforderungen gemäß VStättVO

An eine Sicherheitsbeleuchtungsanlage in Versammlungsstätten werden nach den Versammlungsstättenverordnungen der Länder die folgenden Ansprüche gestellt:

1. Besucher, Mitwirkende und Betriebsangehörige müssen auch bei vollständigem Versagen der allgemeinen Beleuchtung den Weg bis zu öffentlichen Verkehrsflächen gut und sicher finden.
2. Alle Arbeitsvorgänge auf Bühnen und Szenenflächen müssen sicher durchgeführt werden können.

Daraus ergeben sich zwangsläufig die Orte, an denen eine Sicherheitsbeleuchtung vorhanden sein muss:

- in notwendigen Treppenräumen,
- in Räumen zwischen einem notwendigen Treppenraum und dem Ausgang ins Freie,
- in notwendigen Fluren,
- in Versammlungsräumen und in allen übrigen Räumen für Besucher,
- auf Bühnen und Szenenflächen,

- in Räumen für Mitwirkende und Beschäftigte mit mehr als 20 m^2 Grundfläche, ausgenommen Büroräume,
- in elektrischen Betriebsräumen, in Räumen für haustechnische Anlagen sowie in Scheinwerfer- und Bildwerferräumen,
- in Versammlungsstätten im Freien und Sportstadien, die während der Dunkelheit benutzt werden,
- für Sicherheitszeichen von Ausgängen und Rettungswegen und
- für Stufen, die beleuchtet sein müssen.

In Versammlungsräumen, die während des Betriebs verdunkelt werden (können), sowie auf Bühnen- und Szenenflächen muss eine Sicherheitsbeleuchtung in Bereitschaftsschaltung vorhanden sein. Unabhängig von der übrigen Sicherheitsbeleuchtung müssen Ausgänge sowie Gänge und Stufen in Versammlungsräumen bei Verdunklung immer erkennbar sein.

Anforderungen gemäß ArbStättV

Weiterhin werden Sicherheitsbeleuchtungsanlagen auch für alle Arbeitsstätten gefordert. Arbeitsstätten sind mit einer Sicherheitsbeleuchtung auszurüsten, wenn das gefahrlose Verlassen für die Beschäftigten, insbesondere bei Ausfall der allgemeinen Beleuchtung, nicht gewährleistet ist.
Eine Sicherheitsbeleuchtung im Sinne der Arbeitsstättenverordnung ist eine Art der Notbeleuchtung, die bei Störung der Stromversorgung der allgemeinen Beleuchtung Rettungswege, Räume und Arbeitsplätze während betrieblich erforderlicher Zeiten mit einer vorgegebenen Mindestbeleuchtungsstärke beleuchtet, rechtzeitig wirksam wird und aus Sicherheitsgründen notwendig ist. Dies gilt u. a. für Rettungswege in Arbeitsräumen ohne Fenster oder Oberlichter sowie in betriebstechnisch dunkel zu haltenden Räumen mit mehr als 100 m^2 Raumgrundfläche. In Räumen mit einer Raumgrundfläche von 30–100 m^2 müssen mindestens an den Ausgängen Rettungszeichenleuchten angebracht sein. Diese müssen von jedem Arbeitsplatz aus eingesehen werden können. Die Beschaffenheit der Sicherheitsbeleuchtung für betriebsmäßig dunkel zu haltende Räume (z. B. Farbe des Lichts) richtet sich nach den betriebstechnischen Erfordernissen.

Somit gibt es zumindest zwei unabhängige Rechtsvorschriften, nach denen wir Versammlungsstätten mit Sicherheitsbeleuchtungsanlagen ausstatten müssen.

Dies gilt auch für vorübergehend errichtete Versammlungsstätten und Fliegende Bauten.

7.3 Energieversorgung der Sicherheitsbeleuchtung

7.3.1 Stromquellen für Sicherheitszwecke

Allgemeine Anforderungen

Die Versammlungsstättenverordnungen und die Arbeitsstättenverordnung fordern eine Sicherheitsbeleuchtungsanlage, welche bei Ausfall der allgemeinen Beleuchtung, also beispielsweise bei einem Stromausfall, die Sicherheit aller Anwesenden gewährleistet und weiterhin die Möglichkeit bietet, den jeweiligen Ort gefahrlos zu verlassen. Ferner muss sichergestellt sein, dass Rettungswegzeichen, Fluchtwegzeichen und Brandbekämpfungs- oder Meldeeinrichtungen ausreichend beleuchtet sind. Diese Anforderungen können üblicherweise nur mit einer vom Niederspannungsnetz unabhängigen Energieversorgung erfüllt werden.

Eine Stromquelle für Sicherheitszwecke ist demnach eine

- Batteriestromversorgung und / oder ein
- Ersatz–Stromerzeugungsaggregat.

Die Stromquelle einer elektrischen Anlage für Sicherheitszwecke muss ortsfest aufgestellt sein und darf nicht durch Fehler in der allgemeinen Stromversorgung beeinträchtigt werden. Sie muss an einem geeigneten Ort aufgestellt werden und darf nur Elektrofachkräften oder elektrotechnisch unterwiesenen Personen zugänglich sein. Ihr Aufstellungsort muss, wenn notwendig, so belüftet werden, dass Auspuffgase, Rauch oder Dämpfe von der Stromquelle nicht in von Personen benutzte Bereiche (Räume) gelangen können.

Eine Stromquelle für Sicherheitszwecke ist entweder

- nicht selbsttätig anlaufend bzw. einschaltend, d. h. das Starten bzw. Einschalten erfolgt von Hand, oder
- selbsttätig anlaufend bzw. einschaltend.

Selbsttätig anlaufende bzw. einschaltende Stromquellen werden entsprechend der Einschaltverzögerung wie folgt unterteilt:

- unterbrechungslos:
  Es erfolgt fortlaufende Stromversorgung unter Einhaltung besonderer Bedingungen während der Übergangszeit, z.B. für Änderungen von Spannung und Frequenz.
- sehr kurze Unterbrechung:
  Die selbsttätige Stromversorgung ist innerhalb von 0,15 s verfügbar.
- kurze Unterbrechung:
  Die selbsttätige Stromversorgung ist innerhalb von 0,5 s verfügbar.
- mittlere Unterbrechung:
  Die selbsttätige Stromversorgung ist innerhalb von 15 s verfügbar.
- lange Unterbrechung:
  Die selbsttätige Stromversorgung ist nach mehr als 15 s verfügbar.

Die maximale Umschaltzeit beträgt für Versammlungsstätten, Theater, Kinos, Ausstellungshallen und Bühnen eine Sekunde!

Das Umschalten von Normalbetrieb auf die Stromquelle für Sicherheitszwecke in Versammlungsstätten muss bei Werten unter dem 0,85fachen der Bemessungsspannung, die länger als 0,5 s anstehen, erfolgen.
Bei mehr als dem 0,85fachen der Bemessungsspannung muss mit einer Rückschaltverzögerung von einer Minute zurückgeschaltet werden.

Die Bemessungsbetriebsdauer für Stromquellen als Sicherheitsquellen beträgt für Versammlungsstätten, Theater, Kinos, Ausstellungshallen und Bühnen drei Stunden!

Zuletzt unterscheidet man zwischen

- Einzelbatterieanlagen und
- zentralen Stromversorgungssystemen.

Einzelbatterieanlage

Als Stromquellen sind nur wiederaufladbare, verschlossene Bleibatterien mit Ventil oder gasdichte Nickel-Cadmium-Batterien zu verwenden. Diese Akkumulatoren müssen lageunabhängig betrieben werden können und eine Mindest-Lebensdauer von vier Jahren haben.
Von einer Einzelbatterieanlage dürfen maximal zwei Sicherheitsleuchten (das ist der sogenannte Mutter–Tochter-Betrieb) versorgt werden.
In jedem Gerät muss eine Ladeeinrichtung vorhanden sein, welche den Akku innerhalb von 24 Stunden auf mindestens 90% seiner für die Nennbetriebsdauer erforderlichen Kapazität auflädt.
Für die Kontrolle der Gerätefunktion muss am Gerät ein Taster zur Simulation des Netzausfalls vorhanden sein, der selbsttätig in seine Ausgangslage zurückkehrt.

Zentralbatterieanlage

Im Allgemeinen sind zwei verschiedene Betriebsarten festgelegt, die sich hauptsächlich in der Ansprech- bzw. Umschaltzeit unterscheiden:

Umschaltbetrieb:
Die maximale Ansprechzeit darf nicht mehr als 0,5 s betragen. In diesem Fall werden die Sicherheitseinrichtungen unmittelbar aus dem Stromversorgungsnetz gespeist. Wenn die Spannung der Verbraucher von der Spannung des Systems abweicht, wird ein Transformator zur Anpassung der Versorgungsspannung verwendet. Bei Netzausfall schaltet die Spannungsüberwachung des automatischen Netzumschaltgerätes (ATSD – Automatic-Transfer-Switching-Device) auf die Batterieversorgung um. Für das Aufladen und die Erhaltungsladung ist ein geregeltes Batterieladegerät vorzusehen.

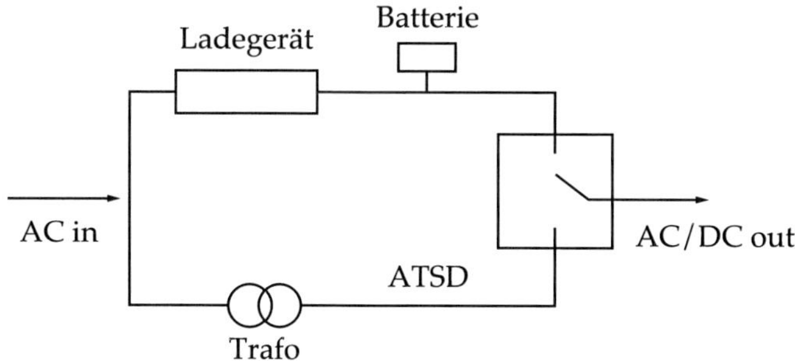

Abb. 226: Umschaltbetrieb

Bereitschaftsparallelbetrieb:
Hier versorgt ein Ladegerät die notwendigen Sicherheitseinrichtungen und sorgt gleichzeitig für das Aufladen und/oder Erhaltungsladen der Batterie. Bei Ausfall des Netzes übernimmt die parallel geschaltete Batterie unterbrechungsfrei die Stromversorgung der Verbraucher. Es dürfen nur ortsfeste geschlossene Batterien verwendet werden. Kraftfahrzeug-Starterbatterien sind unzulässig. Zentralbatterien sind so zu bemessen, dass die angeschlossenen, notwendigen Sicherheitseinrichtungen nach Ausfall der allgemeinen Versorgung für die erforderliche Zeit weiter betrieben werden können. Weitere Verbraucher dürfen nur angeschlossen werden, wenn der störungsfreie Betrieb der notwendigen Sicherheitseinrichtungen nicht gefährdet ist.

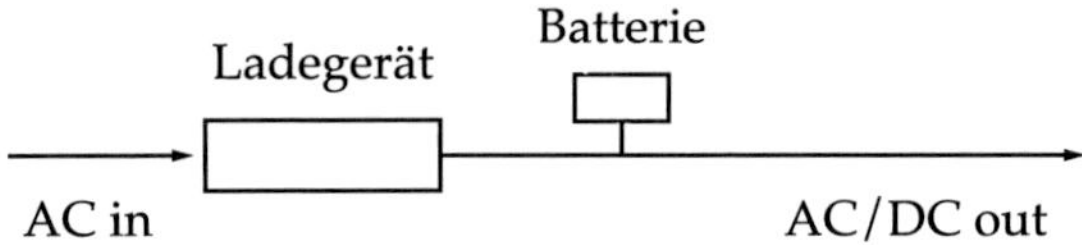

Abb. 227: Bereitschaftsparallelbetrieb

Batterien für zentrale Stromversorgungssysteme, die ohne jede Begrenzung der Ausgangsleistung den geforderten Notstrom liefern (CPS – Central Power Supply System), müssen eine angegebene Lebensdauererwartung von mindestens zehn Jahren bei 20° C haben.

Batterien für zentrale Stromversorgungssysteme, die mit Begrenzung der Ausgangsleistung auf 500 W für eine Dauer von drei Stunden oder 1500 W für eine Dauer von einer Stunden arbeiten (LPS – Low Power Supply System), müssen eine angegebene Lebensdauererwartung von mindestens fünf Jahren bei 20° C haben.

Es muss eine spannungsgeregelte Ladeeinrichtung vorhanden sein, welche den Akku innerhalb von 12 Stunden auf mindestens 80 % seiner für die Nennbetriebsdauer erforderlichen Kapazität auflädt. Der Ladevorgang muss automatisch nach Beendigung der Störung der allgemeinen Stromversorgung beginnen und die allgemeine Stromversorgung bzw. die Batterie müssen galvanisch getrennt sein.
Bei Bereitschaftsparallelbetrieb muss der Nennausgangsstrom des Ladegerätes mindestens 110 % der Summe aus dem an die Verbraucher abgegebenen Nennstrom und dem Strom betragen, der an die Batterie abgegeben wird.
Das Ladegerät muss so konstruiert sein, dass ein Kurzschluss an seinem Ausgang keinen Schaden verursacht.

Aufgrund der Entwicklung von Ladegasen ist für eine ausreichende Lüftung zu sorgen. Dabei muss ein Tief-Entladeschutz mit entsprechender Anzeige vorhanden sein. Diese Anzeige darf nur manuell rückstellbar sein.

Betriebsanzeige- und Überwachungseinrichtungen müssen mindestens über die folgenden Messwerte unterrichten:

- Batteriespannung,
- Ladestrom,
- Verbraucherstrom,
- Entladestrom,
- Störungsmeldungen (z.B. Unterbrechung im Ladestromkreis).

Ersatz-Stromerzeugungs-Aggregat

- Notstromaggregate sollten in besonderen Räumen aufgestellt werden. Diese müssen trocken, frostfrei und ggf. beheizbar sein.
- Eine ausreichende Lüftung des Aufstellungsraums muss gewährleistet sein.
- Es ist eine einwandfreie Trennung zwischen der vom Notstromaggregat versorgten Installationsanlage und dem VNB-Netz sicherzustellen. Möglichkeiten der Rückspeisung in das VNB-Netz sind auszuschließen. Auf jeden Fall sind die NAV und TAB zu beachten.
- Bei Wiederkehr der allgemeinen Stromversorgung soll die Rückschaltung erst nach einer angemessenen Verzögerungszeit, frühestens nach einer Minute, erfolgen.
- Die Inbetriebnahme ist mit dem Verteilungs-Netz-Betreiber abzustimmen.
- Der Kraftstoffbehälter ist für mindestens achtstündigen Betrieb bei Nennleistung des Aggregats zu bemessen und so anzuordnen, dass keine Kraftstoff-Förderpumpe erforderlich ist.

Die folgenden Anzeige- und Überwachungseinrichtungen sind mindestens erforderlich:

- Generatorspannung
- Strommesser mit Höchst- und Momentanwertanzeige
- Generatorfrequenz
- Wirkleistungsabgabe
- Spannung der allgemeinen Stromversorgung

7.3.2 Stromkreise für Sicherheitszwecke

Die Stromkreise für Sicherheitszwecke müssen getrennt von den Stromkreisen der Normalversorgung verlegt werden. Das bedeutet, dass die Stromkreise entweder räumlich getrennt auf separater Trasse oder aber zumindest in getrennten Rohren oder Kanälen verlegt werden müssen. Das Führen von mehreren Stromkreisen in einer Leitung, z.B. Endstromkreise der elektrischen Anlage für Sicherheitszwecke mit einem gemeinsamen Neutralleiter, ist nicht erlaubt.
Endstromkreise der Sicherheitsbeleuchtung sind mit Überstromschutzorganen bis 10 A Nennstrom zu schützen. Diese dürfen mit nicht mehr als 60 % des Nennstroms der Schutzeinrichtung belastet werden, jedoch keinesfalls mit mehr als 20 Leuchten. Dies gilt natürlich nicht für Zuleitungen zu Einzelbatterieanlagen. Generell beträgt der Mindestquerschnitt von Leitern in Endstromkreisen für Sicherheitszwecke 1,5 mm². In Räumen und an Rettungswegen mit mehr als einer Leuchte müssen diese Leuchten abwechselnd an mindestens zwei unabhängige Schutzeinrichtungen angeschlossen werden. Schalt- und Steuergeräte müssen eindeutig gekennzeichnet und an Stellen zusammengefasst sein, die nur Elektrofachkräften oder elektrotechnisch unterwiesenen Personen zugänglich sind.

7.3.3 Geräte für Sicherheitsbeleuchtung

Die Betriebsmittel der Sicherheitsbeleuchtung müssen so angeordnet werden, dass Prüfung und Wartung leicht möglich sind.
Leuchten der Sicherheitsbeleuchtung und Verbindungs- und/oder Abzweigstellen, die Teil einer Sicherheitsbeleuchtungsanlage sind, müssen leicht und sicher erkennbar rot oder grün markiert sein.
In der Nähe der Leuchten muss die Verteiler-, die Stromkreis- und die Leuchtennummer angebracht sein.

Die Beleuchtungsstärke von Sicherheitsbeleuchtungen für Rettungswege soll in Versammlungsstätten, Theatern, Kinos oder Ausstellungshallen nicht weniger als ein Lux betragen. Auf Bühnen und Szenenflächen gilt eine Mindestbeleuchtungsstärke von drei Lux.

7.4 Umgang mit Batterien

7.4.1 Schutz vor Kurzschlüssen

Die in einer Batterie gespeicherte elektrische Energie kann durch Kurzschluss der Pole unbeabsichtigt und unkontrolliert freigesetzt werden. Aufgrund der erheblichen Energie kann die Hitze, die durch den extrem starken Strom hervorgerufen wird, zum Schmelzen von Metall, zu Funken, zu Explosionen und/oder zum Verdampfen des Elektrolyten führen. Daher sind alle Leitungen, die von den Batteriepolen abgehen, so zu verlegen, dass ein Kurzschluss unter gar keinen Umständen oder Betriebsbedingungen auftreten kann. Wenn die Pole und/oder Leitungen auch nur teilweise nicht isoliert sind, dürfen für Wartungsarbeiten nur isolierte Werkzeuge benutzt werden.

7.4.2 Schutzmaßnahmen bei Wartungsarbeiten

Bei Wartungsarbeiten ist es nicht zu verhindern, dass sich Personen in unmittelbarer Nähe der Batterieanlage befinden. Daher dürfen Wartungsarbeiten nur durch entsprechend qualifizierte Personen durchgeführt werden. Alle metallischen Gegenstände wie z.B. Schmuck etc. müssen von Händen, Handgelenken und Hals entfernt werden, bevor mit den Arbeiten begonnen wird.

Zur Minimierung des Verletzungsrisikos muss eine Batterieanlage wie folgt ausgerüstet sein:

- mit Batteriepolabdeckungen, die regelmäßige Wartung zulassen, ohne dass aktive Teile berührt werden können und
- mit einem Mindestabstand von 1,50 m zwischen berührbaren aktiven Leitern der Batterie, die ein Potenzial von mehr als DC 120 V haben.

Batterien dürfen unter Stromfluss nicht an- oder abgeklemmt werden. Der Stromkreis ist zuerst an einer geeigneten Stelle zu unterbrechen.

7.4.3 Maßnahmen gegen Explosionsgefahr

Während der Ladung, Erhaltungsladung und Überladung treten aus allen Zellen der Batterieanlage Gase aus. Diese entstehen aufgrund der Elektrolyse von Wasser durch den Ladestrom. Die Gase bestehen aus Wasserstoff und Sauerstoff. Beim Entweichen in die Umgebung kann eine explosive Mischung entstehen, wenn die Wasserstoffkonzentration einen Wert von 4 % (Volumen) in der Luft übersteigt.

Unter Standardbedingungen gilt:
1 Ah zersetzt H_2O in 0,42 l H_2 + 0,21 l O_2,
die Spaltung von 1 cm^3 (1 g) H_2O erfordert 3 Ah,
26,8 Ah spalten H_2O in 1 g H_2 + 8 g O_2.

Erst etwa eine Stunde nach Abschalten des Ladegerätes treten keine Gase mehr aus, daher ist eine ausreichend dimensionierte Lüftung von Batterieräumen oder Schränken unbedingt erforderlich.

7.4.4 Vorkehrungen gegen Gefahren durch Elektrolyt

Der Elektrolyt ist entweder eine wässrige Lösung von Schwefelsäure bei Bleibatterien oder eine wässrige Lösung von Kaliumhydroxid bei NiCd-Batterien. Zum Auffüllen wird destilliertes bzw. gereinigtes Wasser verwendet.

Auch bei verschlossenen oder gasdichten Batterien müssen mindestens Schutzbrille und Handschuhe getragen werden, wenn Wartungsarbeiten, Kontrollen oder Prüfungen durchgeführt werden.

- Beide Arten von Elektrolyt verursachen starke Verätzungen in den Augen und auf der Haut.
- In der Nähe von Batterien ist ein Wasseranschluss oder ein Wasservorrat vorzusehen, um sich von verspritztem Elektrolyt zu reinigen.
- Sollte Elektrolyt in die Augen gelangen, sind diese sofort mit großen Mengen Wasser über einen Zeitraum von mindestens 15 min auszuwaschen. In jedem Fall ist ein Arzt zu konsultieren.
- Bei Kontakt der Haut mit Elektrolyt müssen die betroffenen Stellen ebenfalls mit großen Mengen Wasser gewaschen werden. Bei anhaltender Hautreizung muss ein Arzt hinzugezogen werden.

7.4.5 Anforderungen an Batterieräume

Batterien sind immer geschützt in Räumen unterzubringen. Diese Räume gelten als elektrische Betriebsräume und sind nur durch befugte Personen zu betreten.

An einen Batterieraum sind folgende Anforderungen zu stellen:
- Schutz vor äußeren Gefahren, wie z.B. Feuer, Wasser, Erschütterung, Vibration, Ungeziefer,
- Schutz vor Gefahren, die von der Batterie ausgehen können, wie z.B. Explosionsgefahr, hohe Spannung, Gefahr durch Elektrolyt,
- Schutz vor dem Zutritt unbefugter Personen,
- Schutz vor extremen Umwelteinflüssen, wie z.B. Temperatur oder Luftfeuchtigkeit.
- Es muss eine Anti-Panik-Tür verwendet werden, die nur von außen verschließbar und von innen jederzeit durch Notfallhebel leicht nach außen zu öffnen ist.
- Der Raum muss ausreichend belüftet sein.
- Durch einen Fehler austretendes Elektrolyt muss durch Wannen o.ä. aufgefangen werden können, oder der Fußboden muss gegen Elektrolyt undurchlässig und chemisch resistent sein.

7.4.6 Wartung und Prüfung

Regelmäßige Wartung ist unbedingt notwendig. Daher muss eine zuständige Person mit ausreichenden Befugnissen bestimmt werden, die die Wartung überwacht. Diese Person muss die Ausführung aller notwendigen Arbeiten veranlassen können, die erforderlich sind, die korrekte Betriebssicherheit des Systems sicherzustellen.
Der Errichter der Anlage muss dem Betreiber Prüfbücher aushändigen, in denen die wiederkehrenden Prüfungen dokumentiert werden können.
Diese Dokumentationen sind mindestens vier Jahre aufzubewahren.

Erstprüfungen
Generell sind Prüfungen nach DIN VDE 0100, Teil 600 durchzuführen.

Zusätzlich müssen folgende Prüfungen durchgeführt werden (Auszug):
- Sichtprüfung der Be- und Entlüftung des Aufstellungsraums für Batterien,
- Sichtprüfung der Be- und Entlüftung des Aufstellungsraums für Verbrennungsmaschinen,

- Sichtprüfung der Abgasführung von Verbrennungsmaschinen im gesamten Verlauf hinsichtlich Montage, Brandschutz etc.,
- Messung der lichttechnischen Werte,
- Prüfung des Stromerzeugungsaggregates hinsichtlich Lastübernahmeverhalten,
- Funktionsprüfung durch Unterbrechung der Netzzuleitung.

Wiederkehrende Prüfungen

Täglich
Es soll täglich eine Sichtprüfung der Anzeigen der Zentralen Stromversorgungsanlage auf korrekte Funktion stattfinden.

Wöchentlich
Einmal pro Woche soll eine Funktionsprüfung der Sicherheitsbeleuchtung zusammen mit der Zuschaltung der Stromquelle für Sicherheitszwecke durchgeführt werden.

Monatlich
Monatlich muss ein Ausfall der Versorgung der allgemeinen Beleuchtung simuliert werden. Die Dauer sollte dem Zweck der Prüfung entsprechen und so kurz wie nötig sein, um eine Schädigung der Systemkomponenten zu minimieren. Allerdings muss die Dauer hinreichend lang sein, um sicherzustellen, dass jede Lampe leuchtet. Darüber hinaus ist ein Funktionstest für Verbrennungsmaschinen durchzuführen. Dieser soll mindestens eine Stunde andauern und so angelegt sein, dass die Nennbetriebstemperatur erreicht wird.

Jährlich
Jede Leuchte und jedes hinterleuchtete Zeichen muss über seine volle, vom Hersteller angegebene Betriebsdauer geprüft werden.
Die Ladeeinrichtung muss auf richtige Funktion geprüft werden.
Es muss geprüft werden, ob die Kapazität der Stromquelle für die ihr für Sicherheitszwecke angeschlossenen Leistungen ausreichend ist.
Das Datum und die Ergebnisse der Prüfung müssen in einem Prüfbuch festgehalten werden.

2-Jährlich
Alle zwei Jahre ist eine Messung der Beleuchtungsstärke der Sicherheitsbeleuchtung durchzuführen und zu dokumentieren.

7.5 Sicherheits- und Rettungszeichen

Wenn ein Ausgang mit dem dazugehörigen Rettungszeichen nicht unmittelbar gesehen werden kann oder über seine Lage Zweifel bestehen, muss ein Richtungszeichen oder eine Folge von Rettungs- bzw. Richtungszeichen so angebracht sein, dass jede Person sicher zu einem Notausgang geleitet werden kann. Alle Zeichen innerhalb eines Gebäudes müssen in Farbe und Gestaltung einheitlich sein, um Zweifel und Verwechslungen zu vermeiden.
In Bereichen, in denen sich ortsunkundige Personen aufhalten (können), sind die Rettungszeichen in Dauerschaltung zu betreiben.
Sicherheitszeichen müssen aus der maximal möglichen Entfernung zweifelsfrei erkennbar sein.
Die maximale Erkennungsweite kann nach den folgenden Gleichungen bestimmt werden:

Beleuchtete Zeichen: $d = 100\,p$

Hinterleuchtete Zeichen: $d = 200\,p$

Dabei ist d die maximale Erkennungsweite und p die Höhe des Piktogramms.

Beispiel:
Höhe des Piktogramms $p = 10$ cm

Demnach ist die maximale Erkennungsweite
bei beleuchteten Zeichen

$$d = 10 \text{ m}$$

und die maximale Erkennungsweite
bei hinterleuchteten Zeichen

$$d = 20 \text{ m}.$$

A

B

C

D

E

T

U